Holger Mönnich

Ein Steuersystem für die telemanipulierte und autonome robotergestützte Chirurgie

Ein Steuersystem für die telemanipulierte und autonome robotergestützte Chirurgie

Ein Steuersystem für die telemanipulierte und autonome robotergestützte Chirurgie

von
Holger Mönnich

Dissertation, Karlsruher Institut für Technologie
Fakultät für Informatik, 2011

Impressum

Karlsruher Institut für Technologie (KIT)
KIT Scientific Publishing
Straße am Forum 2
D-76131 Karlsruhe
www.ksp.kit.edu

KIT – Universität des Landes Baden-Württemberg und nationales
Forschungszentrum in der Helmholtz-Gemeinschaft

KIT Scientific Publishing 2012
Print on Demand

ISBN 978-3-86644-777-6

Ein Steuersystem für die telemanipulierte und autonome robotergestützte Chirurgie

Zur Erlangung des akademischen Grades eines

Doktors der Ingenieurwissenschaften

der Fakultät für Informatik

des Karlsruher Instituts für Technologie (KIT)

genehmigte

Dissertation

von

Holger Mönnich

aus Portsloge

2011

Datum der Disputation	:	15.11.2011
Erstgutachter und Betreuer	:	Prof. Dr.-Ing. H. Wörn
Zweitgutachter	:	Prof. Dr.-Ing. Rüdiger Dillmann

»Wovon man nicht sprechen kann, darüber muss man schweigen....«
Tractatus logico-philosophicus, Satz 7, Ludwig Wittgenstein (1889-1951)

Kurzfassung

In der vorliegenden Arbeit geht es um die Validierung des Planungs- und Kontrollsystem für die robotergestützte Chirurgie. Dies ist motiviert durch die wachsende Anzahl von computergestützten Systemen in der Chirurgie die miteinander vernetzt werden und mit einer übergeordneten Planung versehen werden, ein Beispiel hierfür ist die robotergestützte kraniofaziale Chirurgie. Als Basis für die Modellierung wird ein Workflow-System genutzt, die durch ihre grafische Modellierung eine höhere Akzeptanz beim Benutzer verspricht als andere Planungssprachen. Eine Analyse vorhandener Prozessmodellierungssprachen führt zu der Verwendung der Sprache YAWL. YAWL basiert auf Petri-Netzen und erweitert diese um grundlegende Strukturen, um eine einfache Modellierung zu ermöglichen, gleichzeitig wird die mathematische Fundierung von Petri Netzen übernommen. Dies ermöglicht eine klar definierte Semantik zusammen mit der Überprüfbarkeit der Korrektheit. Damit kann analytisch die Korrektheit des Prozesses verifiziert werden, hieraus kann aber keine Aussage über die konkrete Ausführung und deren Ergebnisses abgeleitet werden. Das Verfahren der Modellprüfung erlaubt es eine Systembeschreibung vollautomatisch zu verifizieren. Hierzu wird in einem zweiten Schritt die Prozessbeschreibung in die Sprache des Modellprüfers überführt und die Erfüllbarkeit von temporallogischen Formeln überprüft. Dieses Verfahren erlaubt es diskrete Zustandsmodelle zu überprüfen, eignet sich aber kaum für die Validierung von geometrischen Modellen. Als dritter Schritt wird mittels einer geometrischen Simulation überprüft ob ein Plan, kollisionsfrei und die Zielstrukturen erreichend, ausgeführt werden kann. Innerhalb des EU Projektes AccuRobAs wurde ein System für die robotergeführte Laserablation entwickelt, unter anderem für die kraniofaziale Chirurgie. Hierzu wurde als Prototyp das komplette Planungs- und Kontrollsystem für die Aktorik und Sensorik aufgebaut. Das System besteht im wesentlichen aus einem Leichtbauroboter (KUKA LWR-III), einem optischem Tracking-System (ART) und dem eigentlichen Lasersystem. Die beschriebenen Validierungsmöglichkeiten werden für dieses Szenario exemplarisch durchgespielt und zeigen die Möglichkeiten und Einschränkungen der gewählten Methode auf.

Danksagung

Mein wichtigster Dank gilt meiner Frau Denise Mönnich, ohne deren Unterstützung ich diese Promotion nicht vollendet hätte. Ebenso gilt mein Dank Herrn Wörn, der seine Unterstützung auch in schwierigen Zeiten gewährt hat. Nicht unerwähnt bleiben darf die gute Seele des Institutes, Nina Maizik! Ihr Einfluss ist größer als sie vielleicht selber glaubt. Für eine sinnvolle Zusammenarbeit bedanke ich mich bei Christoph Schönfelder und Philip Nicolai. Daniel Stein gebührt Dank für die Arbeit im AccuRobAs Projekt und die Unterstützung des Frameworks. Sehr hilfreich bei der Arbeit war die gewährte Unterstützung von Seitens des DLR, hier vor allem die von Rainer Konietschke, Alin-Albu Schäffer und Andreas Stemmer, die bei Fragen zum Leichtbauroboter nie verlegen um präzise und hilfreiche Antworten waren. Bei Kuka gebührt Thomas Neff dank für die Sichtung des Frameworks und Michael Gerung für den Support mit dem LBR-III und LBR-IV Robotern. Meinen Eltern, Erika und Manfred Mönnich, und meiner Schwester Wiebke Buth gebührt unendlicher Dank für die Korrektur der Texte, ohne sie hatte diese Arbeit wohl keine Kommas. Ein besonder Dank gilt Juan David Medina, für seine selbständige Arbeit, die vielen Konstruktionszeichnungen und deren Umsetzung in der Werkstatt. In diesem Zusammenhang muss auch Gavin Kane erwähnt werden, der die Produktion und Zeichnung der MIRS Instrumente und CAD Zeichnungen für Safros anfertigte, obwohl er persönlich davon keinerlei Vorteil hatte. Herr Regner gebührt Dank für die vielen Anfertigungen aus der Werkstatt, die immer in viel zu kurzer Zeit realisiert werden mussten und Herrn Linder für die vielen Bestellungen und Sonderwünsche, die von Ihm immer kurzfristig erfüllt wurden. Für eine angenehme Arbeitsatmosphäre gebührt Thorsten Brennecke mein Dank. Mathias Richmann sei an dieser Stelle Dank ausgedrückt für die hilfreiche Übergabe der Bestandteile aus dem Robocast Projekt und Markus Mehrwald für die Präsentation eines Papers auf der SPIE Konferenz. Nicht unerwähnt bleiben sollte an dieser Stelle die teilweise hilfreiche Disputation mit Herrn Raczkowsky und die damit partielle Unterstützung während der Arbeit in 4 verschiedenen EU Projekten. Mein größter Dank allerdings gilt all den unerwähnten Personen die den spannendsten und vor allem einen realen Einblick in Forschung direkt oder indirekt gewährt haben. Der Erkenntnisgewinn dieser Begegnungen überschreitet bei weitem jeden möglichen Erkenntnisgewinn durch die Forschung, kann aber an dieser Stelle leider nicht in ausreichender Tiefe und Genauigkeit dargestellt werden. Ich glaube aber fest daran, dass meine Kenntnis der Menschheit dadurch stark geschärft wurde und somit ein gestärkte Quelle der Erkenntnis darstellt.

Der letzte Dank gilt meinem Dell Insprion Laptop M60. Der wahrscheinlich zähste Laptop der Erde, er war so langsam, das man über alles immer mehrmals nachdenken musste. Selbst das verstauen des Laptops im Reisegepäck hat ihm leider nicht das Leben gekostet, er hat bis zum Ende durchgehalten und wird wohl noch so einige Promotionen überstehen.

Karlsruhe, im Juni 2011   *Holger Mönnich*

Inhaltsverzeichnis

1. Einleitung

1.1. Motivation

Der Einsatz von Robotersystemen in der Chirurgie unterscheidet sich fundamental von deren typischen Einsatzgebieten in der Industrie mit sich immer wiederholenden Abläufen. In der Chirurgie werden patientenspezifische Pläne entwickelt und die entsprechende Hardware wird meist dynamisch angesteuert, z.B. in einem Szenario, in dem der Patient getrackt wird und das Robotersystem eine dazugehörige Position hält. Hinzu kommt, dass die Robotersysteme weder Patient noch Chirurgen gefährden dürfen. Sie müssen sicher aufgebaut sein, möglichst redundant. Zusätzliche Sensorik liefert weitere benötigte Daten, erhöht aber gleichzeitig die Komplexität des Systems. Ein Teil der Probleme kann mittels technischer Redundanz und entsprechender Standardisierung des Operationsverlaufs gelöst werden. Es besteht aber weiterhin das Problem, dass Operationsverläufe nicht komplett standardisiert werden können. Ein möglicher Ansatz ist dieses Problem mittels eines passenden Beschreibungsformalismus anzugehen. Hierzu gehören Workflows, die die Abläufe in der Chirurgie beschreiben [142] [49] [130]. Workflows erfreuen sich hoher Beliebtheit, um Vorgänge nachvollziehbar zu machen und werden hierzu auch bereits von Forschergruppen eingesetzt, um Operationen aufzuzeichnen. Die Umsetzung von Workflows im Bereich der Robotik wurde bereits von Schorr et al. behandelt [143]. Hauptmanko des Ansatzes ist die starre Struktur, die der Workflow vorschreibt und somit eher zu typischen Automatisierungslösungen passt als zu einem dynamischen Feld, wie der computergestützten

Chirurgie. Eine weitere Herausforderung ist, dass die Lösung so intuitiv wie möglich für den Anwender, den Chirurgen, zu bedienen sein sollte.

Dies ist umso wichtiger, da ein massiver Einsatz von Sensorik und Aktorik innerhalb des Operationssaals wohlüberlegt sein sollte und mit einem passendem Konzept einhergehen muss. Die Einführung der robotergestützten Chirurgie im Operationsaal ist kritischer zu bewerten als die im Bereich des Krankenhausmanagement. Obwohl der direkte Vergleich unangebracht ist, zeigt das Beispiel des Krankenhausmanagements dennoch sehr gut, welche Herausforderungen die Einführung solcher Systeme mit sich bringen, insbesondere ob der Einsatz einen Nutzen nach sich zieht oder durch den technischen Aufwand vollständig negiert wird. In diesem Bereich wird oft argumentiert, dass die Einführung von EDV einhergeht mit einer massiven Verbesserungen im Bereich der Produktivität/Effizienz bei gleichzeitiger Steigerung der Qualität. Eine weltweite Umfrage unter den IT-Leitern von Krankenhäusern zeigt, dass diese am liebsten im Bereich der IT (elektronische Krankenakte und IT) investieren würden. Erst danach kommen Investitionen in die allgemeine medizinische Infrastruktur des Krankenhauses [135]. Eine aktuelle Studie legt nahe, dass genau das Gegenteil sinnvoll ist [79]. Die Studie kommt zu dem Ergebnis, dass die Einführung der EDV weder zu massiven Einsparungen führt, noch das es zu spürbaren Verbesserungen in der Qualität kommt. Auch wenn sich ein direkter Vergleich zwischen der robotergestützten Chirurgie und dem Management eines Krankenhauses verbietet, zeigt dieses Beispiel, dass der Nutzen eines solchen Systems nur bedingt im technischen Bereich zu suchen ist. Vielmehr wird ein Konzept benötigt, um den Nutzen einer solchen Anwendung steigern zu können.

1.2. Problemstellung

Die robotergestützte computerassistierte Chirurgie hat in den letzten zwei Dekaden verschiedene Systeme hervorgebracht, hierzu gehören kommerzielle Systeme wie daVinci, Robodoc, Mars und Caspar und Systeme aus der Forschung wie Kinemedic oder Miro. Diese Systeme sind meist hochspezialisiert für ein Teilgebiet, wie die Telemanipulation oder das autonome Fräsen am Knochen für Implantate. Es hat sich bisher keine Umgebung oder Plattform für die robotergestützte Chirurgie herausgebildet, die von der Planung über die Sensorik bis zum Robotersystem alle benötigten Funktionalitäten in einem System zusammenfasst. Die Planung muss hierbei so ausgelegt sein, dass sie validierbar und verifizierbar ist. Passende Sensorik muss das Robotersystem und den Patienten überwachen und das Robotersystem muss sowohl im Bereich der Telemanipulation als auch in der autonomen robotergestützten Chirurgie einsetzbar sein. Diese Bandbreite ist mit bisherigen Robotersystemen nicht realisierbar, da sie entweder keine ausreichende Dynamik für die Telemanipulation bieten oder sogar von der Kinematik her ungeeignet für die autonome Ausführung sind, wie beispielsweise das daVinci System.

1.3. Ziel der Arbeit

Die Arbeit unterteilt sich in sechs verschiedene Bereiche. Im ersten Bereich wird eine Architektur und ein dazugehöriges Frameworks gesucht, um verschiedene Softwaremodule miteinander zu verbinden, siehe Kapitel 4. Hierzu gehört auch die Entwicklung einer geeigneten Entwicklungsumgebung für die robotergestützte Chirurgie, die es auf einfache Weise ermöglicht, spezifische Anwendungen zu entwickeln, siehe Kapitel 6. Um die verschiedenen Module und Funktionen sinnvoll miteinander verbinden zu können, wird eine Planung benötigt, die möglichst auf grafische Weise die Vorgänge darstellt und gleichzeitig ein Höchstmaß an Validierung und Verifizierbarkeit zulasst, siehe Kapitel 5. Das System benötigt eine Simulationsumgebung, um einerseits Anwendungen durchspielen zu können, aber auch um während der Laufzeit abhängig von den zur Verfügung stehenden Sensordaten das Robotersystem steuern zu können. Hierzu gehört insbesondere eine Bahnplanung für das System, siehe Kapitel 6.3.1. Ein passendes Sensorsystem wird benötigt, das sowohl den Operationsraum als auch die Roboter überwacht und ggfs. deren Genauigkeit erhöhen kann, siehe Kapitel 6.4.1. Wesentlicher Bestandteil des Systems ist der Aufbau eines kompletten Robotersystems, das den Ansprüchen der Telemanipulation, hier vor allem eine hohe Dynamik des Systems, als auch der autonomen robotergestützten Chirurgie. Hier wird meist eine hohe Genauigkeit gefordert, erfüllt, siehe Kapitel 7. Um die Funktionsfähigkeit des Systems zu demonstrieren, wird für beide Gebiete jeweils ein Demonstrator aufgebaut. Für die telemanipulierte Robotik wird hierbei die Leistungsfähigkeit des Systems anhand der Operation von abdominalen Aortenaneurysma (AAA) demonstriert (EU FP7 Projekt Safros), Kapitel 8.1. Für die autonome Robotik wird die Leistungsfähigkeit am Beispiel des Laserknochenschneiden mit einem CO_2-Laser unter Beweis gestellt (EU FP6 Projekt AccuRobAs), Kapitel 8.3. In einem dritten Szenario wird im Bereich der Neurochirurgie ein System gezeigt, dass telemanipulierte und autonome Ausführung kombiniert (EU FP7 Projekt Robocast), Kapitel 8.2.

2. Grundlagen

In diesem Kapitel wird in das Szenario der robotergestützten Chirurgie eingeführt. Hierbei wird ein Überblick über bestehende, bereits kommerzialisierte Robotersysteme und Systeme aus der Forschung, gegeben. Ein grundlegendes Problem bei der Anwendung einer Entwicklung ist der Nachweis ihres quantifizierbaren Nutzens. Dies trifft in verstärkter Weise für die Medizin und somit die robotergestützte Chirurgie zu. Wie eine Operation durchgeführt wird, kann nicht nur anhand des kurzfristig Resultates bewertet werden, sondern muss auch langfristig untersucht werden hinsichtlich möglicher Komplikationen. Bei der ersten Anwendung von Robotersystemen trat dieses Problem besonders hervor, weshalb auf dieses Problem eingegangen wird. Des Weiteren wird auf Planungssysteme für die Chirurgie eingegangen und darauf, wie medizinische Workflows erstellt werden können. In Zusammenhang damit auch auf die medizinische Bildgebung und Trackingssteme, die verwendet werden.

2.1. Medizinische Roboter

Man kann die Systeme in zwei Klassen einteilen: einmal die klassischen Industrieroboter, die für die speziellen Anwendungsfälle in der Chirurgie angepasst werden und Systeme die speziell für die Chirurgie entwickelt werden. Im Folgenden unterteilt in „angepasste industrielle Systeme" und „spezialisierte medizinische Systeme".

2.1.1. Angepasste industrielle Systeme

Das Cyberknife [6] ist ein speziell für die Radiochirurgie entwickeltes Robotersystem. Es besteht im wesentlichen aus einem Industrieroboter (Fanuc Roboter oder ein KUKA KR 240). An diesem ist ein 6-Megavolt-Linearbeschleuniger angebracht. Das Cyberknife-System kann die Position für den Roboter relativ zum Patienten und den Tumors sowohl über passende Marker [1] herstellen, als auch markerlos arbeiten [117]. Das System verfügt über zwei Röntgenanlagen, deren Achsen sich im Operationsgebiet schneiden und somit eine stereoskopische Aufnahme ermöglichen. So kann das rekonstruierte Bild mit dem aus der Planung verglichen werden und Fehler in der Positionierung können bestimmt werden.

Die Behandlungsdauer liegt zwischen 30-120 Minuten. Der Patient kann in dieser Zeit nicht als statisches Objekt betrachtet werden, insbesondere da er atmet, versucht das Cyberknife-System dies auszugleichen. Hierzu werden Korrekturwerte an den Roboter geschickt, um den Beschleuniger entsprechend den Bewegungen des Patienten relativ zu positionieren. Das System ist gleichwohl so ungenau, dass oftmals der Sicherheitsbereich um den Tumor vergrößert wird, damit das System eingesetzt werden kann. Verschiedene Ansätze der Bewegungskompensation versuchen dies Problem anzugehen. Mit passenden Filtern und Algorithmen, wie dem „Least Mean Square Filter" wird versucht den Roboter besser zu positionieren. [59] [60] [62] [63] [61]

Das Robodoc-System [13] wird eingesetzt für die Implantation von Hüftgelenksprothesen, zur Behandlung von Coxarthrose und anderen Erkrankungen und Verletzungen des Hüftgelenks. Das System besteht aus einem Standard-Industrieroboter und einer Fräseinheit am Endeffektor. Der Roboter verfügt über eine Kraftmessung, die sowohl ein „Force Following" ermöglicht als auch eine Unterbrechung der Operation, wenn zu große Kräfte auftreten. Des Weiteren verfügt das System über einen sogenannten Lokalisierer zur intraoperativen Registrierung.

Das System wurde in der Anfangszeit euphorisch gefeiert [16] und vom Spezialisten positiv beurteilt [111], jedoch kam es zu Komplikationen und Beschwerden und damit einhergehend einem medialen Echo [15] [14] [17], das letztlich in Deutschland zum Absetzen des Systems führte. Die Thematik ist ausführlicher in Kapitel 2.1.3 erörtert.

Ein vergleichbares System ist das CASPAR-System (Computer Assisted Surgical Planning And Robotics). Es ist ein System für die Knochen und Gelenkchirurgie. Dieses System wurde ebenfalls im Bereich der Hüftschaftsimplantation eingesetzt. Es nutzt einen Industrieroboter der Firma Stäubli (Stäubli RX90). Auch dieses System nutzt ein Trackingsystem, das mittels passender Referenzkörper die Lage des Zielobjektes bestimmt und hierüber die Pose für den Roboter ermittelt. Im klinischen Einsatz zeigten sich die Ärzte überzeugt von dem System [125].

2.1.2. Spezialisierte medizinische Systeme

Der Pathfinder von Prosurgics ist ein System, das bereits zu den spezialisierten Systemen gezählt werden kann. Es wurde entwickelt für Eingriffe im Bereich der Neurochirurgie. Dies ist ein Anwendungsfeld das eine sehr hohe Anforderungen an die Genauigkeit stellt. Hier ist ein Roboter ein idealer Gerät um bei der Positionierung des Werkzeugs den Menschen zu ersetzen. [66] [68] [115] [116]

Ein spezieller Hexapod-Roboter für Eingriffe an der Wirbelsäule wird von der Firma Mazor vertrieben. Der Roboter wird hierbei dazu verwendet, um den Chirurgen zu führen, z.b. bei der Spondylodese. [167] [92]

Das bekannteste und kommerziell erfolgreichste System ist das daVinci-Roboter System von Intuitive Surgical [7]. Hierbei handelt es sich um ein Robotersystem für die minimal-invasive Chirurgie. Der Chirurg operiert hierbei mit dem System über eine spezielle Konsole. Die Konsole verfügt über keinerlei haptisches Feedback. Das System ist nicht dafür konzipiert worden autonom zu arbeiten.

Das DLR entwickelte einen speziellen Roboter für medizinische Eingriffe, den Kinemedic Roboter. Dieser ist ein Leichtbauroboter, der bedingt durch die angestrebte Applikation, nicht ein Verhältnis von 1:1 zwischen Eigengewicht und Nutzlast [8] realisiert. Der Roboter verfügt über eine Kinematik, die speziell für verschiedene Anwendungsfälle in der Chirurgie angepasst und optimiert wurde [98]. Das Kontrollschema wurde für den Roboter vom DLR-LWR-Roboter übernommen und angepasst [97].

Der Miro-Roboter ist eine Weiterentwicklung des Kinemedic-Roboters [9]. So verfügen die Miro Roboter über einen Spacewire Bus anstatt eines SERCOS Busses wie er im LWR-Roboter verwendet wird [76]. Außerdem werden drei Roboter zu einem Setup verbunden und so ein vollständiges minimal-invasives Robotersystem mit zwei teleoperierten Robotern und einem Roboter für die endoskopische Kamera realisiert. Das System wird vervollständigt durch zwei haptische Eingabegeräte, wobei jeweils ein Eingabegerät und ein Roboter zu einer „Master-Slave Einheit" verbunden werden („bilateral teleoperation") [152]. Zwei dieser Roboter sind mit der vom DLR entwickelten Sensorzangen „MICA" ausgestattet, die über Kraft/Drehmoment-Sensoren verfügen und zwei Freiheitsgrade haben und so den Verlust von zwei Freiheitsgrade durch den Fulkrum-Punkt kompensieren. Es ist somit möglich, mit sechs Freiheitsgraden im Patienten mit den Zangen manipulieren zu können [96].

2.1.3. Klinische Nutzung automatisierter Robotersysteme

Bei der Integration von Robotern in den Operationssaal wurden erst verschiedene robotergestützte Systeme, basierend auf bekannten Robotersystemen, entwickelt. Hierzu zählen CASPAR (Stäubli Rx90) und ROBODOC. Beide Systeme wurden im Bereich der Orthopädie eingesetzt. Das Robodoc wird von der Firma Curexo Technology hergestellt (Stand 2010). Das System hat keinerlei Zulassung in den USA, erhielt aber in Deutschland eine Zulassung durch den TÜV Rheinland. Es wurde vor allem in der Unfallklinik in Frankfurt eingesetzt.

In Folge der erfolgten Eingriffe beschwerten sich Patienten über eine angeblich höhere Komplikationsrate und es kam zu einer Reihe von Klagen wegen „schwerwiegender Muskel und Nervenschädigungen" [25]. Eine Klage auf Schmerzensgeld wurde allerdings letztendlich vom Bundesgerichtshof abgelehnt [24]. Die Lage wird noch dadurch unüberschaubarer, das zwar das System als solches momentan in Deutschland nicht mehr eingesetzt wird, verschiedene angefertigte Studien gleichwohl nicht zu einem eindeutig negativem Ergebnis kommen [21] [30]. Die Studie des Medizinischen Dienstes der Spitzenverbände der Krankenkassen kommt beispielsweise zu dem folgenden Ergebnis:

- Das System ist in der Lage mit einer hohen Präzision eine angefertigte Planung umzusetzen.

- „Durch die Anwendung von Robodoc® haben anatomische Prothesen wahrscheinlich weniger Komplikationen"

- „Ob das Prothesenbett mit Robodoc® oder manuell gefräst wurde ergibt keinen Unterschied in der Primärstabilität eines anatomischen Schaftes."

- „Die funktionellen Ergebnisse bei Patienten mit Robodoc® gefräster Prothese gegenüber der manuellen Gruppe sind initial besser aber nach spätestens 2 Jahren gleich."

- „Die Operationszeit ist bei Robodoc®-Einsatz länger"

- „Typische Komplikationen bei Hüftgelenkstotalendoprothesen treten als Ergebnis einer prospektiv randomisierten kontrollierten Studie in der Robodoc®-Gruppe häufiger auf (Luxationen, Nervenschäden, Wundheilungsstörungen, Frühinfekt, Revisionen)."

Eine Dissertation die sich mit der Thematik beschäftigt kommt zu dem Ergebnis, dass: „(t)rotz der guten klinischen und radiologischen Ergebnisse wurden in unserem Kollektiv insgesamt 9 Komplikationen (10,7% Komplikationsrate) dokumentiert. Die Literatur zeigt sich zur Frage der Komplikationen völlig uneinheitlich. Alle Autoren berichten jedoch übereinstimmend über eine deutlich verlängerte Operationszeit. Diese Tatsache könnte für das vermehrte Auftreten der Komplikationen (insbesondere Infektionen) verantwortlich sein" und stellt somit fest, dass „aufgrund der insgesamt guten bis sehr guten klinischen Ergebnisse in unserem Kollektiv scheint das Robodoc®-System deutlich besser als sein Ruf" zu sein [21].

2.2. Bildgebung und Navigation

2.2.1. Bildgebung

Im Bereich der robotergestützten Chirurgie wird, abgesehen von minimalinvasiven Szenarien, bei denen dies nicht zwingend erforderlich ist, meist auf eine Bildgebung zurückgegriffen, um die Planung durchführen zu können. Es gibt unterschiedliche Bildgebungsmodalitäten. Man unterscheidet zwischen Bilderzeugungsverfahren mittels Röntgenstrahlung (z.B. Röntgenaufnahmen, Computertomographie), Radionukliden (z. B. Szintigraphie, Positronen-Emissions-Tomographie, Single-Photon-Emissionscomputertomographie), Ultraschall (z. B. Sonographie), Kernspinresonanz (z. B. Magnetresonanztomographie), Infrarotstrahlung (z. B. diagnostische Thermographie). Die Bilddaten werden präoperativ registriert, z.B. durch das identifizieren von Markern, die vorher am Patienten angebracht wurden.

2.2.2. Trackingsysteme

Trackingsysteme besitzen in der medizinischen Robotik eine herausgehobene Stellung. Es gibt eine ganze Reihe von Trackingsystemen, die unterschiedliche Techniken einsetzen. Grundsätzlich werden diese Systeme benötigt, um die Lage des Patienten bestimmen zu können. Bei medizinischen Trackingsystemen kann man zwischen optischen (z.B. NDI Polaris/Spectra/Vicra [11] und elektromagnetischen Systemen(wie z.B. NDI Aurora [10]) unterscheiden. Optische Trackingsysteme nutzen zwei oder mehr Kameras zur Verfolgung und Ermittlung der sechs-dimensionale Pose eines Objektes. Hierbei kommen meist retro-reflektierende Marker zum Einsatz, die von einer Kamera mit infraroten Blitzen angeleuchtet werden, oder aktive Marker, die selber leuchten. Vorteil dieser Methoden ist, dass sie eine relativ einfache Positionsbestimmung des Patienten bei einer gleichzeitig hohen Genauigkeit ermöglichen. Grundsätzlich können natürlich auch andere Systeme genutzt werden. Insbesondere im Bereich der Patientenregistrierung ist der Einsatz von Laserscannern eine Alternative, die eine markerlose Registrierung ermöglichen. Ein Beispiel für ein solches System ist der DLR 3D-Modellierer [53] [95]. Solche Systeme bieten den Vorteil der nicht-invasiven Registrierung, bieten aber nicht die gleiche Genauigkeit wie vorhandene kommerzielle Systeme. Sie eignen sich daher gut für die schnelle Registrierung in der minimal-invasiven Chirurgie und weniger für Hochpräzisionseingriffe, die von Robotern gesteuert werden.

2.2.3. Registrierung

Die Registrierung zwischen Patient und Bild ist ein wesentlicher Bestandteil in der robotergestützten Chirurgie. Die gewonnene Transformation stellt den Bezug zwischen Bilddaten und Patienten her. Des Weiteren benötigt man auch Registrierungen zwischen anderen Komponenten, unter anderem zwischen dem Tracking-Gerät und dem Roboter oder zwischen dem TCP am Roboter und den End-Effektoren.

Sehr oft wird die Methode nach Horn verwendet, um die Transformation zwischen zwei Koordinatensystem zu bestimmen. Dies geschicht, indem zusammenhängende Punktpaare aus beiden Koordinatensystemen zur Berechnung der Transformation verwendet werden [91]. Diese Methode wird auch in dieser Arbeit verwendet. Ein interessanter Ansatz ist die Modellbasierte Registrierung, wie sie z.B. Riechmann für die „interindividuelle Registrierung an der lateralen Schädelbasis" vorschlägt. In diesem Fall wird die Methode nach Horn für eine Vorregistrierung benutzt. Die Registrierung wird dann verbessert, indem ein künstliches Modell per ICP an das segmentierte Modell angepasst wird. [134] Für einen vollständigeren Überblick über die Registrierung wird auf [108] verwiesen.

2.3. Planungssysteme

Medizinische Eingriffe müssen anhand spezieller Planungssysteme geplant werden, wenn sie zumindest teilw. autonom ausgeführt werden oder bestimmte Zielstrukturen angesteuert werden, z.B. mit der Unterstützung eines Navigationssystems. Das Planungssystem in der medizinischen Robotik setzt typischerweise auf Bilddaten auf [169]. Ausgehend von den Bilddaten werden dann Zielstrukturen identifiziert und Pläne erstellt. Hierzu gehörten insbesondere die mögliche Zugangswege [133] und eine entsprechende Bahnplanung für den Roboter. Man kann drei Arten von Planungssystemen unterscheiden: Systeme, die keinerlei Unterstützung in der intraoperativen Phase bereitstellen, Systeme mit integrierter intraoperativer Navigationunterstützung und Systeme, die den Chirurgen aktiv intraoperativ unterstützten. Dazu wird das Planungssystem in das Steuerungssystem eingebunden und führt den Benutzer. Es klärt so z.B. den Benutzer über vorher definierte Risikostrukturen auf. [143]. Ein Planungssystem kann aber auch bereits Teil des Systementwurfs sein. Hierzu wird ein zum Anwendungsfall entsprechendes Setup virtuell aufgebaut. Hieraus kann man sowohl den Arbeitsplatz und Arbeitsraum des Roboters optimieren, als auch Schlüsse für das Design des Roboters ziehen, z.B. über optimierte Gelenklängen für den Roboter [99]. Auch die Werkzeuge selber können in einer virtuellen Szene designt und für den entsprechenden Anwendungsfall optimiert werden, wie z.B. ein Werkzeug für die minimal-invasive Chirurgie [132].

2.4. Medizinischer Workflow

In der Chirurgie werden allgemein anerkannte Verfahren als Gold-Standard bezeichnet. Solche Beschreibungen sind aber nicht zwingend vorhanden bzw. diese müssen angepasst werden, um in der computerassistierten Chirurgie anwendbar zu sein. Man benötigt exakt definierte und standardisierte Vorgehensweisen, um diese am Rechner nutzbar machen zu können. Bei der technischen Umsetzung bietet es sich an, eine Prozesskette [169] zu definieren, die auch als Workflow bezeichnet wird. Die Forschergruppe am ICCAS versucht, durch das Beobachten von Eingriffen und dem Ableiten von Workflows, aus den Beobachtungen, solche Ketten aufzustellen. Ein ähnlicher Ansatz ist das automatische Erstellen von Workflows und die Generierung von HMM (Hidden Markov Modellen) [50]. Bereits das Finden einer Beschreibung, die granular genug ist, ist keine triviale Aufgabe [148].

Bekannte Methoden aus dem Business Process Modelling (BPM) werden angewendet im Bereich der Chirurgie und somit als Surgical Process Modelling (SPM) bezeichnet. Im Vordergrund steht meist, das oft sehr implizit formulierte Gold-Standard-Verfahren explizit zu formulieren und so nutzbar für weitere Analysemethoden zu machen. Dazu gehören einfache Fragestellung nach der Dauer, aber auch die Fragen nach dem Nutzen und der Qualität eines Verfahrens. Eine wichtige Rolle spielt hierbei, wie granular man den Eingriff abbilden möchte und kann. Daraus ergibt sich auch, welche Informationen man letztlich gewinnen kann.

Es ist sinnvoll, so Neumuth et al., die Daten entweder zeitlich oder strukturell anzuordnen. Hierunter versteht man das Anordnen nach der zeitlichen Abfolge oder nach den Verknüpfungsoperationen im Workflow. Vorgeschlagen wird auch noch eine kausale Sicht, die solche Beziehungen visualisiert [119] [52].

MacKenzie et al. zählt mögliche Anwendungsszenarien auf, die durch die Strukturierung durch Workflows im Bereich des OPs möglich werden. Hierzu zählt er das Evaluieren neuer Techniken im Bereich Visualisierung und Manipulation, des Layouts im OP, das Entwickeln von speziellen Trainingsmöglichkeiten, Evaluierung der Fähigkeiten eines Chirurgen, Planung von patientenspezifischen Operationen, relevante Informationen zu filtern und die Sicherheit zu verbessern, indem Fehler erkannt und die dazugehörige Prozedur verbessert wird. [102]

Einen anderen Ansatz verfolgen Maruster und van Aalst et al.. Sie benutzen bereits gesammelte Daten aus „Process Logs" im Krankenhaus, um hieraus automatisch den Workflow zusammenzusetzen [156]. Diese Arbeit ist zwar nicht explizit für den Operationssaal vorgesehen, sie lässt sich aber auf diesen übertragen. Grundsätzlich geht es darum, einen Workflow- Prozess anhand der aufgezeichneten Events zu erstellen. Wenn man in einem Log File abspeichert, welche Daten und Ereignisse welche Tasks ausgelöst haben und eine zeitliche Ordnung herstellen kann, so kann man versuchen hieraus den Prozess zu rekonstruieren [41]. Dies hilft einerseits dabei, den Prozess besser zu modellieren, andererseits aber auch dabei ihn weiter zu optimieren und Fehler zu entdecken [136].

2.5. Fazit

In der computerassistierten Chirurgie gibt es eine Vielzahl an Ansätzen, um Roboter in der Chirurgie zu etablieren. Man kann die robotergestützte Chirurgie in telemanipulierte und autonome Systeme unterteilen. Autonome Systeme setzen oft eine Bildgebung voraus, sowie eine passende Registrierung und Planung auf diesen Daten. Der Roboter kann dann autonom agieren.

Abgesehen von dem daVinci System und dem Mars Roboter war bisher aber kein System dauerhaft kommerziell erfolgreich. Sowohl der Mars-Roboter als auch das daVinci- System stellen keine vollständig autonomen Systeme dar. Sie dienen zur besseren Führung des Chirurgen oder zur reinen Telemanipulation wie das daVinci-System. Autonome Systeme sind sehr viel schwerer zu etablieren. Ein gutes Beispiel ist das Robodoc-

System. Dieses wurde in Deutschland bereits eingesetzt, nach Beschwerden von Patienten jedoch wieder abgesetzt. Es ist bis heute nicht eindeutig geklärt, ob das System selber oder die Anwendung Probleme verursacht. Die erstellten Analysen betrachten vor allem die medizinischen Aspekte, wie die Anzahl der Beschwerden nach dem Eingriff und die Vergleiche zwischen konventionell und mit dem Robotersystem operierten Patienten. Über den realen Ablauf der Eingriffe gibt es ein hohes Maß an Ungewissheit. Man kann lediglich sagen, dass robotergestützte Eingriffe in der Regel länger dauerten, was ein erheblicher Nachteil ist.

Die Arbeiten im Bereich der medizinischen Workflows weisen hier bereits eine mögliche Richtung für eine Problemlösung. Bekannte Modelle aus dem Bereich des Business Process Modelling werden übernommen und im Bereich der chirurgischen Planung angewendet. Van Aalst et al. zeigen, wie man Daten aus Workflow-Logs nutzen kann, um eine stetige Verbesserung des Prozesses zu erreichen. Dieser Ansatz im Bereich der Chirugierobotik stellt einen wichtigen Schritt dar, um Prozesse nachvollziehbar zu machen und die auftretenden Probleme besser verstehen zu können.

3. Stand der Forschung

3.1. Einleitung

Dieses Kapitel beschreibt den für diese Arbeit relevanten Teil der Stand der Forschung im Bereich der chirurgischen Robotik. Die direkte Integration eines Workflow Systems in ein robotergestütztes Chirurgie-System wurde bisher nur von Schorr realisiert, der dies in seiner Dissertation beschreibt. Diese Arbeit stellt somit den Ausgangspunkt für die weiteren Betrachtungen des Planungssystems dar. Der von Schorr gewählte Formalismus, letztlich basierend auf erweiterten Prozessketten, beschreibt nur rudimentär, wie man die Korrektheit überprüft und schränkt das Modell stark ein. Aus diesem Grund wurden verschiedene Workflow Sprachen verglichen und die Argumentation von van Aalst erweist sich hier als nützlich. Petri Netze bietet eine fundierte Basis mit einer klaren Semantik als Ausgangspunkt zur Entwicklung einer Sprache, die für den Modellierer und Benutzer geeignet ist. Planungsdomänen, wie die minimal-invasive Chirurgie sind durch eine sehr geringe Strukturiertheit gekennzeichnet, die sich nur mit hohem Aufwand in Workflows darstellen lässt. Hier bieten sich andere Modellierungsarten als die explizite Modellierung an. Implizite Modellierung durch Einschränkungen, die in Temporallogik formuliert werden, bieten hier einen Ausweg. Um neben der strukturellen Korrektheit des Models auch die Korrektheit während der Ausführung sicher zu stellen, werden weitere Möglichkeiten untersucht. Dazu gehört die Modelprüfung, das Benutzen von formalen Beschreibungen von Aktoren und Sensoren und geometrische Simulationsumgebungen. Neben der Planung ist ein anderer Fokus die reale

Implementierung eines Steuersystems und die Nutzung der passenden Sensorik und Aktorik.

3.2. Systemarchitektur

3.2.1. Einführung

Das Kapitel gibt im allgemeinen einen Überblick über bestehende System-Architekturen im Bereich der verteilten Software Entwicklung und im speziellen in der Robotik. Ein wesentlicher Punkt bei der Wahl der Architektur ist der Aufbau des Systems, ob verteilt oder zentral, und welches Betriebssystem verwendet wird. Typische Vertreter von Echtzeitbetriebssystemen sind dafür ausgelegt worden, die Echtzeit-Anforderungen auf einem spezifischen System sicherzustellen. Um dies zu erreichen, nehmen sie Einstellungen vor, zu dem unter anderem das Abschalten von Direct Memory Access (DMA) gehört, um ein deterministisches Verhalten zu erreichen. Der Vorteil ist, dass sie quelloffen sind und auf Standard-PC Hardware verwendet werden können [35] [32]. Meistens verwenden sie ein hybriden Ansatz. Sie erweitern den Kern des Betriebssystem um spezielle Funktionen, schotten die Echtzeittasks vom Rest des Systems ab und bieten eine spezielle API an, mit der man die eigenen Prozesse für dieses System entwickeln kann. Es gibt bestehende Echtzeitbetriebssysteme, wie QNX und VxWorks, die eine spezielle Programmierumgebung benötigen, um die Programme für sie zu entwickeln. Ein anderer Ansatz ist es, den Kernel eines bestehenden Betriebssystems selber zu optimieren und unterbrechbar zu machen, wie es der Preemption Patch des Linux Kernel realisiert. Hierzu wird der Kern des Systems überarbeitet und daraufhin optimiert, dass er möglichst vollständig unterbrechbar ist. Eine Anforderung, die bestehende Systeme nicht erfüllen. Diese sind darauf ausgelegt, die Integrität der Daten sicherzustellen und verwenden hierfür entsprechende Mechanismen (z.B. Spinlocks). Ebenso laufen alle Treiber für Geräte im Kernel-Space ab, womit dieser öfter blockiert wird, als es nötig ist. Ein anderes Beispiel ist das Abarbeiten von Interrupts. Diese werden im Kern verarbeitet und blockieren in den meisten Implementierungen diesen bis der Interrupt verarbeitet ist. Diese Routinen werden in eigene Kernel-Prozesse ausgelagert. In der Summe führt dieses Verfahren zu einem System, das ein besseres Zeitverhalten hat, meist aber mit einem geringeren maximalen Durchsatz an Daten erkauft wird. [31] Verteilte Betriebssysteme gibt es in verschiedenen Abstufungen. Speziellen Systemen aus der Forschung, die entwickelt wurden für verteilte Systeme [73] [93] oder die auf bestehenden Betriebssystemen aufsetzen und diese erweitern. Verteilte Betriebssysteme und erst recht echtzeitfähige, verteilte Betriebssysteme sind Gegenstand der Forschung [74] [94].

Für verteilte Systeme ist ein anderer Ansatz, eine Middleware einzusetzen. Diese bietet über Dienste und Bibliotheken verschiedene Funktionalitäten an, die sonst in einem verteilten Betriebssystem realisiert sind. Der Anfang dieser Bemühung ist die Einführung von RPC (Remote Procedure Calls). Diese machen einen Funktionsaufruf unabhängig davon, wo er ausgeführt wird. Eine entsprechende Implementierung realisiert das Abwickeln des Aufrufs, unabhängig davon, ob der Funktionsaufruf lokal oder über Rechnergrenzen passiert und welche Protokolle dabei im Spiel sind. Verschiedene Frameworks wurden hierzu entwickelt. Bekannte Vertreter sind COM+/.NET, CORBA, aber auch die auf Java basierende Jini-Implementierung [23].

Für diese Arbeit wurde der Fokus auf die Optimierung bestehender Soft-Realtime Betriebssysteme in Zusammenarbeit mit einem passenden Framework gelegt. Der Grund hierfür ist, dass eine Implementierung auf einem verteilten Echtzeitsystem zu aufwändig wäre und den Umfang dieser Dissertationsarbeit sprengen würde, sofern dies überhaupt realisierbar wäre. Dass Soft-Echtzeitsysteme verwendet werden, ist motiviert durch die einfache Nutzung bestehender Systeme und die umfangreichen verfügbaren Bibliotheken, die so auf einfache Weise integriert werden können. Dies Konzept und die Implementierung werden insbesondere im Kapitel 6 detailliert beschrieben. Das Konzept zeigt in der Theorie die Möglichkeiten auf und liefert eine brauchbare Implementierung, die für eine Anwendung auf harte Echtzeitsysteme portiert werden müsste. Dies ändert aber nichts an dem grundsätzlichen Konzept.

3.2.2. CORBA und Realtime CORBA

CORBA (Common Object Ruequest Broker Architecture) ist ein Standard der OMG (Object Managament Group), der das Entwickeln von Software-Komponenten erleichtern soll. So stellen Schmidt und Kuhns fest, dass CORBA dabei hilft, die benötigte Zeit zu verringern, um qualitativ hochwertige Software aus wiederverwendbaren Softwarekomponenten zu erzeugen und die Anwendungen nicht in jedem Fall komplett neu zu erstellen [141]. Aus diesem Grund wird CORBA verstärkt in Bereichen wie dem Flugzeugbau, der Telekommunikation aber auch in medizinischen Systemen eingesetzt. Die OMG hat CORBA weiterentwickelt, so gibt es die Spezifikationen „minimum CORBA" , „CORBA Messaging„und die „Realtime CORBA-Spezifikation". So reduziert die „minimum CORBA" die CORBA-Spezifikation auf das Wesentliche für eingebettete und echtzeitfähige Systeme. Die „Realtime-CORBA" Spezifikation fügt Funktionalitäten zur Verwaltung von CPUs, dem Netzwerk und Speicheresourcen hinzu. Des Weiteren fügt sie dem Standard Möglichkeiten hinzu, die die Vorhersagbarkeit von „end-to-end" Operationen mit fixen Prioritäten gewährleisten.

Gerade die Vorhersagbarkeit der Kommunikation zwischen zwei Teilnehmern ist essentiell für verteilte Echtzeitanwendungen in Bereichen der Steuerung und Regelung. Hinzu kommen komplexe Quality of Service (QoS)-Anforderungen. Hierzu gehören die Bandbreite, Verzögerungen und Schwankungen in den Datenraten, die in verteilten Systemen auftreten können. Diese Anforderungen wurden mit der bisherigen CORBA Spezifikation nicht abgedeckt und sind Gegenstand der Realtime CORBA- Spezifikation. [129]

Der CORBA ORB (Object Request Broker) ist das zentrale Element von CORBA. Es dient dazu, die Kommunikation zwischen Client und Server transparent zu gestalten, unabhängig von Kommunikations-Hardware und -Software und den dazugehörigen Protokollen. Eine Realtime-CORBA-Implementierung muss darüber hinaus Schnittstellen anbieten, um über diese Anforderungen auch die Ressourcen spezifizieren zu können. Hierfür definiert die OMG die Messaging-Spezifikation. Über diese können unter anderem die Prioritäten für Threads eingestellt oder Buffer für Nachrichtenwarteschlangen eingerichtet werden, um das Verhalten des ORB beeinflussen zu können. Darüber hinaus muss der Realtime CORBA ORB auch eine effizientes, skalierbares und vorhersagbares Verhalten für übergeordnete Dienste anbieten. Hierzu zählt man globale „Scheduling-" Dienste. Solche Dienste müssen mit dem ORB interagieren, um das Scheduling zwischen den Teilnehmern sicherstellen zu können. Die Prozesse können dann einen Nutzen aus dieser Architektur ziehen, indem sie Prioritäten festlegen, Thread Pools und Inter-Process Mutexe nutzen, das globale Scheduling verwenden und Kommunikations-Resourcen über Protokolleigenschaften regulieren können. Ebenso erlaubt es die Realtime CORBA Spezifikation eine Schranke für die Priorität von ORB Threads zu definieren und das die Prozesse ermitteln, mit welcher Priorität Aufrufe bearbeitet werden und Server einen vorher definierten Thread-Pool anlegen. Es ist aber anzumerken, dass die Realtime CORBA Spezifikation und die Implementierungen dieser Spezifikation natürlichen Limitierungen unterliegen. So können sie aus einer nicht-echtzeitfähigen Umgebung, insbesondere dem Betriebssystem und der Kommunikations-Infrastruktur, eine echtzeitfähige Umgebung erzeugen.

3.2.3. CORBA Implementierungen

Es gibt eine Vielzahl an CORBA Implementierungen. Einige davon sind als Opensource Projekte vorhanden. Zwei bekannte Implementierungen finden sich im Gnome Projekt und in Java wieder. In Gnome wird der Implementierung ORBit genutzt [27], in Java ist eine Implementierung Teil der Klassenbibliothek seit JDK 1.2 [26]. Die Anzahl der Implementierungen der

Realtime CORBA Spezifikation sind hingegen gering. Zu nennen sind RO-FES (Real-Time CORBA for embedded Systems) [2] [103] und TAO (The Ace Orb) [29]. Während ROFES ein rein akademisches Projekt geblieben ist, erfreut sich TAO einer gewissen Beliebtheit, nicht zuletzt weil der Sourcecode vollständig verfügbar ist und eine hohe Qualität aufweist. So lässt sich der Code unproblematisch auf verschiedenen Compilern und Betriebssystemen übersetzen.

3.2.4. SOAP

SOAP (Simple Object Access Protocol) bietet einen Mechanismus zum Austausch strukturierter Informationen zwischen den Teilnehmern eines Netzwerks an. SOAP codiert seine Nachrichten im XML Format. SOAP selbst definiert nur die Zustellung einer Nachricht, es kümmert sich selbst nicht um komplexere Aufgaben, wie eine Anfrage-Antwort-Kommunikation. Dies wird den Applikationen, die SOAP benutzen, überlassen. Grundsätzlich lassen sich SOAP Nachrichten über eine Vielzahl von Protokollen übertragen. Sofern solche Anbindungen von SOAP an ein Protokoll definiert sind, spricht man von einer „SOAP binding". Eine sehr beliebte Methode, um SOAP Nachrichten auszutauschen, stellt das HTTP Protokoll dar. SOAP unterscheidet zwischen zwei Möglichkeiten, die Daten auszutauschen. Die eine besteht darin, lediglich die strukturierten Daten auszutauschen (Conversational Message Exchanges) und die andere beschreibt RPC (Remote Procedure Call) Aufrufe mittels SOAP. SOAP Nachrichten bestehen aus drei Bestandteilen, dem SOAP Envelope, SOAP Header und SOAP Body, wobei der SOAP Header optional ist und der SOAP Envelope die beiden anderen Elemente, also SOAP Header und SOAP Body, enthält. Der Header enthält Informationen, die nicht zur eigentlichen Anfrage oder Antwort gehören. Dies können z.B. Informationen sein, die angeben, wie eine Nachricht zu bearbeiten ist. Der Soap Body enthält dann die eigentliche Anfrage.

3.3. Planung

3.3.1. Einführung

Dieses Kapitel gibt einen Überblick über den Stand der Forschung im Bereich der Planung. Im ersten Teil folgt ein etwas unüblicher Überblick über das Verständnis von formalen Sprachen und das Sprachverstehen. Diese Gegenüberstellung von Turing und Searl ist insofern hilfreich, als sie eine Eingrenzung erlaubt, was überhaupt sinnvollerweise beschrieben werden kann. Ein wesentlicher Bestandteil ist die semantisch korrekte Formalisierung von Elementen, sei es in Sprachen oder in Workflows. Daran schließt sich die Frage an, in welchem Umfang formale Sprache und damit die in ihr ausgedrückte Planung, validierbar und verifizierbar ist. Ein Teilaspekt ist, in welchem Umfang Sprachen umgewandelt werden können und welche Einschränkungen sie hierbei unterliegen.

3.3.2. Formale Beschreibungssprachen – Searl vs. Turing

Searle und Turing beschäftigen sich beide mit der Frage, inwieweit Computer „denken" können. Die Fragestellung ist deshalb interessant, weil hier zwei Ästhetiken zum Zuge kommen. Interessanterweise argumentiert ausgerechnet der Mathematiker Turing mittels eines Bottom-Up Entwurfs, während Searle das Problem eher Top-Down untersucht. Der Vergleich zwischen Mensch und Maschine ist oft von ethischen Überlegungen geprägt, es scheint eine Abneigung gegenüber der Theorie zu bestehen, dass Maschinen menschliche Fähigkeiten haben können. Ich werde mich im folgenden, genauso wie Searle und Turing, daher weniger mit der ethischen Fragestellung beschäftigen. Wichtiger im ästhetischen Zusammenhang ist die Frage, inwiefern solche Untersuchungen unsere Wahrnehmung verändern.

Turing

Alan M. Turin untersucht in „Kann eine Maschine denken?" [153] die Frage, ob die geistigen Prozesse des menschlichen Gehirns simuliert werden können. Es geht ihm explizit nicht darum, ob Computer in irgendeiner Weise intelligent sind, es geht um die Simulation. Es geht auch nicht darum, die Bedeutung der Begriffe „Menschen" und „Denken" zu bestimmen, sondern darum, ein Imitationsspiel durchzuführen. Um eine faire Situation zu schaffen, kommunizieren alle Teilnehmer über einen Rechner miteinander. Zwei Menschen und ein Rechner reden miteinander. Wenn der Versuchskandidat sich innerhalb einer bestimmten Zeitspanne nicht eindeutig entscheiden kann, wer von den beiden Gesprächspartnern der Rechner ist, sich also mit einer Wahrscheinlichkeit von 50 % für einen von beiden entscheidet, hat der Rechner diesen Test bestanden. Diese Simulation tritt an die Stelle der eigentlichen Fragestellung. Gleichzeitig bekommt die Versuchsperson durch das neutrale Interface, welches für den Erfolg entscheidend ist, nur die für die Simulation entscheidenden Informationen. Das Interface steht hier metaphorisch für den Gesprächspartner. Ist der Versuchsaufbau noch deduktiv, so geht die Versuchsperson nun induktiv an diesen Test heran. Es ist gerade entscheidend für den Erfolg der Simulation, dass die Versuchsperson die Prämissen nicht kennt. Der Proband kann sich völlig frei mit den beiden Gesprächspartnern unterhalten und wird durch Ähnlichkeitsschlüsse, zu ihm bekannten Konversationsstilen, zu einem Ergebnis kommen. Wirkt der Rechner menschlich? Kennt er die Antwort auf bestimmte Fragen und kann eine sinnvolle Konversation betreiben? Entscheidend ist hier das Auseinanderfallen der beiden Wahrnehmungsmodelle. Eine deduktiv aufgebaute Simulation wird mittels der Induktion bewertet. Offensichtlich ist es dabei kein Problem, zumindest für Turing, dass der Proband wirklich meinen könnte, dass der Rechner intelligent sei. Die Interpretation des Probanden, die falsch ist, untermauert hier die Richtigkeit der Simulation und nicht die Unfähigkeit des Probanden die Prämissen zu erkennen. Dass solche Simulationen im Hinblick auf den Probanden erfolgreich sind, zeigen Programme wie Depression 2.0. Gleichzeitig gibt es eine Gleichsetzung von Geschwindigkeit mit Intelligenz. So beschreibt Turing, das Rechner mit höherer Kapazität und Rechengeschwindigkeit dieses Imitationsspiel immer perfekter beherrschen werden, so dass die Grenze zwischen Mensch und Maschine immer mehr verwischt. Diese These ist mittlerweile entlarvt, wenn auch die Geschwindigkeit ihr faszinierendes Moment nicht verloren hat. Turing zählt selbst verschiedene Gegenargumente auf. Den mathematischen Einwand, dass Rechner aufgrund ihrer Beschränkungen einfach nicht zu intelligentem Verhalten in der Lage sind, hält er für nicht ausschlaggebend. Er argumentiert, dass die Grenze zwischen Mensch und Maschine immer weiter verschoben wird und sich irgendwann so weit angenähert hat, dass ein Unterschied nicht mehr zu erkennen ist. Das Bewusstsein hält er zwar nicht für etwas, was man implementieren kann, aber für simulierbar. Alle anderen Einwände verwirft er als wenig stichhaltig. Die Frage ob „Rechner jemals Erdbeeren mögen" halt er für „idiotisch". All diese Argumente sind nachvollziehbar, wie im Fall der Erdbeere auch vollkommen korrekt. Problematisch ist lediglich der Charakter der Simulation. Warum soll man ausgerechnet eine Simulation akzeptieren, wenn man weiß, dass die zugrunde liegende Theorie den Sachverhalt nicht adäquat wiedergibt? Turing geht es aber eben nicht um diese Frage. Es geht Ihm darum, wieweit die Simulation unsere Wahrnehmung manipulieren kann, so dass wir ihr erliegen. Denn worum geht es sonst, wenn der Versuchskandidat systematisch von den Grundlagen ausgeschlossen wird? Es ist ein Zug der Simulation, dass sie die Grundlagen verdeckt und durch ein Interface auf metaphorischer Ebene etwas anderes suggeriert, im Zweifelsfall auch den denkenden Rechner. Turing spinnt die Idee weiter, indem er auf lernende Maschinen verweist. Diese würden dann, auf dem Prinzip von Bestrafung und Belohnung, der eigentlichen Idee einer intelligenten Maschine näher kommen. Durch eine Art Faktenbasis, die die Maschine lernen würde, würde sie somit einen höheren Grad an Intelligenz erreichen. Dieses funktioniert nur, wenn man den Menschen selber als ein Objekt ansieht, das nach bestimmten Regeln handelt und sich in bestimmten Zuständen befindet. Die Simulation beeinflusst hier die Wirklichkeit und verändert so unsere Wahrnehmung von den Objekten. Menschen bekommen Zustände, allerdings nicht aus einer Untersuchung über den Menschen heraus, sondern durch die Beobachtungen in einer Simulation, bzw. zu den Prämissen, die diese hat. Ein Rechner kann durch ein Zustandsmodell beschrieben werden, anscheinend legt dies irgendeine Analogie zum Menschen nahe. Wie unbegründet diese auch immer sein mag, so verändert sie doch die Herangehensweise an dieses Thema.

Searle

John R. Searle untersucht, inwieweit Maschinen, so wie wir sie heute kennen, die Handlungen des Menschen nachahmen können [145]. Dabei kommt er zu einen anderen Schluss als Turing. Searle greift das metaphorische Problem auf, dass oft das Gehirn mit dem Computer gleichgesetzt wird und somit eine Analogie zwischen Software und Denken und Körper und Hardware herrscht. Die Universalität der Rechner scheint hier so etwas wie Bewusstsein oder Denken zu suggerieren. Eigentlich verarbeiten Rechner aber lediglich Symbole. Rechner verarbeiten Syntax, aber nicht deren Semantik. Wenn sie Semantik verarbeiten, so tun sie dies indirekt über syntaktische Regeln. Erst der Benutzer gibt den Symbolen wieder ihren semantischen Gehalt. Das impliziert die formale Struktur, mit der Rechner konstruiert werden. Durch Syntax allein verleihen wir den Dingen keine Bedeutung, die Bedeutung kann so nicht beschrieben werden. Searle zeigt dies anhand eines Gedankenexperiments, bekannt als das „chinesischen Zimmer". In diesem chinesischem Zimmer sitzt eine Person, die bestimmte syntaktische Regeln kennt. Wird dieser Person ein chinesisches Zeichen, dass die Person nicht versteht, gereicht, so wählt sie anhand der Regeln ein anderes chinesisches Zeichen aus und gibt dieses als Antwort zurück. Man kann sich vorstellen, dass die Person irgendwann in der Lage, ist wie ein Chinese zu antworten, allerdings mit dem Unterschied, dass er kein Chinesisch kann. Die Symbole haben für die Person keinerlei Bedeutung, keinen semantischen Gehalt. „Syntax reicht nicht für Semantik aus" und „Computerprogramme sind vollständig durch ihre formale (oder syntaktische) Struktur definiert". Wir können, so stellt Searle fest, beliebige Vorgänge durch den Computer simulieren, z.B. Regenstürme. Allerdings nehmen wir nicht an, „daß die Computersimulation eines Sturmes uns nass macht [...]. Warum in aller Welt sollte jemand, der bei Trost ist, annehmen eine Computersimulation geistiger Vorgänge hätte tatsächlich geistige Vorgänge?". Dieses Phänomen wird teilweise durch das Interface erklärt. Wir interpretieren in die Zeichen etwas hinein. Die neuesten technischen Errungenschaften mit dem Gehirn gleichzusetzen, hat mittlerweile eine gewisse Tradition, so war man sich sicher, dass ein Gehirn wie ein Telefonnetz funktioniere, bis diese Ansicht durch eine andere technische Errungenschaft abgelöst wurde. Solche Implikationen sind problematisch und die KI bedient sich ihrer oftmals, da man über den Gegenstand ihrer Untersuchung, das Gehirn, kaum Erkenntnisse besitzt. Die Tatsache, dass Menschen Regeln befolgen, wird oft dazu verwendet, eine Analogie zwischen Mensch und Maschine herzustellen. Regeln, so Searle, können einen wörtlichen oder metaphorischen Sinn haben. Computer folgen keinen Regeln, sie durchlaufen „lediglich formale Verfahren". Searle trennt hier zwei Arten der Informationsverarbeitung. Informationen können einfach verarbeitet werden, ohne irgendeine psychische Komponente. Etwas passiert, weil es so konstruiert ist, z.B. ein Transistor in einem IC. In dem anderen Fall passiert etwas Psychologisches und das unterscheidet diesen Vorgang eben von der ersten Art. Wenn wir nun beschreiben, dass ein Vorgang im Gehirn der ersten Art zugehörig ist, so sagt dies etwas darüber aus, ob eine Maschine psychologische Fähigkeiten hat.

3.3.3. Folgerung aus der Kontroverse zwischen Searl und Turing

Es ist entscheidend an dieser Stelle festzuhalten, dass ein Formalismus immer ein Teil der Darstellung der realen Gegebenheiten, aber niemals umfassend ist. Man kann mit dem Formalismus Teile erklären, man kann aber nicht ein gleichwertiges Verhalten wie ein menschlicher Kooperationspartner erzeugen oder eine vollständige Beschreibung der realen Welt. Dazu gehört insbesondere die Kognition, der Unterschied zwischen simuliertem und echtem Verhalten geschieht hier oft fließend, ist aber entscheidend. Aus dieser Sichtweise heraus ist es naheliegend eine Formalisierung der realen Abläufe, und genau dies geschieht bei einer Planung, als ein sehr beschränktes Instrumentarium zu betrachten. Daher wird in dieser Dissertation der Fokus vor allem auf die Wahl eines formal korrekten Formalismus gelegt und weniger auf die Kognition selber. Ein möglicher Ansatz, um Kognition einfließen zu lassen, der auch in der Medizin durchaus beliebt ist, ist die Verwendung von Ontologien. Die Verwendung von Ontologien fällt aber auch unter die fundamentale Kritik von Searl. Ontologien werden daher in dieser Arbeit im State of the Art erläutert, finden aber keinerlei Anwendung.

3.3.4. Workflows

Ein wesentlicher Aspekt in der Planung ist die Darstellung der Planung. Hier bieten sich Workflows an, weshalb sie im folgenden in besonderer Weise berücksichtigt werden.

Workflow Pattern

Um verschiedene Formalismen miteinander vergleichen zu können bedarf es einer objektiven Grundlage. Im Bereich des System Designs erwies sich hier der Ansatz der Entwurfsmuster, eingeführt von vor allem von Gamma et al. [71], als fruchtbar in der Diskussion. Um verschiedene Typen von

Workflows zu unterscheiden, ließen sich die Autoren Aalst, Hofstede, Kiepuzewski und Barros hiervon leiten und präsentierten im Jahre 2000 ihre „Workflow Patterns" [159] [164]. Anforderungen an Workflow Sprachen werden in Form von Mustern dargestellt und abstrahieren von jeglichem willkürlich gewähltem Kontext, in diesem Fall insbesondere von spezifischen Workflow-Beschreibungssprachen. Um die Verständlichkeit zu steigern, wurden allerdings die Pattern in einer überarbeiteten Fassung auch in Form von Colored Petri Netzen dargestellt. Im Jahr 2007 wurde in einer neuen Publikation noch einmal auf den großen Erfolg und den Einfluss der Arbeit innerhalb dieses Arbeitsgebietes hingewiesen: „It provided clarity to concepts that were not previously welldefined and provided a basis for comparative discussion of the capabilities of individual workflow systems" [138]. Durch den Ansatz können vorhandene Workflow Systeme besser hinsichtlich ihrer Mächtigkeit beurteilt werden.

Tabelle 3.1.: Workflow Pattern

Pattern	**Beschreibung**
Sequence	Eine Aktivität wird aktiviert, nachdem eine vorhergehende Aktivität abgearbeitet wurde
Parallel Split	Aufsplittung in zwei oder mehr parallele Zweige, die gleichzeitig ausgeführt werden, oft als AND-Split bezeichnet
Synchronization	Zusammenlaufen von zwei oder mehreren Zweigen, wobei alle Zweige abgearbeitet sein müssen bevor die Aktion schaltet; oft als AND-join bezeichnet

Pattern	Beschreibung
Exclusive Choice	Aufsplittung in zwei oder mehr parallele Zweige, wobei nur ein abgehender Zweig aktiviert wird, oft als XOR-split bezeichnet
Simple Merge	Zusammenlaufen von zwei oder mehreren Zweigen, wobei jedes Aktivieren im sofortigen Weiterschalten resultiert; oft als XOR-join bezeichnet
Multi-Choice	Aufsplittung in zwei oder mehr parallele Zweige, wobei ein oder mehrere Zweige aktiviert werden; oft als OR-split bezeichnet
Structured Synchronizing Merge	Zusammenlaufen von zwei oder mehreren Zweigen, wobei geschaltet wird, wenn alle aktivierten einkommenden Pfade abgearbeitet wurden; oft als OR-join bezeichnet
Multi-Merge	Zusammenlaufen von zwei oder mehreren Zweigen, wobei für jeden ankommenden Zweig geschaltet wird
Structured Discriminator	Zusammenlaufen von zwei oder mehreren Zweigen, wobei für den ersten ankommenden Zweig geschaltet wird; auch als 1-out-of-M join bezeichnet
Arbitrary Cycles	Schleifen mit einem oder mehr Anfangs oder Endpunkten; oft als unstructured loop bezeichnet
Implicit Termination	Prozess terminiert wenn keine weiteren Punkte abzuarbeiten sind

Pattern	Beschreibung
Multiple Instances without Synchronization	Mehrere Instanzen eines Prozesses können kreiert werden; oft als Multi threading without synchronization bezeichnet
Multiple Instances with a priori Design-Time Knowledge	Mehrere Instanzen eines Prozesses können kreiert werden, die Anzahl der Prozesse ist vorher bekannt und sie werden am Ende synchronisiert
Multiple Instances with a priori Run-Time Knowledg	Mehrere Instanzen eines Prozesses können kreiert werden, die Anzahl der Prozesse zur Laufzeit bekannt und sie werden am Ende synchronisiert
Multiple instances without a priori run-time knowledge	Mehrere Instanzen eines Prozesses können kreiert werden, die Anzahl der Prozesse zur Laufzeit nicht bekannt, sie werden am Ende synchronisiert
Deferred Choice	Mehrere Instanzen eines Prozesses können kreiert werden, die Anzahl der Prozesse ist mit dem Abarbeiten des letzten Prozesses bekannt, die Prozesse werden am Ende synchronisiert
Interleaved Parallel Routing	Eine Anzahl von Aktivitäten wird anhand einer partiellen Ordnung ausgeführt, jede Aktivität wird einmal ausgeführt und immer nur eine Aktivität kann aktiv sein
Milestone	Aktivität wird nur aktiviert wenn der Prozess in einem bestimmten definierten Zustand ist

Pattern	Beschreibung
Cancel Activity	Eine aktivierte Aktivität wird abgebrochen
Cancel Case	Ein kompletter Prozess wird abgebrochen

Die Anzahl der Workflow Pattern wurde um weitere 23 Workflow Pattern erweitert. Hierzu gehören erweiterte Schleifen, wie auch Erweiterungen im Bereich der Thread-Synchronisation. Die aus dem Workflow Pattern Projekt mit hervorgegangener Sprache YAWL unterstützt immerhin 32 der insgesamt relevanten 43 Workflow Pattern. Formalismen wie XPDL oder UML 2.0 Activity Diagrams unterstützen ebenfalls eine große Anzahl an Pattern. Allerdings ist dies oftmals nur theoretisch realisierbar und nicht in der Praxis. Die vor allem von Schorr et al. propagierte Lösung der erweiterten Prozessketten kommt auf 12 unterstützte Workflow Pattern. Weil Workflow Pattern einerseits ein intersubjektive Bewertungsmöglichkeit für Workflow Formalismen und Implementierungen bieten, so mag doch die Grundlage hierfür, die Pattern an sich, in Zweifel gezogen werden. So weisen dann auch die Autoren Russel, Hofstede, Aalst und Mulyar darauf hin, dass für diese Ansammlung von Pattern keine Garantie hinsichtlich ihrer Vollständigkeit gegeben werden kann. Die Pattern werden immer induktiv bestimmt und folgen keinem deduktivem Aufbau, der wünschenswert aber wohl kaum realisierbar ist. Allerdings ist die vorgelegte Sammlung von Workflow Pattern bereits sehr umfangreich und viele Publikationen beschränken sich auf die ersten 20 Workflow Pattern, die von den meisten Autoren als die elementarsten und wichtigsten angesehen werden. Hinzu kommt die formale Beschreibung der Workflow Pattern. Die umfangreiche Liste an Pattern und ihre formale Beschreibung bieten daher zurzeit die beste Möglichkeit an, um Systeme und Formalismen miteinander zu vergleichen.

Petri Netze

Petri Netze wurden bereits 1962 in der Dissertation von Carl Adam Petri eingeführt [126]. Petri Netze stellen nach wie vor eine Basis für viele Modellierungsansätze dar.

Die Definition eines Petri Netzes lautet wie folgt:

Definition. *Ein Petri Netz ist definiert als Tripel (P,T,F). P ist eine endliche Menge an Stellen. T eine endliche Menge an Transitionen und die Menge der Kanten F*

$$P = (s_1, s_2, ..., s_n)$$

$$T = (s_1, s_2, ..., s_n)$$

$$F \subseteq (P \times T) \cup (T \times P)$$

$$P \cap T = \varnothing$$

Petri Netze bestehen somit aus Stellen und Transitionen, wobei niemals eine Transition mit einer Transition oder eine Stelle mit einer anderen Stelle direkt verbunden ist. Es gibt immer nur Übergänge von Stelle zu Transition und umgekehrt. Jede Stelle hat eine gewisse Kapazität und kann somit n-Token aufnehmen.

Definition. *Eine Transition wird als „lebendig" bezeichnet, wenn sie von jeder erreichbaren Markierung aus aktiviert werden kann.*

Definition. *Eine Stelle ist k-beschränkt wenn sie niemals mehr als k Token beinhaltet. Sie ist beschränkt wenn Sie k-beschränkt ist für ein gegebenes k.*

Definition. *Eine Stelle wird als sicher bezeichnet wenn sie niemals mehr als n Token zur selben Zeit beinhaltet.*

[157]

Die oben definierte Klasse von Petri Netze sind „klassische Petri Netze"
. Es wurden verschiedene Erweiterungen vorgeschlagen, um das Konzept
zu erweitern. Bekannte Erweiterungen sind die „farbigen" Petri Netze, 1.
zur Modellierung von Daten, die Erweiterung um Zeit und die Erweiterung
um Hierarchie, 2. zur Strukturierung der Netze. Solche Netze werden als
„High level Petri Netze" bezeichnet.

Petri Netze unterscheiden zwei Arten von join- und split-Operationen.
Die Operationen sind „AND" und „XOR" . Transitionen bilden „AND-
splits und joins" ab und Stellen bilden „XOR-splits und joins" .

In Petri Netzen schaltet eine Transition, wenn jede Eingangsstelle mindestens ein Token beinhaltet. Wenn die Transition schaltet, konsumiert sie
alle Stellen der Eingänge und produziert für jeden Ausgang eine neues Token. Tokens werden immer konsumiert und produziert, aber niemals verschoben nach den „firering rules" für Petri Netze.

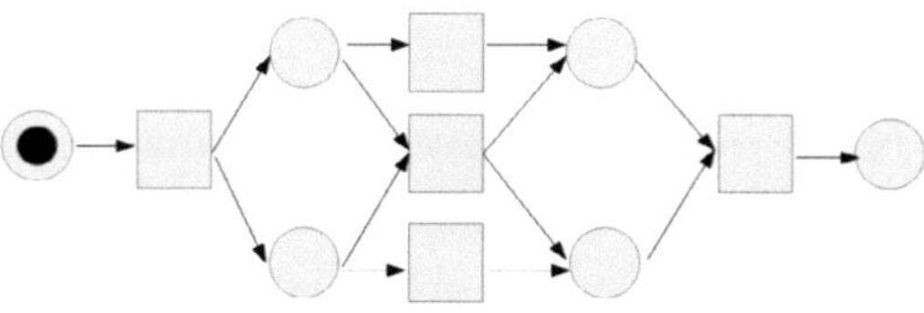

Bild 3.1.: Petri Netz Beispiel, entnommen aus [162]

In dem aus [162] entnommenen Beispiel wird dies recht deutlich. Feuert
T1, werden p2 und p3 markiert. Das aktiviert T2, T3 und T4, da alle Eingänge markiert sind. Je nachdem welche Transition nun schaltet, werden
andere deaktiviert. Feuert T4, so wird T3 deaktiviert, da nicht mehr alle
Eingänge belegt sind.

Es ist festzuhalten das Petri Netze eine klar definierte Semantik besitzen. Weiterhin unterstützen sie alle 20 Workflow Pattern. Es existiert die Möglichkeit, die Netze zu analysieren (z.B. ob Sie beschränkt oder sicher sind) und eine Menge an entsprechenden Tools, die dies umsetzen. Model Checking kann eingesetzt werden, um das reale Verhalten von Petri Netzen zu überprüfen.

Van Aalst et al. nennt 3 gute Gründe um Petri Netze zu benutzen. Diese sind die „formale Semantik" die Tatsache das Petri Netze „Zustands- und nicht Event-basierend" sind und „die Fülle an Analysemöglichkeiten" [162].

Gleichzeitig resümieren die Autoren aber auch, dass eine direkte Anwendung von Petri Netzen einige Nachteile mit sich bringt. Es gibt keine direkte Unterstützung für Pattern, die mehrere Instanzen erzeugen. Der Workflow Designer muss dies selber modellieren. Wenn zwei Teile eines Workflows zusammengeführt werden, ist es nicht einfach die „advanced synchronizatio pattern" umzusetzen und die Regeln für das Schalten sind immer lokal. Dies führt dazu, dass „cancellation pattern" für den Anwender schwierig zu modellieren sind.

Hauptnachteil von Petri Netzen ist somit ihre mangelnde direkte Unterstützung des Benutzers anhand von Workflow Pattern, bzw. ihre fehlende intuitive Anwendung, die gewünscht ist.

Um die hier angeführten Probleme von Petri Netzen aufzulösen, werden Petri Netze um verschiedene Konzepte erweitert, die in den folgenden Kapitel beschrieben sind und letztendlich zur Workflow Sprache YAWL führen.

Reset-net

Die erste Erweiterung von Petri Netzen erweitert das Konzept um spezielle „Reset-Kanten". Sie löschen die Tokens in ausgewählten Plätzen. Sie werden in der graphischen Repräsentation als Pfeile mit doppeltem Pfeil modelliert.

Definition. *Ein Petri Netz ist definiert als Tupel (P,T,F,R). Hierbei ist (P,T,F) ein Petri Netz und*

$$R : T \rightarrow P(P)$$

definiert die Reset Stellen für die Transitionen

Reset Nets liefern somit einen Formalismus, um Workflows mit „Abbruch-Regionen" modellieren zu können. Somit können weiterhin die aus der Theorie der Petri Netze bekannten Theorien angewendet werden.

WF-net und RWF-net

Workflow Netze basieren ebenfalls auf Petri Netzen. Wesentliches Merkmal von WF-Netzen ist, dass Sie genau eine Anfangs und einen End-Stelle besitzen. Die zweite Einschränkung ist, dass jeder Knoten im Graph auf einem direkten Pfad vom Anfangs zum Endknoten liegt.

Definition. *Ein WF-Net ist ein erweitertes Petri Netz mit N=(P,T,F).*

1. es existiert genau ein $i \in P$ mit $\cdot i = \varnothing$

2. es existiert genau ein $o \in P$ mit $o\cdot = \varnothing$

3. für alle $n \in P \cup T : (i,n) \in F^\star and (n,o) \in F^\star$

Es liegt auf der Hand, dass WF-Net eine Subklasse von Petri Netzen sind.

Das RWF-net (Reset Workflow Netz) ist dann definiert über das WF-net und das Reset Net

Wenn N=(P,T,F,R) ein Reset Net ist, so ist N ein RWF Net wenn (P,T,F) ein WF Netz ist [170].

Eine wichtige Definition in diesem Zusammenhang ist die „Korrektheit".

Definition. *N=(P,T,F,R) ist ein RWF-net und M_i, M_o sind die Initialen und Finalen Markierungen. N ist korrekt wenn:*

1. *Option zu vollenden: für jede Markierung M, die von M_i erreicht werden kann, existiert eine Sequenz die von M nach M_o geht*

2. *korrekt zu vollenden: die Markierung M_o ist die einzige erreichbare Markierung die von M_i aus erreichbar ist mit nur einem Token in der Stelle o*

3. *keine tote Transitionen: für jede Transition t gibt es eine Markierung M die erreichbar ist von M_i*

Aufgrund der Tatsache, dass die Erreichbarkeit für beliebige Reset Netze nicht entscheidbar sein muss gilt dies auch für das RWF-net. Aus diesem Grund gibt es eine zweite Definition die als „schwache Korrektheit" definiert ist:

Definition. *$N=(P,T,F,R)$ ist ein RWF-net und M_i, M_o sind die initialen und finalen Markierungen. N ist schwach korrekt wenn:*

1. *schwache Option zu vollenden: M_o deckungsfähig von M_i*

2. *korrekt zu vollenden: es gibt keine Markierung M die deckungsfähig von M_i aus ist, in der Form das $M > M_o$*

3. *keine tote Transitionen: für jede Transition t gibt es eine Markierung M die erreichbar ist von M_i*

Nach dieser Definition wird nur überprüft, ob die End-Markierung M_o von M_i aus erreichbar ist. Es wird nicht überprüft, ob alle Pfade zu M_o führen, womit partielle Deadlocks nicht erkannt werden können. Deadlocks an sich sind aber ausgeschlossen.

EWE-net und E2WE-net

Die letzte Stufe um die Sprache YAWL zu definieren sind EWF-nets (Extended Workflow Nets).

Definition. *Ein Extended Workflow Netz ist definiert als N=(C, i, o, T, F, split, join, rem, nofi) mit:*

1. *C sind Bedingungen und T sind Tasks*

2. *i ist die einzige Eingangsbedingung und o die einzige Ausgangsbedingung*

3.

$$F \subseteq (P \times T) \cup (T \times P)$$

4. *jeder Knoten im Graphen liegt auf einem direkten Pfad von i nach o*

5. *split T AND, OR, XOR definiert die split Operatoren join T AND, OR, XOR definiert die join Operatoren*

6. *rem:T definiert die Abbruchregion*

7. *nofi: definiert die Multiplikation jeder Task (Minimum, Maximum, Schwellwert für Fortsetzung und dynamische/statische Erzeugung von Tasks)*

Das Tupel (C,T,F) korrespondiert mit der Definition klassischer Petri Netze. EWF Netze beinhalten die typischen split/join Operationen (AND, OR, XOR), wobei die Unterscheidung zwischen OR und XOR hervorzuheben ist. Das Netz wird eingeschränkt durch die Bedingung, das es die beiden Stellen i und o gibt, also Start und Ende. Des Weiteren werden direkte Übergänge zwischen Tasks realisiert.

In EWF-Netzen können Tasks mit Tasks verknüpft werden, aber Stellen können nicht mit Stellen verknüpft werden. Um Netze, in denen Tasks direkt mit anderen Tasks verknüpft werden, auf Reset-Workflow-Netze zurück führen zu können, werden implizit Stellen dazwischen eingeführt. Diese genannten Eigenschaften werden über die Definition der explicit EWF-Net (E2WF-net) realisiert.

YAWL

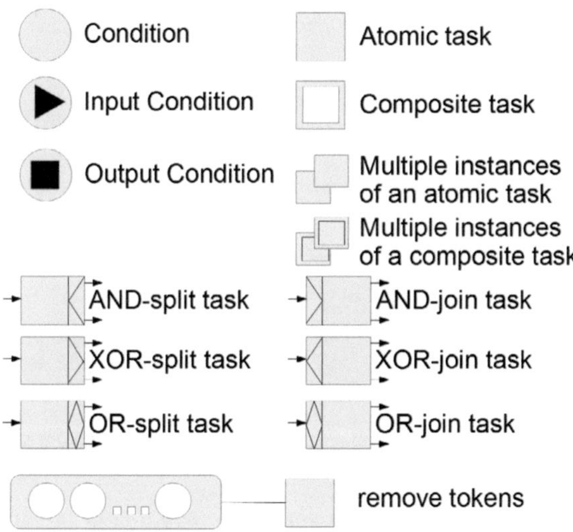

Bild 3.2.: Symbole der YAWL Sprache [162]

Die Sprache YAWL (Yet Another Workflow Language) basiert auf Petri Netzen, stellt aber eine eigene Sprache mit eigener Semantik dar. YAWL beinhaltet „multiple instances" „„composite tasks" „„or-joins" , „removal of tokens" und miteinander verknüpfte Transitionen. YAWL ist eine Ansammlung von EWF-Netzen, die eine Hierarchie formen. Die von YAWL benutzten Symbole sind in der Abbildung angegeben.

Für den Anwender von YAWL ist hervorzuheben, dass die Sprache direkt Abbruch-Regionen unterstützt und mit einer klar definierten Semantik und Analyse-Methoden ausgestattet ist.

Das System wurde exemplarisch im YAWL System implementiert. Dieses Packet enthält neben der Workflow Engine auch einen passenden Work-

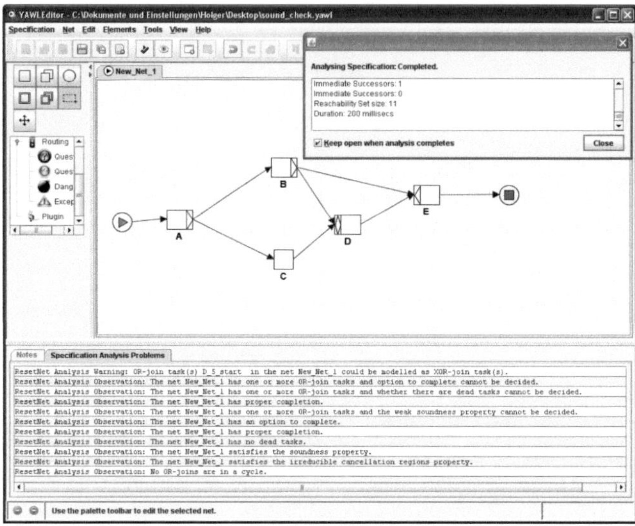

Bild 3.3.: Modellierung und Analyse eines Workflows mit dem YAWLEditor

flow Editor samt Analysewerkzeugen, siehe Abbildung 3.2. [157] [158] [163] [161] [171]

Aktivitätstheorie

Ein abstraktes Modellierungswerkzeug wie ein Workflow Management System arbeitet mit Metaphern, um dem Benutzer die Modellierung zu ermöglichen. Gleichzeitig weist die Autorin Stein auf den Einfluss hin, den solche Metaphern auf den Benutzer haben. So wird eine Metapher oft durch eine bestimmte Denkschule eingeführt und beeinflusst oder schränkt sogar stark die Art der Modellierung eines Systems ein [150]. Die entwickelten Workflow Systeme schränken bisher meist sehr stark den möglichen Anwendungsbereich ein oder die modellierten Prozesse werden komplex und unübersichtlich um ein System abbilden zu können [155]. Prozesse unterliegen oft einer hohen Variabilität. Selbst relativ standardisierte Prozesse lassen sich nur schwer in eine starre Form bringen und lassen somit verstärkt den Wunsch nach Flexibilität aufkommen [131].

Man darf bei dieser Betrachtung allerdings nicht den Fehler machen, zu glauben, dass die Lösung in technologischen Bereich liegt. Etliche Autoren weisen darauf hin, dass die Technologie oft eine untergeordnete Rolle spielen und andere Faktoren in den Vordergrund treten. Norman unterscheidet hier „technologieorientierte " und „kundenorientierte" Ansätze, ähnlich argumentieren andere Autoren [120] [44] [140].

Grundsätzlich stellt sich die Frage, in welcher Form eine reale Aktivität in einem Workflow System abgebildet werden sollte. Die „Activity Theory" liefert hier einen Ansatz. [166]. Sie hat ihren Ursprung in den 20er Jahren des zwanzigsten Jahrhunderts. Die Theorie stellt die Aktivität in den Fokus der Betrachtung. Dabei setzt sich eine Aktivität aus einem Subjekt und einem Objekt zusammen, wobei die Verbindung zwischen beiden durch ein Werkzeug hergestellt wird. Der Begriff des Werkzeugs ist hierbei sehr abstrakt, da ein Werkzeug sowohl ein konkretes Werkzeug sein kann, als auch eine „Art des Denkens" , ein Plan oder Sprache. Allgemein kann es sich um materielle wie mentale Werkzeuge handeln [166].

Vygotsky betrachte nicht das Zusammenspiel verschiedener Teilnehmer an einer Aktivität. Die Erweiterung dieser Theorie wurde von Leontiev vorgenommen, wobei er den sozialen Kontext hervorhebt, in dem eine Aktivität ausgeführt wird. In dem Beispiel des „primeval collective hunt" unterscheidet er zwischen „activity / Tätigkeit" , „action / Handlung" und „operation / Operation" . Hierbei sind Aktivitäten zusammengesetzt aus einzelnen Handlungen, wobei eine Handlung von einem Individuum ausgeführt wird und für sich alleine steht, während die Tätigkeit verschiedene Aktionen zusammenfasst und mit einem Ziel versieht, die von mehr als eine Person ausgeführt werden kann. Die Tätigkeit wird hierbei als eine höhere Stufe in der Hierarchie angesehen. Eine weitere Ebene in der Hierarchie sind Tätigkeiten, die automatisch ausgeführt werden in dem Kontext eine Aktivität [106] [107].

Die Theorie wurde von Engeström [58] weiter verfeinert hinsichtlich der Idee der Gemeinschaft, der Regeln und der Arbeitsteilung [58]. Dieses System wird „Activity System" genannt und umfasst:

1. Das Subjekt: Gruppe oder Individuen, die in einer bestimmte Tätigkeit involviert sind.

2. Das Objekt: ist das abstrakte Ziel der Tätigkeit.

3. Instrumente: Artefakte (Hilfsmittel), die intern oder extern helfen das Ziel zu erreichen.

4. Community: Eine oder mehrere Personen, die ein Ziel miteinander verbindet.

5. Regeln: Regulieren Aktionen und Interaktionen.

6. Arbeitsteilung: Legt fest, wie die Arbeitsschritte zwischen den Subjekten aufgeteilt werden [45].

Tätigkeiten werden nicht als in sich abgeschlossen betrachtet. Sie werden durch andere Aktivitäten und ihre Umgebung beeinflusst, was zu Problemen führen kann, einem Widerspruch. Diese Widersprüche manifestieren sich z.B. als Probleme oder Brüche - als Ausnahmen. Dies wird allerdings explizit nicht als problematisch angesehen, sondern als eine Möglichkeit sich weiter zu entwickeln. Tätigkeiten werden typischerweise geplant und bessere Pläne ermöglichen meistens bessere Ergebnisse. Gleichzeitig liefern Abweichungen vom Plan wichtige Informationen, um diesen weiter zu entwickeln. [101] Hierzu ist es unerlässlich, die nötigen Information zu sammeln und wiederum ins Modell einfließen zu lassen [146].

Zusammenfassend haben Tätigkeiten in der „Activity Theorie" vier Eigenschaften:

1. Jede Tätigkeit zielt auf ein materielles oder ideelles Objekt, das ein bestimmtes Bedürfnis befriedigt und gleichzeitig die Motivation darstellt.

2. Jede Tätigkeit wird von Artefakten (Werkzeugen) vermittelt.

3. Jede individuelle Tätigkeit ist meistens Bestandteil einer kollektiven Tätigkeit.

4. Menschliche Tätigkeiten können hierarchisch beschrieben werden. Sie haben 3 Ebenen: Tätigkeiten werden durch Aktionen realisiert, die wiederum durch Operationen ausgeführt werden können.

[45]

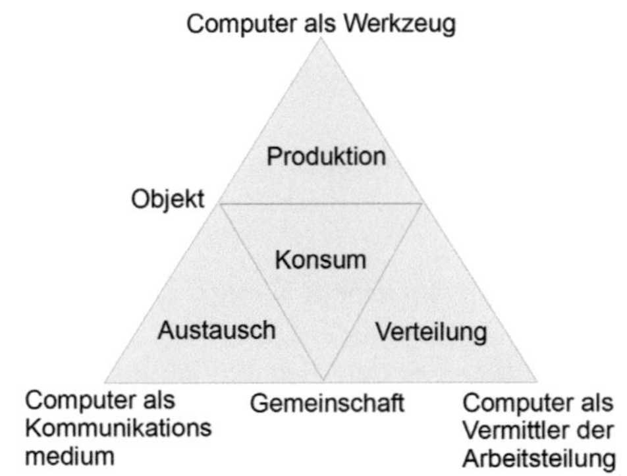

Bild 3.4.: Activity Theorie Dreieck

Die Zusammenhänge zwischen Activity Theorie und Computern sind nun folgende [149] :

Produktion: Zeigt die Beziehung zwischen Subjekt und Objekt, die durch das Werkzeug vermittelt wird.

Verteilung: Zeigt die Beziehung zwischen der Gemeinschaft und dem Objekt, die durch die Arbeitsverteilung gegeben ist.

Austausch: Zeigt die Beziehung zwischen Subjekt und der Gemeinschaft.

Konsum: Zeigt die Benutzung der Produkte und Dienste der Tätigkeit auf.

Ein flexibles Workflow System basierend auf der „Activity Theorie" sollte diese vier Punkte unterstützen und Adams et al. reklamieren dies für ihren Ansatz des Worklet Services [42].

Autor nennt 10 Punkte die er aus der Theorie ableitet :

- P1: Tätigkeiten sind hierarchisch angeordnet

- P2: Tätigkeiten sind gemeinschaftlich

- P3: Tätigkeiten hängen vom Kontext ab in dem sie stattfinden

- P4: Tätigkeiten unterliegen einer Dynamik und sind niemals statisch

- P5: Tätigkeiten werden vermittelt durch Werkzeuge, Regeln und Arbeitsteilung

- P6: Tätigkeiten werden aus einem Kontext heraus ausgewählt

- P7: Tätigkeiten werden aus dem Kontext heraus verstanden

- P8: Pläne leiten die Tätigkeit

- P9: Ausnahmen haben einen Wert, um aus ihnen zu lernen

- P10: die Granularität entsteht aus der Perspektive

aus diesen 10 Punkten werden und 6 Kriterien abgeleitet, die entscheidend sind für ein flexibles Workflow System:

- Flexibilität und Wiederverwendbarkeit

- Adaption durch Reflexion

- Dynamische Evolution der Aufgaben

- Lokalität von Veränderungen

- Verständlichkeit des Prozessmodels

- Weitergabe von Ausnahmen als „First Class Citizens "

Für eine ausführliche Übersicht sie hier auf Adams et al. verwiesen [42].

Declarative Workflows

Der klassische Ansatz ist, einen Workflow als einen gerichteten Graphen zu modellieren. Die Kanten und Knoten modellieren somit explizit welche Möglichkeiten eingeräumt werden. Ein völlig anderer Ansatz ist es zu modellieren, was nicht erlaubt ist. In diesem Fall liegt eine implizite Formulierung über die Einschränkungen und nicht eine explizite über den Graphen vor. Man kann Einschränkungen in Form von logischen Formeln modellieren. Einen solchen Ansatz verfolgt Declare. Declare verwendet LTL (Linear Temporal Logic), um die möglichen Ausführungspfade einzuschränken. LTL Formeln werden verwendet, da sich diese besonders gut auf Erfüllbarkeit überprüfen lassen, im Gegensatz zu CTL oder gar CTL^*. Andererseits ist aus diesem Grund auch die Mächtigkeit des Formalismus geringer, siehe hierzu auch Kapitel 3.5.1.
Ein anderer Punkt der für LTL spricht ist, das LTL-Formeln für den Anwender einfacher verständlich sind [165] [124]. Um das System für den Anwender weiter zu vereinfachen werden die Einschränkungen zwar mit LTL modelliert, diese dann aber zusammen mit einem Namen und ihrer graphischen Repräsentation in Templates abgelegt. Dieser Ansatz soll es dem Benutzer später besser und intuitiver ermöglichen, das System zu modellieren. Eine Ansammlung von Templates stellt im Kontext von Declare wiederum eine eigene Sprache dar. Die Entwickler haben einige Beispiele für solche Sprachen entwickelt, wie CONDEC, DevSerFlow für Webservices und CigDEC [4] [123]. Interessant ist, das auch eine spezielle Sprache für den medizinischen Bereich, CigDEC, entwickelt wurde [118].

BPEL

Die beiden Workflow Sprachen XLANG von Microsoft und WSFL von IBM wurden zu BPEL zusammengeführt (Business Process Execution Language) und basieren auf WSDL (Web Services Description Language). Der Augenmerk bei BPEL lag vor allem darauf, eine Workflow-Sprache für Web Services zu entwickeln. Daher können BPEL Prozesse auch nur mit Web-Services kommunizieren. Konsequenterweise basiert BPEL auf Web-Technologien wie SOAP (Simple Object Access Protocol). Zum Austausch von Daten nutzt BPEL XML, sowohl für ausführbare als auch abstrakte Prozesse. Das XML basierte XMLSchema wird eingesetzt, um die Daten zu validieren und es werden XPath Ausdrücke eingesetzt. BPEL unterscheidet zwei Arten von Prozessmodellen, abstrakte und ausführbare Prozesse. Abstrakte Prozesse werden im Gegensatz zu ausführbaren Prozessen nicht implementiert. Sie bieten daher eine Möglichkeit, das Verhalten eines Beteiligten auf einem abstrakten Niveau zu beschreiben. Es wurde allerdings darauf hingewiesen, dass dieser Ansatz nicht sonderlich gut funktioniert. Da die beiden Sprachen XLAND und WSFL zu BPEL vereinigt wurden, gibt es verschiedene Elemente mit sehr ähnlicher Semantik. Ein Beispiel hierfür ist das „switch" und „flow" Element, bei denen intuitiv nicht klar ist, welches Element wann eingesetzt werden soll. Die Sprache unterstützt weiterhin nicht alle 20 Workflow Pattern, 6 Pattern werden nicht oder nur teilweise unterstützt. BPEL ist zwar eine recht ausdrucksstarke Sprache, die allerdings einigen Einschränkungen unterliegt. Hauptnachteil ist das Fehlen jeglicher Analysewerkzeuge. Es ist möglich BPEL in Petri Netze umzuwandeln, wie in [122] gezeigt, womit BPEL eine gewisse Formalisierung erfährt und es ermöglicht wird, BPEL zu analysieren [160].

Statecharts

Statecharts wurden von Harel 1984 eingeführt. Sie sind eine mögliche Darstellungsform für endliche Automaten [77]. Statecharts erfreuen sich einer recht hohen Beliebtheit und fanden unter anderem ihren Weg in den UML-Standard als UML-Statecharts. Harel entwickelte Statecharts für reaktive Systeme. Statecharts ermöglichen die Einführung von Hierarchien. Ein sogenannter „history state" speichert den Status eines Teil des Systems, der pausiert. Dieser Teil kann von einem übergeordneten Teil wieder reaktiviert werden und die Ausführung wird dann fortgesetzt. Um einer Explosion des Zustandsraumes entgegen zu wirken, unterstützten Statecharts explizit Orthogonalität. Dies ermöglicht die einfache Modellierung von parallelen Prozessen. Statecharts können problemlos in Petri Netze überführt werden, um sie zu analysieren. Der umgekehrte Weg ist komplizierter. In einer Publikation wurde der Algorithmus von Eshuis vorgestellt, der das Problem immerhin für eine bestimmte Klasse von Statecharts löst. [64]. Da sie sich im Bereich der Echtzeitentwicklung einer recht hohen Beliebtheit erfreuen sind Statecharts druchaus interessant. So werden sie in Simulink/Matlab eingesetzt und auch in der C++ Boost Bibliothek sind sie implementiert. Die Umsetzung von Petri Netzen in Statecharts ist daher von Interesse.

3.3.5. Workflows in der chirurgischen Robotik

Im Bereich der Steuerung von medizinischen Robotersystemen auf der Basis von Workflows gibt es aus dem Jahr 2010 nur eine nennenswerte Publikation. Der Autor Schorr setzt sich in dieser mit einem Planungssystem basierend auf Ereignisgesteuerten Prozessketten (EPC) auseinander und stellt das System exemplarisch anhand zweier Eingriffe, im Bereich der Orthopädie und der Mund-,Kiefer-, Gesichts-Chirurgie (MKG) heraus [142]. Der Autor geht hierbei auf die komplexer werdenden und sehr spezialisierten computergestützten Werkzuge im Bereich der Chirurgie ein und stellt das Problem der Integration solcher Werkzeuge in den Vordergrund. Hierbei unterstreicht der Autor die Ambition, mittels eines passenden Formalismus zur Planung und Ausführung die Integration zu erleichtern und gleichzeitig eine Qualitätssicherung des Eingriffes und eine Entlastung des Chirurgen zu erreichen. Durch Standardisierung und damit geringere Schulungskosten sollen damit geringere Gesamtkosten für das System erreicht werden. Explizit erwähnt wird, daß es sich in diesem Ansatz nicht um ein neues Workflow Management System handelt. Stattdessen wird eine Vorgehensweise für ein solches Steuerungskonzept erarbeitet. Bei der Wahl des Formalismus wird auf Petri Netze und erweiterte Prozessketten eingegangen, wobei letztere ausgewählt werden. Der Autor wertet die Komplexität und Unübersichtlichkeit von Petri Netzen negativ, hebt aber positiv die „exakt definierte formale Semantik" hervor.

Workflow basierte Systeme stellen nicht die einzige Möglichkeit zur Steuerung komplexer Anwendungen dar. Daher werden diese geskripteten Systemen und regelbasierten Systemen gegenübergestellt. Hierbei ist hervorzuheben, dass geskriptete Lösungen zu unflexibel sind. Im Bereich der Therapieplanung erfreuen sich regelbasierte Systeme einer hohen Beliebtheit in der Theorie, sind jedoch in der Praxis kaum nutzbar. Allerdings übernimmt der Autor die Idee eines bausteinbasierten Ansatzes, um die Formalisierung für den Anwender zu vereinfachen. Ebenso die Attributisierung mit Bedingungen, z.B. hinsichtlich der Genauigkeit, der Konsistenz und wie einem Ablaufbaum Aufschluss über Abhängigkeiten zwischen Aktivitäten gibt. Wie im Bereich des Workflow Formalismus wird die theoretische Fundierung des Ansatzes nur skizzenhaft erwähnt

Um einen Workflow in der Medizin auszuführen, wird ein 4 stufiges Model propagiert. Die 4 Stufen lauten Metamodell, Schemamodell, die Bausteine und die eigentliche Instanziierung bei der Ausführung. Das Metamodell wird als ein Wörterbuch mit zugrundeliegender Grammatik eingeführt. Das Metamodell erzeugt den Wortschatz und das dazugehörige Modell der Beziehungen der Wörter untereinander. Hierbei, so der Autor, orientiert sich das Metamodell an der Wirklichkeit, in dem die relevanten Informationen herausgefiltert werden, z.B. aus entsprechender medizinischer Literatur. Ein Beispiel gibt er, in dem das Metamodell als Datentypen wie Patient, Klinik, OP, usw. definiert wird. Das Schema ist nun „die Element-Ausprägungen und ihre Semantik im Detail und legt Gestaltungsregeln für ihre Verknüpfung fest". Gleichzeitig wird festgehalten, dass mit dem Erhalt des Schemas der „Wortschatz" definiert wird. Die Begriffe Information, Beziehung und Wortschatz sind in diesem Ansatz leider nicht scharf getrennt zwischen Metamodell und Schema. So legt das Metamodell Elemente in ihren Zusammenhängen fest und das Schema die kausalen Zusammenhänge. Obwohl im Metamodell bereits gefiltert wurde, ist nach Ansicht des Autors das Schema noch zu komplex für den Chirurgen. Daher schlägt er ein Baukastensystem vor, das Schritt 3 widerspiegelt. Gleichzeitig verringert sich hierdurch die Anzahl der möglichen Fehler beim Modellieren, da offensichtlich davon ausgegangen wird, dass die Teile des Baukastens korrekt sind. Im letzten und vierten Schritt werden nun diese Baukästen zusammengesetzt zum endgültigen Workflow und dieses wird dann instanziiert und ausgeführt. Die Korrektheit des Workflows kann syntaktisch über das passende Schema überprüft werden. Im Bereich der Semantik ist die Situation etwas unübersichtlich, da zwar das Schema die Semantik festlegt, diese aber gleichzeitig nur vom Modellierer überprüft werden kann.

Im Bereich des eigentlichen Kontrollflusses wird ein Kontrollfluss-Graph definiert. Hierbei gibt es nur zwei Arten von „join" und „split" Operatoren, AND und OR. Die Rolle des XOR wird hierbei dem OR join/split überlassen. Die Kontrollfluss hat einen Start und Endpunkt, besitzt Transitionen und eine explizite Formulierung von Schleifen und Entscheidungen. Die Hierarchie wird mittels Subflows realisiert, wobei nur ein gefluteter Namensraum existiert. Alle Objekte aus einem Subworkflow stehen nach dessen Abarbeitung dem übergeordneten Workflow zur Verfügung.

Als Basis für die Beschreibung wurde XML gewählt. Hierbei wurde dem Feature der Document Type Definition (DTD) zugunsten von XML Schema allerdings keine Beachtung geschenkt. Es wird sogar hervorgehoben, das XML ohne Grammatik nutzbar ist. XML Schema wird hierbei verwendet, um die Syntax und Struktur der Daten zu definieren. Hervorgehoben wird hierbei das objektorientierte Prinzip von XML Schema, bei dem man Objekte aus anderem ableiten kann. Als Beispiel wird das Erstellen eines

Vektors aus einer Matrix dargestellt. Das XML Schema definiert somit die zu nutzenden Datenstrukturen und ermöglicht die Überprüfbarkeit mittels der verfügbaren standardisierten XML Tools.

Die Konsistenz des Kontroll- und Datenflusses muss allerdings anderweitig sichergestellt werden. Hierzu werden massive Einschränkungen der zu verwendenden Pattern vorgenommen. So dürfen sich AND/OR Operationen nicht überlappen. Eine weitere sehr allgemeine Regel besagt, dass alle „Daten die benötigt werden, müssen vorher erzeugt werden". Eine Überprüfung soll durch einen simulierten Durchlauf durch den Workflow sichergestellt werden. Beim simulierten Durchlaufen soll jeder mögliche Pfad durchgespielt werden, wobei nicht näher erklärt wird, wie dies erfolgt.

Zwei weitere Eigenschaften des Modells sind die angedachte Unterstützung von Flexibilisierung und Qualitätssicherung. Bei der Flexibilisierung wird ein Ansatz zur Laufzeit verwendet. Hierbei können Prozessvariablen eingesetzt werden, um bestimmte Transitionen zu aktivieren. Dies ermöglicht eine Auswahl zwischen verschiedenen Optionen. Eine zweite Option ist die sogenannte „Multiplikationsschleife". Diese erlaubt das mehrfache Erzeugen von Objekten, z.B. um die Anzahl von Teile-Trajektorien während der Ausführung dynamisch anpassen zu können. Damit einhergehend propagiert der Autor eine Identifikationswert, der aus 4 Teilen besteht, wobei der letzte Wert eine Zahl ist, die in jeder Iteration der Multiplikationsschleife erhöht wird.

Bei der Qualitätssicherung vertraut der Autor auf die „implizite Qualitätssicherung". Hierunter versteht er die Definition von Beziehungen, wie Änderungsbeziehungen, Objekt-Zusicherungen und Klassen-Zusicherungen. Dies kann bedeuten, dass hinterlegt ist, dass bei einer Änderung von Objekt A auch B,C,D geändert werden müssen. Ebenso kann anhand der Versionsnummer eines Objektes nachvollzogen werden, ob es noch konsistent zur Revision anderer Objekte ist, was allgemein als Versionierung bekannt ist. Sofern unklar ist, wie eine Missstand korrigiert werden soll, kommen Objekt-Modifizierer zum Einsatz, die verschiedene Möglichkeiten offerieren sollen, wie ein Objekt geändert werden könnte.

Das gesamte System basiert auf einem Ansatz der CORBA nutzt und ODBC für die Anbindung an eine Datenbank. Hierbei spielt die Echtzeitfähigkeit keinerlei explizite Rolle.

3.3.6. Zusammenfassung

Insgesamt ist die Lage im Bereich der Workflows recht übersichtlich hinsichtlich ihrer formalen Fundierung. Petri Netze stechen hier eindeutig hervor, sind aber im praktischen Einsatz weniger gut einsetzbar. Lösungen wie BPEL sind eher von der Industrie und der Interessen der einzelnen Partner getrieben. So wurde BPEL konsequent ausgerichtet für Web-Services. Es besitzt ohne die Übersetzung in Petri Netze keinerlei fundierte formale Semantik und damit keine Analyse-Werkzeuge. Erweiterte Prozessketten sind vor allem in Anwendungen der Wirtschaft populär, haben jedoch auch eine weniger theoretische Fundierung als Petri Netze. Petri Netze hingegen bieten nur wenige Möglichkeiten zur Strukturierung der Netze. Die Sprache YAWL, basierend auf Petri Netzen, schafft hier Abhilfe, indem sie die 20 Workflow Pattern unterstützt. Durch Hierarchie und Abbruch Regionen sind sie wesentlich flexibler einsetzbar und bieten dem Anwender ein höheres Maß an Struktur als klassische Petri Netze. Dies ist letztlich der Grund, warum in dieser Arbeit der YAWL Formalismus verwendet wird.

Insgesamt liefert Schorr den ersten Ansatz für ein auf einem Workflow-Ansatz basierendes Steuerungssystem. Kritisch bedenken muss man die fehlende Unterfütterung durch Theorie im Bereich der Workflow, wobei diese auch teilweise erst in den letzten Jahren formuliert wurde und somit seinerzeit nicht zur Verfügung stand. Die Kontrollfluss-Semantik ist theoretisch kaum fundiert, liefert jedoch mit dem Prinzip des Baukastens einen wichtigen methodischen Ansatz, um das System dem Anwender gegenüber zu öffnen. Die beiden Konsistenzregeln sind sehr allgemein. Die erste Konsistenzregel zielt auf Korrektheit des Workflows ab. Diese ist vor allem von

Aalst und Hofstede et al. präziser formuliert worden. Die zweite Regel, die den Datenfluss konsistent halten soll, ist ohne klare Aussage. Bei „oder" Operationen ist unklar wie verfahren werden soll, wann ein Objekt nicht erzeugt wird und ob der Workflow dann unbrauchbar ist.

Die Flexibilisierung zielt teilweise auf Standardmethoden im Bereich der Workflows ab und bietet somit keinen wirklichen Gewinn. Die Qualitätssicherung bietet einen Ansatz, der allerdings keinen Anspruch auf Vollständigkeit haben kann. Die Idee der Verknüpfung eines Abhängigkeitsbaum mit einem Prüfausdruck und einer Gegenmaßnahme macht nur Sinn, wenn sichergestellt ist, dass der Abhängigkeitsbaum korrekt ist, womit das Problem bei Schorr lediglich verlagert wird. Wie der Autor selbst feststellt, kann das System sonst jedoch einen Fehler nicht aufheben. Insgesamt bietet der Ansatz eine einfach zu handhabende Möglichkeit für Flexibilisierung, die durch eine Querverbindung zur Aktivitätstheorie auch hinsichtlich der Verwendung durch den Nutzer fundiert ist.

3.4. Validierung und Transformation von Daten

In diesem Abschnitt werden allgemeine Beschreibungsformate zum Austausch von Daten vorgestellt. In wesentlicher Aspekt ist das Validieren der Daten. Ein anderer Aspekt die sichere Umwandlung der Daten.

3.4.1. XML

XML steht für Extensible Markup Language und ist ein Application Profile, oder eine eingeschränkte Form von SGML. Daraus resultiert, das XML-Dokumente auch konforme SGML-Dokumente darstellen. SGML selbst wurde von C.F. Goldfarber, Ed Mosher und Ray Lorie bei IBM entwickelt und 1986 als ISO-Standard 8879 angenommen. Problematisch an SGML ist seine hohe Komplexität. Die Spezifikation umfasst mehr als 150 Seiten und deckt dabei eine Vielzahl von Spezialfällen ab. Aus diesem Grund gibt es kaum eine Software, die SGML vollständig beherrscht. Daraus entstand der

Bedarf eine einfachere Sprache zu entwickeln. Unter der Schirmherrschaft des W3C entstand eine XML-Arbeitsgruppe unter der Leitung von John Busack (Sun Microssystem Inc.). Diese stellte eine Reihe von Entwurfszielen auf, zu denen unter anderem die Unterstützung eines breiten Spektrums von Anwendungen und die leichte Erstellbarkeit von XML-Dokumenten stand. Mit der Vorstellung des XML 1.0 Standards begannen dann auch die Arbeit an weiteren Standards. Dazu gehören Namensräume, Schemata und einheitliche APIs. XML bietet eine hohe Flexibilität. Es gibt aber dennoch Fälle für die es, aufgrund seiner Konzeption, ungeeignet ist. So ist XML für Bit-Folgen wie Sounds, Bilder und Videos ungeeignet, auch wenn man prinzipiell solche Daten per XML speichern kann. Geeignet ist XML vor allem zur Speicherung von Daten, die sich sinnvoll in einem Text-Format kodieren lassen.

Laut der Definition der XML-Spezifikation wird ein Datenobjekt ein XML-Dokument genannt, wenn es wohlgeformt ist. Die Wohlgeformtheit eines Objekts liegt vor, wenn:

1. es als Gesamtheit betrachtet zu der mit document bezeichneten Produktion passt

2. es alle Wohlgeformtheitsbeschränkungen der XML 1.0 Spezifikation erfüllt und

3. jedes seiner parsed Entities, welches direkt oder indirekt referenziert wird, wohlgeformt ist.

Ein wohlgeformtes Dokument wird als gültig bezeichnet, „wenn es eine dazugehörige Dokumenttyp-Deklaration besitzt und wenn sich das Dokument an die darin formulierten Beschränkungen hält" . Somit wird klar zwischen XML-Dokumenten und deren Gültigkeit in Bezug auf die sich selbst auferlegten Beschränkungen unterschieden. Die Dokumententyp-Deklaration DTD legt diese Beschränkungen fest und kann im XML-Dokument im Prolog enthalten sein oder man kann auf diese verweisen. Die DTD beschreibt die syntaktische Struktur des Dokuments. XML-Dokumente besitzen eine logische und eine physikalische Struktur. Die physikalische Struktur wird durch eine Reihe von Entities gebildet. Entities stellen Speicherungseinheiten dar, aus denen ein XML-Dokument gebildet wird. Entities besitzen einen Inhalt und einen Entity-Namen. Entities können „parsed" oder „unparsed" vorliegen. Ein „parsed" Enitity enthält als Inhalt den sogenannten Ersetzungstext. Dieser entsteht durch die Ersetzung von Zeichen und Parameter durch Entity Referenzen. Dazu gehört z.B. die Ersetzung von & durch das „&" Zeichen. Ungeparste Entities können beliebigen Text enthalten, der durch den XML-Prozessor nicht verändert werden darf. Analysierte Entities enthalten Text, wobei der Text als eine Folge von Zeichen definiert ist. Zeichen sind als eine „atomare Einheit von Text gemäß der Spezifikation in ISO/IEC 10646 definiert. Die logische Struktur eines Dokuments bilden Deklarationen, Elemente, Kommentare, Zeichenreferenzen und Verarbeitungsanweisungen. XML macht hinsichtlich der möglichen Semantik, worauf die Spezifikation ausdrücklich hinweist, keinerlei Einschränkungen. Die Spezifikation verbietet, dass Kindelemente mehr als ein Elternelement besitzen. „Für alle anderen Elemente gilt: Wenn sich das Start-Tag im Kontext eines anderen Elements befindet, dann befindet sich das End-Tag im Kontext des selben Elements". Bis auf das Wurzel-Element besitzen alle Elemente genau ein Elternelement. Somit kann jedes XML-Dokument als Baum dargestellt werden. Die Benennung von Eltern- und Kind-Elementen ist dabei intuitiv klar. Ich gebe im folgenden einen Überblick über die wichtigsten Bestandteile von XML, soweit diese relevant sind. Diese Übersicht hat keinen Anspruch auf Vollständigkeit. Die Baumstruktur des XML-Dokumentes wird aus XML-Elementen gebildet. Ein Element beinhaltet sowohl ein Start- und End-Tag, die auch als Markup bezeichnet werden, so wie den eigentlichen Inhalt, die Zeichendaten. XML erlaubt die Verwendung von „leeren Elementen" also Elementen, die keine Zeichendaten enthalten. Diese Elemente besitzen lediglich ein Tag, dass mit dem Zeichen „<" beginnt und mit „/>" endet. Ein XML-Element kann des Weiteren Attribute besitzen. Attribute gehören immer zu einem Start-Tag. Die XML-Spezifikation überlässt es dem Anwender, ob Informationen als Kindelemente oder als Attribute eingebunden werden. Es gibt hierfür keinerlei Richtlinien. Attribute sind hier vor allem im Zusammenhang mit XML Schema von Interesse, da dieses einen regen Gebrauch von dieser Funktionalität macht. XML kümmert sich explizit um so genannte Whitespaces. Unter Whitespaces versteht man Sonderzeichen wie Wagenrücklauf, Zeilenvorschub, Leerzeichen und Tabulatoren. Whitespaces spielen eine wichtige Rolle für den Parser und für die kompakte Repräsentation der XML-Daten. In XML-Dokumenten werden Whitespaces oftmals eingesetzt, um deren Lesbarkeit für Anwender zu erhöhen. Eine bessere Lesbarkeit für den Anwender erhöht aber den Aufwand für die Applikation, die diese Daten verarbeitet, da sie sich selber um die Behandlung von Whitespaces kümmern müsste. XML-Parser normalisieren daher den Inhalt so, dass sich die Anwendung nicht mehr darum kümmern muss. Gleichzeitig wird durch die Elimination von Whitespaces die Grösse der Datei reduziert, ohne dass relevante Informationen verloren gehen. Der XML-Parser geht dabei sehr zurückhaltend vor: Whitespaces werden nur entfernt, wenn anhand einer DTD oder eines Schemas sichergestellt ist, dass kein Informationsverlust mit der Normalisierung einhergeht. Ansonsten werden die Whitespaces nicht eliminiert. Sofern eine Anwendung die Whitespaces zur Codierung ihrer Daten benötigt, kann sie dies in der DTD oder dem Schema festlegen und somit die Normalisierung abschalten. XML bietet auch Unterstützung für Kommentare und Verarbeitungsanweisungen. Kommentare dienen dabei, wie aus vielen Programmiersprachen bekannt, lediglich dazu, die XML-Dokumente besser verständlich zu machen und besitzen keine darüber hinausgehende Funktionalität. Sie werden durch „<!–" eingeleitet und durch „–>" beendet. XML-Prozessoren dürfen Kommentare ignorieren, so dass nicht sichergestellt ist, dass diese Informationen noch nach einer Verarbeitung noch enthalten sind. Dadurch eignen sie sich nicht für so genannte Verarbeitungsanweisungen. In HTML werden Kommentare oftmals benutzt, um in ihnen Verarbeitungsanweisungen unterzubringen, wie z.B. JavaScript in HTML. Dazu bietet XML spezielle Verarbeitungsanweisungen an. Sie werden durch „<?" eingeleitet und durch „?>" beendet. Ein XML-Dokument sollte mit einer XML-Deklaration beginnen. Diese Deklaration beinhaltet die Versionsnummer, die die verwendete XML Version angibt. Des weiteren verwendet der XML-Parser die Folge „<?xml" um Rückschlüsse auf die verwendete Codierung zu ziehen, also ob UTF-8, UTF-16 oder andere Codierungen für den Text verwendet werden. Nun gibt es einige Zeichen, die in XML eine besondere Bedeutung haben und deswegen nicht einfach für andere Daten, z.B. den Inhalt eines Elements, benutzt werden können. Möchte man sie dennoch in einem anderen Zusammenhang verwenden, kommen Entities zum Einsatz, die diese Zeichen schützen. Es gibt fünf vordefinierte Entities, für das Kleiner-Als-Zeichen (<), den Ampersand (&), das Grösser-Als-Zeichen (>), die doppelten Anführungszeichen (") und das Apostroph ('). Die DTD (Document Type Definition) ermöglicht es, die Struktur eines XML-Dokuments vorzugeben. Anhand dieser DTD wird auch das betreffende Dokument validiert. Die DTD ist ein integraler Bestandteil von XML und wird auch in der XML Spezifikation selbst beschrieben. Die DTD beschreibt aber nur die passende logische Struktur des XML-Dokuments und bietet daher keinerlei Unterstützung für Datentypen. Somit eignet sie sich vor allem zu Beschreibung narrativer Dokumente. Da hier aber vor allem datenorientierte Strukturen zum Einsatz kommen, ist die DTD keine ausreichende Beschreibungsmethode für Dokumente, weshalb XMLSchema eingesetzt wird [20].

3.4.2. XMLSchema

Wie bereits erwähnt, unterliegt die DTD einigen unangenehmen Beschränkungen hinsichtlich der Beschreibungsmöglichkeit von Datenstrukturen. So ist es nicht möglich, Datentypen zuzuweisen und die DTD ist selbst kein XML-Dokument, ist also immer an das eigentliche Dokument gekoppelt. Unter anderem aus diesen Gründen entschloss sich das W3C eine neue Sprache für die Beschreibung von XML-Dokumenten zu entwickeln. Diese sollte eine höhere Genauigkeit bei der Beschreibung bieten, XML Namespaces unterstützen und ein XML Vokabular benutzen. Die Spezifikation von XML Schema unterteilt sich in zwei separate Teile. Der erste Teil beschäftigt sich mit den Strukturen, die benötigt werden. Der zweite mit den Datentypen und deren Beschreibung. Dies spiegelt die Tatsache wieder, das XML Schema zwischen Datentypen und Strukturen eine klare Unterscheidung trifft. Somit spezifiziert der erste Teil die Struktur des Baumes, während der zweite Teil Regeln für den Inhalt der Blattknoten festlegt. XML Schema definiert einen Lexikalischen- und einen Werteraum. Wie Daten aus einem Dokument gelesen werden, legt dabei der lexikalische Raum fest. Wie sie als Wert zu interpretieren sind der Werteraum. So stellen z.B. „100" und „1.0E2" den selben Wert dar, auch wenn sie aus verschiedenen Literalen bestehen . XML Schema definiert eine ganze Menge von Datentypen, die den Gebräuchlichsten aus den bekannten Programmiersprachen entsprechen sollten. Dabei wird eine klare Hierarchie eingehalten. Alle einfachen Datentypen sind vom anySimpleType abgeleitet, das selbst von anyType abgeleitet ist. Der Typ anyType hat dabei die Rolle des Urtyps aller anderen Datentypen. Er stellt das Wurzelelement aller Typdeklarationen dar. Des weiteren wird, wie bereits erwähnt, zwischen komplexen Inhalt (complexType) und einfachem Inhalt (simpleType) unterschieden. Für einfache Datentypen existieren drei verschiedene Möglichkeiten durch Ableitung, von den bereits definierten Datentypen, einen neuen zu erzeugen: Ableitung durch Einschränkung (restriction), Ableitung durch Auflistung (list) und Ableitung durch Vereinigung (union). Die Ableitung durch Einschränkung wird mittels so genannter Facetten realisiert. Facetten werden im Folgenden noch beschrieben. Bei der Ableitung durch Auflistung wird der Datentyp durch Auflistung seiner möglichen Werte definiert. Dabei müssen alle Werte vom selben Datentyp sein. Des Weiteren ist der Einsatz von bestimmten Facetten erlaubt. Bei der Vereinigung von Datentypen werden die lexikalischen Räume bekannter Datentypen vereinigt. Komplexe Typen beschreiben, im Gegensatz zu einfachen Datentypen, die Auszeichnungsstruktur. Somit beschreiben sie nicht nur einzelne Elemente oder Attribute. XML Schema unterteilt die Definition dieser Typen in Kompositoren, Partikel und Annotations, wobei letztere keine Bedeutung für die Definition des Typs haben. Die ihnen zugedachte Rolle ist es, für andere Anwendungen oder Benutzer weitere Informationen zu liefern und können daher auch bei der Validierung nicht berücksichtigt werden. Kompositoren (model group) sind Container, die die Reihenfolge der Elemente festlegen. Sie können, um komplexere Modelle aufzubauen, ineinander verschachtelt vorliegen. Es gibt die Kompositoren sequence, choice und all. Sequenze legt fest, dass alle Elemente in der definierten Reihenfolge vorliegen müssen. Choice ermöglicht die Auswahl aus einer gegebenen Menge. Bei „all" müssen alle Elemente vorkommen. Die Reihenfolge in der sie erscheinen, spielt dabei keine Rolle. Diese Variante unterliegt aber einigen Beschränkungen, so kann sie z.B. nicht als Partikel benutzt werden. Das liegt daran, dass ungeordnete Inhaltsmodelle die Gefahr für nicht deterministische Inhaltsmodelle erhöhen und die Komplexität für Schema-Prozessoren dadurch erhöhen. Um eine einfache Implementierung zu ermöglichen, unterliegt xs:all daher einigen Beschränkungen, so kann auch xs:all nur xs:element Partikel enthalten. Als Partikel bezeichnet man die Elemente, die von Kompositoren benutzt werden. Partikel sind ihre Kindelemente. Die Anzahl der Vorkommen von Partikel kann durch die beiden Attribute minOccurs und maxOccurs festgelegt werden. Standardmäßig besitzen beide den Wert 1. Als Partikel können xs:element, xs:sequence, cs:choice, xs:any und xs:group verwendet werden; xs:all darf, aus den bereits genannten Gründen, nicht benutzt werden. Komplexe Inhalte können durch Erweiterung oder durch Einschränkung abgeleitet werden. Bei der Ableitung durch Erweiterung werden einem komplexen Typ neue Elemente oder Attribute hinzugefügt. Dabei wird der neue Inhalt immer hinter dem Basistyp eingefügt. Es findet auch keine Erweiterung der zulässigen Instanzstrukturen statt. Der abgeleitete Typ muss als solches vollständig angegeben werden. Es wird also niemals der Basistyp benutzt. Somit ist die Erweiterung äquivalent zur Erzeugung einer Sequenz, die zunächst den Kompositor, der den Basistyp definiert, enthält, und dahinter den Kompositor, der in dem Element xs:extension genannt ist. Die Ableitung durch Einschränkung begrenzt die Anzahl der Instanzstrukturen, die zu einem komplexen Typ passen. Bei der Ableitung muss aber der vollständige Inhalt wieder definiert werden. Insgesamt ist die verwendete Schreibweise sogar länger als bei einer komplett neuen Definition. Der abgeleitete Typ ist eine Teilmenge des Basistyps. Der Zweck besteht darin zu zeigen, dass bestimmte Inhalte zusammengehören. Als einen Spezialfall lässt XML Schema auch gemischten Inhalt zu, dies ist der Inhalt der sowohl aus Kindelementen wie auch aus Textknoten besteht. Ein gemischter Inhalt kann durch das Attribut „mixed" bei xs:complexType erlaubt werden. Auch diese Inhaltsmodelle können durch die beiden bereits beschriebenen Methoden abgeleitet werden. Die schon angesprochenen Facetten legen den Werteraum fest, wobei jede Facette genau ein Merkmal definiert. Einzige Ausnahme ist xs:pattern, da es den lexikalischen Raum festlegt. Es gibt zwei Arten von Facetten, „fundamental facets" und „constraining facets". Fundamentel Facets legen bestimmte semantische Charakterisierungen fest. So kann über sie die Gleichheit oder die Ordnung charakterisiert werden. Allgemein kommen diese Facetten nur in Spezialfällen zum Einsatz und werden auch im Rahmen dieser Arbeit nicht verwendet. Constraining Facets sind optionale Eigenschaften, die einen Datentyp einschränken. Dazu gehört z.B. die Einschränkung des Wertebereichs über xs:minInclusive und xs:maxInclusive. Ein weiteres nützliche Hilfsmittel ist die Schema Inklusion. Dabei kann ein Schema ein anderes Schema importieren, wobei der Mechanismus sehr der Inklusion der Sprache C, per # include, ähnelt. Dies ermöglicht den Aufbau von Schema-Bibliotheken. Das dafür verwendete Element heißt xs:include und bekommt als Attribut lediglich den Dateinamen des einzubindenden Schemas. XML-Schema-Dokumente und XML-Dokumente müssen miteinander verknüpft werden. Diese Verbindung ist, im Gegensatz zur DTD, nicht fest. Der Schema-Prozessor soll sich, bei der Suche nach dem passenden Schema, an die Informationen halten, die er aus dem Dokument bezieht. Er kann aber von der aufrufenden Anwendung oder vom Benutzer auch andere Anweisungen erhalten. Fehlen ihm diese Informationen, kann er auch an anderen Orten nach dem Schema suchen, wobei es vom Schema-Prozessor abhängt, welche Mechanismen, hierzu gehören Dateisystem, HTTP oder andere, unterstützt werden. Es gibt 2 Attribute um den Schema Ort in einem XML-Dokument anzugeben, xsi:noNamespaceLocation und xsi:schemaLocation. Das zweite Attribut verknüpft dabei einen Schema-Ort mit einem Ziel-Namensraum. Es gibt eine wesentliche Einschränkung für XML-Schema, die von SGML geerbt wurde. So heißen sie „mehrdeutige Inhaltsmodelle". XML-Schema nennt diesen Umstand „nicht deterministische Inhaltsmodelle" und formuliert hierfür die „Unique particle attribution rule" kurz UPA-Regel. Diese besagt, dass keine Inhaltsmodelle definiert werden dürfen, bei denen unklar ist, wie das nächste Element heißt [37] [38] [39].

3.4.3. XPath

XPath dient dazu, Teile eines XML Dokuments zu identifizieren. Es benutzt eine kompakte Nicht-XML-Syntax und operiert auf dessen logischer Struktur. Der Name XPath ist dabei kein Zufall. Die eingesetzte Syntax orientiert sich stark an den Pfadnamen aus Dateisystemen, wie man sie z.B. unter Unix oder Windows vorfindet. Einer der Stärken von XPath ist die Möglichkeit Prädikate einzusetzen, um Knoten zu identifizieren. XPath betrachtet das XML-Dokument als einen Baum, da es auf der logischen Struktur des XML-Dokuments aufsetzt. Die Schreibweise lässt dabei zwei Möglichkeiten zu, eine abgekürzte und eine nicht abgekürzte Schreibweise. Die nicht abgekürzte Schreibweise bietet mehr Möglichkeiten, um in einem Dokument zu navigieren, führt aber leider auch zu wesentlich längeren Ausdrücken. XPath ermöglicht die Navigation über insgesamt 13 verschiedene Achsen. So ermöglicht z.B. die child-Achse den Zugriff auf alle

Kindelemente eines Knotens und Attribute können über die attribute-Achse ermittelt werden. Ein kompletter Pfad setzt sich aus seinen verschiedenen Lokalisierungsschritten zusammen. Jeder dieser Lokalisierungsschritte hat drei Bestandteile und zwar die Achse, den Namen und optional ein Prädikat. Diese Lokalisierungsschritte werden mit dem Slash zu einem Lokalisierungspfad kombiniert.

Prädikate können zur Filterung von Knotenmengen eingesetzt werden. Der Prädikatsausdruck wird auf die entsprechenden Knoten angewendet und es bleiben nur solche Knoten im Ergebnis erhalten, bei denen die Auswertung des Prädikats logisch wahr ist. Da die Schreibweise sehr lang ist, wird meistens auf die abkürzende Variante zurückgegriffen. Der Nachteil dieser Variante ist, dass sie lediglich 5 Achsen ansprechen kann. In der Praxis reichen diese für die meisten Ausdrücke aber völlig aus. Die wichtigste Abkürzung ist, dass die child-Achse zur „Default"Achse gemacht wird. Sofern nichts anderes angegeben wird, geht XPath also davon aus, dass man diese Achse gewählt hat. Auf Attribute wird über „@" zugegriffen.

XPath besitzt eine vordefinierte Funktionsbibliothek. Funktionen werden, wie meist üblich, über ihren Namen identifiziert. Dabei werden alle Argumente überprüft und es wird automatisch, sofern notwendig, eine Typkonvertierung durchgeführt. XPath kennt lediglich die Datentypen String, Zahl, Boolean und Knotenmenge (Node-Set). Sofern eine Knotenmenge erwartet wird, muss dieses Argument auch mit diesem Datentyp vorliegen. Eine Konvertierung anderer Datentypen nach dem Typ Knotenmenge ist ausgeschlossen [36].

3.4.4. XSLT

XSLT, das für XSL Transformation steht, ist eine Programmiersprache, die spezialisiert ist auf die Umformung von XML-Dokumenten. Dabei kann das Ergebnis erneut ein XML-Format aufweisen oder ein anderes Textbasiertes Dokumentenformat sein. XSLT gehört zur Familie der funktionalen Programmiersprachen und ist turing-vollständig. Die Sprache ist insbesondere im Internet verbreitet, wo es beispielsweise eingesetzt wird, um Daten, die in XML-Dokumenten gespeichert sind, aufzuarbeiten und in dynamische HTML- oder XHTML-Seiten zu wandeln. Die Sprache wird von allen modernen Internetbrowsern bereits seit Jahren unterstützt, nachdem sie 1999 in Version 1.0 vom World Wide Web Consortium (W3C) herausgegeben wurde. XSLT ist ein Dialekt der Sprachfamilie Extensible Stylesheet Language (XSL), das verschiedene Transformations-Sprachen vereinigt und ebenfalls vom W3C veröffentlicht wurde. Für eine Transformation mit XSLT braucht es verschiedene Komponenten. Zunächst einmal benötigt man mindestens eine XML-Eingabedatei, deren Inhalt umgeformt werden soll. Als zweites benötigt man ein XSLT-Stylesheet, das ein XML-konformes Dokument ist und die notwendigen Umwandlungsregeln in XSLT-Code enthält. Diese Dokumente werden dann gemeinsam zur Verarbeitung an den XSLT-Prozessor übergeben. Einen solchen Software-Prozessor kann man, wie bereits erwähnt, in jedem modernen Internetbrowser finden. Es gibt allerdings auch Standalone-Prozessoren wie zum Beispiel Xalan. Nachdem ein solcher Prozessor die Transformation durchgeführt hat, schreibt er das Ergebnis in eine Ausgabedatei oder im Falle eines Webbrowsers stellt er das Ergebnis dar. Der produzierte Output unterscheidet sich im übrigen nicht bei verschiedenen Prozessoren, solange diese gemäß den W3C-Richtlinien entworfen wurden.

XSLT (Extensible Stylesheet Language) ist eine Sprache mit der XML Dokumente transformiert werden können. Prinzipiell kann dies ein beliebiges Format sein (jpeg, svg, pdf, html, ...). XSLT orientiert sich stark an funktionalen Programmiersprachen wie Lisp oder Haskell. So ist es nicht möglich, den Wert einer Variablen nach ihrer Zuweisung zu modifizieren und Templates definieren zu einer wohldefinierten Eingabe eine wohldefinierte Ausgabe. Diese Strategie soll vor allem Nebeneffekte, wie sie aus anderen Programmiersprachen bekannt sind, vermeiden. Auch existieren keine Schleifenkonstrukte, statt dessen wird auf Rekursion und Iteration zurückgegriffen, wobei die Iteration stark dem Perl Konstrukt foreach ähnelt: Es wird immer in Einzelschritten eine Menge abgearbeitet. XSLT basiert stark auf Mustererkennung und hebt sich auch dadurch von anderen Programmiersprachen ab. Transformationen werden in XSLT Stylesheets genannt. Diese Stylesheets sind wohlgeformte XML-Dokumente. Stylesheets bestehen aus Templateregeln. Diese Templateregeln sind wiederum aus 2 Bestandteilen zusammengesetzt. Einmal einem Muster, das mit den Knoten des Dokuments verglichen wird, und dem Template, das einen Teil des Ausgabedokuments formt. XSLT macht massiven Gebrauch von XPath. Das Datenmodell basiert auf XPath, diesem wurden einige Erweiterungen hinzugefügt. XPath wird eingesetzt, um Knoten auszuwählen, Bedingungen für die Verarbeitung von Knoten anzugeben und um Text zu generieren, der in die Ausgabe eingefügt wird. Dem Namespace von XSLT wird meistens der Präfix „xsl" zugewiesen. Dies ist rein willkürlich, erleichtert aber die Unterscheidung von anderen Namespaces. Ein Stylesheet wird durch xsl:stylesheet repräsentiert. Dieses Element muss das Attribut version haben, wobei der Wert momentan „1.0" sein muss. Wird eine andere Versionsnummer eingesetzt, z.B. eine höhere in der Zukunft, wird ein „forward-compatible" Modus aktiviert, um eine bestmögliche Kompatibilität zu bietet. Ein xsl:stylesheet kann aus 12 verschiedenen Elementen bestehen, z.B. xsl:template, xsl:variable oder xsl:param. Ein Kindelement von xsl:stylesheet wird als „top-level" Element bezeichnet. Die Elemente können in beliebiger Reihenfolge angeordnet werden, bis auf xsl:import. Dieses Element muss vor allen anderen Elementen stehen, da die Funktion dem einzubindenden Template Vorrang einräumt. Es gibt zwei Möglichkeiten andere Stylesheets einzubinden. Diese unterscheiden sich nur in der Priorität, die sie den einzubindenden Templates zuordnen, ansonsten sind sie semantisch äquivalent. Das Element xsl:include gewährt nicht den Vorrang, den xsl:import gewährt. Stylesheets müssen nicht in einem eigenen XML Dokument gespeichert werden, sie können auch eingebettet in anderen Dokumenten vorliegen. Dabei spielt es keine Rolle, ob es sich um ein XML-Dokument handelt. Kommentare und Verarbeitungsanweisungen in Stylesheets werden von XSLT ignoriert. Des weiteren sind die Restriktionen für die Kinder von Wurzelelementen gelockert. Die Ausgabe darf auch etwas anderes als ein wohlgeformtes Dokument sein. Ausdrücke werden in XSLT dazu verwendet, Knoten auszuwählen, um die Bedingungen zur Verarbeitung von Knoten anzugeben und um Text im Ergebnisbaum einzufügen. Auch wird XPath für Ausdrücke verwendet. Muster (Patterns) werden eingesetzt um Knoten zu identifizieren. Ein klassisches Muster ist „*" , dass auf alle Knoten passt. XSLT definiert weitere Muster, wie z.B. text() das auf Textknoten passt. Ein Muster passt auf einen Knoten, wenn es einen Kontext gibt, der Elemente der Knotenmenge ist, wenn das Muster als Ausdruck mit der Knotenmenge ausgewertet wird. Template-Regeln werden durch xsl:template definiert. Dieses hat ein match Attribut, das den Quellknoten identifiziert, auf das die Regeln angewendet werden. Eine wesentliche Einschränkung ist, dass XSLT den Einsatz von Variablen innerhalb des match-Attributs verbietet. Wenn eine bestimmte Regel auf einer Knotenmenge angewendet werden soll, kommt die Funktion xsl:apply-templates zum Einsatz. Diese kann kontextabhängig, ohne select Attribut, benutzt werden. In diesem Fall werden alle Kindelemente bearbeitet, lediglich Knoten, die durch die WhiteSpace Eleminierung wegfallen, werden dabei ausgelassen. Sofern das select Attribut zum Einsatz kommt, wird dies auf die dadurch bestimmten Knoten angewendet. Über das modus Attribut können verschiedene Modi ausgewählt werden, wobei abhängig vom gewählten Modus eine andere Ausgabe produziert werden kann. Nun kann es passieren, dass auf einen Quelltextknoten mehrere Template-Regeln passen. Um dieses Problem aufzulösen, besitzt XSLT verschiedene Vorrangregeln. Dabei ist erstens die Importpriorität entscheidend. Ist diese niedriger als bei den Anderen, fallen die entsprechenden Regeln heraus. Als zweite Möglichkeit kann man über das Attribut priority selbst bestimmen, welche Regeln Vorrang geniessen sollen. Wenn dieses Verfahren zu keiner eindeutigen Entscheidung führt, kann dies der Prozessor als Fehler werten. Sofern dies nicht geschieht, muss er der letzten im Stylesheet auftretenden

Regeln den Vorrang gewähren. Regeln, die durch den Import überschrieben wurden, können weiterhin durch xsl:apply-imports aufgerufen werden. Templates können nicht nur indirekt über ihr match-Attribut aufgerufen werden, sondern auch explizit über ihren Namen per xsl:call-template. Dies ähnelt einem Funktionsaufruf in anderen Sprachen. Man kann den so aufgerufenen Templates mit dem Befehl xsl:with-params Parameter übergeben. Hierüber ist es möglich rekursive Algorithmen in XSLT zu implementieren. Zum Erzeugen von Elementen im Ergebnisbaum, also der eigentlichen Ausgabe, stehen etliche Funktionen zur Verfügung. Über xsl:element kann ein Element in den Ergebnisbaum eingefügt werden. Dabei kann der Name „berechnet" werden, darf also aus einer Variablen bestehen. Attribute werden mittels xsl:attribute hinzugefügt. Diese Operation darf aber nur durchgeführt werden, wenn noch keine Kindelemente eingefügt wurden. Möchte man eine Menge von Attributen einfügen, geschieht dies über xsl:attribute-set. Text wird mittels xsl:text eingefügt, wobei benachbarte Textknoten verschmolzen werden und auch die Escape-Sequenzen für besondere Zeichen automatisch verwendet werden. Genauso werden Verarbeitungsanweisungen und Kommentare per xsl:processing-instruction und xsl:comment eingefügt. Man kann auch Elemente aus dem Quellbaum in den Ergebnisbaum kopieren per xsl:copy. Die Kopie geht allerdings nicht in die Tiefe. Attributknoten und Kindelemente werden dabei nicht berücksichtigt. Einer der wichtigsten Anweisungen ist xsl:value-of. Diese erlaubt die Berechnung von Text. Die Anweisung benötigt das Attribut select, dessen Wert wiederum ein Ausdruck sein muss. Der Ausdruck wird evauliert und das Resultat wird durch die string-Funktion in eine Zeichenkette umgewandelt. XSLT stellt auch bekannte Kontrollanweisungen zur Verfügung. Allerdings unterscheiden sich diese teilweise erheblich von anderen Programmiersprachen, was an den bereits genannten Gründen, wie der Vermeidung von Seiteneffekten, liegt. So steht als Wiederholungsanweisung lediglich xsl:for-each zur Verfügung, die sich von den üblichen while und for-Konstrukten dadurch unterscheidet, das sie immer auf Elementmengen operiert. Das bedeutet, dass eine klassische Anweisung, wie for(int i;i<x;i++) nicht realisiert werden kann. Für die bedingte Verarbeitung stehen xsl:if und xsl:choose zur Verfügung. Erstere wertet einen Ausdruck aus, dessen Ergebnis nach Boolean gewandelt wird und sofern logisch wahr wird das Template, das der Inhalt von xsl:if ist, instantiiert. Hingegen wählt xsl:choose aus einer Menge von Möglichkeiten aus. Dabei unterscheidet es sich von üblichen switch-case-of Konstruktionen, da die Bedingung nicht festgelegt ist. Wird in dem choose- Block keines der xsl:when Ausdrücke, die beliebige Ausdrücke testen dürfen, als logisch wahr ausgewertet, wird, sofern vorhanden, xsl:otherwise abgearbeitet. Das Ergebnis ist ebenfalls das instantiierte Template. Für Sortierungen gibt es die Anweisung xsl:sort. Diese ist als Kindelement von xsl:for-each oder xsl:apply-templates zugelassen. Es darf nach mehr als einem Kriterium sortiert werden. Das erste Kindelement von xsl:sort gibt dabei den primären Sortierschlüssel an, das zweite den sekundären Sortierschlüssel, usw.. Die Art der Sortierung kann dabei über verschiedene Attribute gesteuert werden, so gibt z.B. order an, ob aufsteigend oder absteigend sortiert werden soll. Diese Spezifikation weisst aber darauf hin, dass verschiedene XSLT-Prozessoren durchaus zu unterschiedlichen Ergebnissen kommen können. Problemfälle sind z.B. nicht unterstützte Sprachen. Variablen in XSLT binden Werte an Variablennamen. Dafür gibt es die zwei Arten, Variablen(xsl:variable) und Parameter(xsl:param). Parameter unterscheiden sich von Variablen dadurch, dass sie Vorgabewerte angeben, die im Fall einer Übergabe nicht berücksichtigt werden. Eine Variable kann als Datentyp ein sogenanntes Ergebnisbaum-Fragment haben oder eine der vier Xpath Datentypen (String, Number, Boolean, Node-Set). Ein Ergebnisbaum-Fragment ist ein Teil des Ergebnisbaums, dass per xsl:copy-of in diesen eingefügt wird. Eine Variable ist global, wenn sie auf der obersten Ebene deklariert wird. Wird ein Parameter angegeben, so vereinbart man damit einen Parameter für das entsprechende Stylesheet. Variablen können überall dort vorkommen, wo auch Elemente erlaubt sind. Der Scope ist dann auf die folgenden Geschwister

und deren Nachfahren eingeschränkt. Ein Verdecken von Variablen durch geschachtelte Templates ist erlaubt. Innerhalb eines Templates ist es verboten. Parameter sind nur am Anfang von Templates erlaubt. Wie bereits erwähnt, erweitert XSLT die XPath-Funktionsbibliothek. Die document-Funktion wird für die Implementierung der Suche benötigt. Sie ermöglicht den Zugriff auf andere XML-Dokumente. Sofern das erste Argument keine Knotenmenge ist, wird das Argument in einen String umgewandelt und als URI-Referenz behandelt. Das angegebene Dokument wird analysiert und ein passender Baum konstruiert. Dabei darf die URI einen Fragmentverweis enthalten. XSLT ermöglicht verschiedene Formen der Ausgabe. Diese kann per xsl:output angegeben werden. Auch dieses Element ist nur auf der obersten Ebene erlaubt. XSLT Prozessoren dürfen sogar die Ausgabe in Form von Bytes ermöglichen, diese muss aber nicht implementiert sein. Normalerweise wird xml, html und Text unterstützt. Bei der Ausgabe werden die jeweils gültigen Escape-Sequenzen berücksichtigt. Eine Reihe von Attributen erlaubt auch die Angabe des Zeichensatzes, des Medien-Typs, usw. [40].

3.4.5. Fazit

Der Bereich der Validierung ist mit XMLSchema sehr weitreichend und für diesen Einsatzbereich völlig ausreichend abgedeckt. Mit XSLT steht eine mächtige, und aufgrund des funktionalen Ansatzes, sichere Sprache samt passenden ausgereiften Implementierungen bereit. Das SOAP-Protokoll ermöglicht den Datenaustausch und RPC-Aufrufe über XML. Es wird hier angemerkt, daß die YAWL Workflow Engine eine entsprechende SOAP-Schnittstelle bereits bereit stellt.

3.5. Verifikation

3.5.1. Temporallogik

Es gibt verschiedene Arten von temporaler Logik. Gemeinsam ist allen, dass keine kontinuierlichen Zeitabläufe erfasst werden, sondern vorher-nachher Beziehungen. Die beiden wichtigsten Vertreter sind Linear Temporal Logic (LTL) und Computation Tree Logic (CTL). Während LTL lineare Berechnungsabläufe ausdrückt, werden in CTL Verzweigungen im zugrundeliegenden Berechnungsbaum untersucht. CTL unterteilt sich in CTL^* und CTL. CTL^* lässt eine beliebige Kombination von Pfadquantoren und Temporalquantoren zu, während CTL die Reihenfolge festlegt. Einem Pfadquantor muss immer der Temporalquantor folgen. Eine andere Reihenfolge ist unzulässig, auch darf kein Element weggelassen werden.

CTL, CTL^* und LTL unterstützten die Standard Operatoren der Aussagenlogik (NICHT ,UND, ODER, IMPLIKATION und Äquivalenz). Ergänzt werden die Operatoren um die Temporaloperatoren, die in der folgenden Tabelle beschrieben sind.

Tabelle 3.2.: Logische Operatoren

Operator	Beschreibung
$\neg\varphi$	negiert φ
$\varphi \vee \Psi$	φ oder ψ
$\varphi \wedge \Psi$	φ und ψ, es gilt $\varphi \wedge \Psi :\Leftrightarrow \neg(\neg\varphi \wedge \neg\psi)$
$\varphi \rightarrow \Psi$	φ impliziert ψ, es gilt $\varphi \rightarrow \Psi :\Leftrightarrow \neg\varphi \vee \psi$

Tabelle 3.3.: Temporaloperatoren

Operator	Beschreibung
X (neXt State) φ	Der hinter dem Startzustand liegende Zustand erfüllt die Formel φ

Operator	Beschreibung
F (future state) φ	Es gibt einen Zustand x_i mit $i >= 0$, so dass Formel φ im Zustand x_i erfüllt ist, es gilt $F\varphi :\Leftrightarrow true U \varphi$
G (globally) φ	Für alle Zustände x_i mit $i > 0$ auf dem Pfad ist die Formel φ erfüllt, es gilt $G\varphi :\Leftrightarrow \neg F \neg \varphi$
φ U Ψ (until)	Es gibt einen Zustand x_i, so daß φ für $x_0, x_1, ..., x_i - 1$ erfüllt ist, und Ψ in x_i gilt

Der Unterschied zwischen CTL und LTL ist, dass CTL Pfadquantoren zulässt. Mit diesen können Verzweigungen modelliert werden, wodurch die Komplexität des Erfüllbarkeitsproblem von CTL und CTL^* Formeln auch höher ist. Die Komplexität von CTL^* ist doppelt exponentiell, daher spielt sie in Anwendungen de facto keine Rolle. Bei CTL ist die Komplexität exponentiell und bei LTL liegt sie bereits in PSPACE.

Es gibt folgende Pfadquantoren

Tabelle 3.4.: Pfadquantoren

Operator	Beschreibung
E (exist) φ	Entlang (mindestens) eines Pfades
A (allways) φ	Entlang aller Pfade, es gilt $A\varphi :\Leftrightarrow \neg E \neg \varphi$

Beim Auswerten einer logischen Formel und somit auch einer temporallogischen Formel, geht es immer um die Frage der Erfüllbarkeit der Formel, also ob das Ergebnis der Auswertung den Wahrheitswert wahr oder falsch annimmt. Somit ist eine Belegung der Variablen gesucht, mit der die Formel wahr ist, oder die Feststellung, dass eine solche Belegung nicht existiert. Das Problem ist als Erfüllbarkeitsproblem bekannt und ist NP-Vollständig, womit eine allgemeine effiziente Lösung ausgeschlossen ist. LTL und CTL haben Vor- und Nachteile. Es ist im Allgemeinen nicht entschieden ob LTL oder CTL besser geeignet ist. Sowohl LTL als auch CTL können Sachverhalte ausdrücken, die in dem jeweiligen anderen Formalismus nicht realisierbar sind. So kann die Eigenschaft Fairness, für jede Ausführung existiert ein Zustand, ab dem eine Eigenschaft wahr wird, in LTL ausgedrückt werden, aber nicht in CTL. In CTL kann die Reset-Eigenschaft ausgedrückt werden, die Tatsache, dass von jedem Zustand das System in den Ursprungszustand zurückversetzt werden kann. Dies ist in LTL nicht möglich [124].

3.5.2. Model Checking

Model Checking ist eine Technik zur vollautomatisch Überprüfung, ob ein Modell einer gegebenen Struktur (Formel) genügt. Die verwendete Formel formalisiert hierbei eine Spezifikation, die an das System gestellt werden. Also, ob z.B. ein Objekt vorhanden ist, bevor es genutzt werden kann. Oftmals werden temporale Logiken verwendet, da man in dieser Logik explizite Aussagen über die Zeit spezifizieren kann. Beispielsweise „es tritt niemals ein Deadlock auf" oder „initialisiere immer vor dem verwenden einer Struktur oder der Hardware".

Formal wird das zu überprüfende System als Kripke Struktur beschrieben.

Definition. *Ein Kripke Struktur ist definiert als M=(S,I,R,L) mit:*

1. eine endliche Menge an Zuständen S.

2. eine Menge an Initialzuständen $I \subseteq S$.

3. Eine Transitionsrelation-Relation $R \subseteq S \times S$, es gilt .

4. Eine Beschriftungsfunktion $L : S \rightarrow 2^{AP}$.

3.5.3. NuSMV2

NuSMV2 ist ein Open-Source Model Checker, der sowohl BDD-basiertes, als auch SAT-basiertes Model Checking ermöglicht . NuSMV2 wurde erstmalig im November 2001 veröffentlicht. Die Entwicklung fand und findet in Zusammenarbeit zwischen dem Istituto Trentino di Cultura, der Carnegie Mellon University, der Universität Genua und der Universität Trient statt. NuSMV2 ist eine Weiterentwicklung von SMV (Symbolic Model Verifer), der Software- Lösung, die erstmals BDDs für das Model Checking eingeführt hat und so in der Lage war, Systeme mit einer hohen Anzahl von Zuständen vollständig auf Spezifikationen zu testen. Von SMV erhalten geblieben sind große Teile der Systembeschreibungssprache, die hauptsächlich um neue Funktionen ergänzt werden. Durch diese Sprache lassen sich endliche Zustandsautomaten mit Hilfe von Deklarationen und Instanzen von Modulen und Prozessen beschreiben. Dabei können den einzelnen Modulen Fairness-Spezifikationen und dem Gesamtsystem CTL- und LTL-Spezifikationen hinzugefügt werden.

NuSMV2 ist unter der GNU Lesser General Public License 2.1 lizensiert und stellt somit für Entwicklungen Dritter den Source-Code zur Verfügung. Man kann entweder Teile des Codes direkt in die eigene Implementierung übernehmen oder nutzt NuSMV als kompilierte Version und führt das Model Checking über die Kommandozeile aus.

3.6. Simulationsumgebungen

3.6.1. OpenRave

Openrave ist eine Simulationsumgebung für Robotik-Anwendungen, die von Diankov et al. [57] entwickelt wird. Sie ist als OpenSource Projekt über die Webseite abrufbar [34]. Openrave ist in großen Teilen mit Hilfe der Boost Bibliothek entwickelt worden und mit ihrer Hilfe in vielen Bereichen dynamisch gehalten [18]. Ein wesentlicher Mechanismus besteht darin, dass alle Funktionalitäten in Plugins gekapselt sind. Hierzu gehört die Visualisierung über OpenGL, Kollisionsprüfung und Simulation physikalischer Eigenschaften über verschiedene Bibliotheken wie Bullet, ODE (Open Dynamics Engine) oder PQP (Proximity Query Package), Problemlöser für die Berechnung der inversen Kinematik, Bahnplanung (z.B. Randomized A^* und RRT), Simulation von Sensoren usw.. Eigene Plugins können über eine entsprechende API eingebunden werden und den Funktionsumfang erweitern, ohne das der Code der Simulationsumgebung selbst geändert werden muss [57].

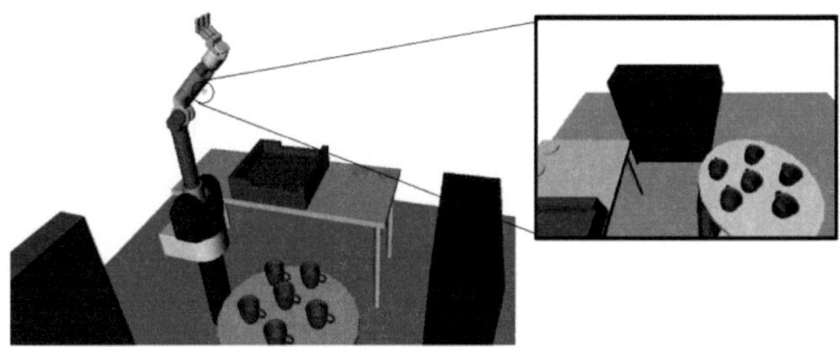

Bild 3.5.: Simulationsumgebung OpenRave

3.6.2. AABB, OBB und die effiziente Berechnung von Distanzen

In einer Simulationsumgebung sind eine Vielzahl von hochauflösenden CAD-Modellen integriert. Bei einer Kollisionsprüfung ist es daher ineffizient, alle Vertices und damit definierten Polygone zu überprüfen. Die naheliegende Lösung besteht darin, Bounding Boxes um die Volumen zu definieren und damit sehr schnell einschränken zu können, welches Objekt auf Kollision geprüft werden muss. Im Falle von AABB (Axis Aligned Bounding Box) müssen lediglich die Minima und Maxima für jeden Achse ermittelt werden und die entsprechende AABB ist gegeben. Da eine AABB nicht entsprechend der Hauptachsen des Objektes erzeugt wird, ist die Box meist wesentlich größer dimensioniert als sie sein müsste. Abhilfe schafft hier OBB (Oriented Bounding Box), die mittels der Hauptkomponentenanalyse entsprechend der errechneten Achsen ausgerichtet wird. Bounding Boxen reduzieren das Problem, bieten aber keine befriedigende Lösung bei der Kollisionsprüfung eines hochaufgelösten Modells. Eine Lösung hierfür ist es, die Objekte zu unterteilen und hierarchische Strukturen von OBBs zu erzeugen [75]. Das Berechnen von minimalen Distanzen kann mittels Hüllkörpern, die aus Kugeln bestehen, effizient durchgeführt werden, dem sog. Swept Sphere Volumes Ansatz [104].

3.6.3. Bahnplanung

In diesem Abschnitt werden zwei klassische Algorithmen für die Bahnplanung vorgestellt, A^* und RRT (Rapidly-exploring random tree). Es handelt sich hierbei um zwei viel genutzte Algorithmen, weswegen sie hier vorgestellt werden. Andere Algorithmen werden hier nicht weiter untersucht. Für beide Algorithmen ist wesentlich, dass sie für eine effiziente Berechnung in geometrischen Räumen auf die Methoden aus 3.6.2 angewiesen sind.

A^* Bahnplanung

Der A^* Algorithmus ist verwandt mit dem Dijkstra-Algorithmus, der dazu genutzt wird, in einem Graphen den kürzesten Pfad zu finden. Der Algorithmus nutzt die Formel $f(x) = g(x) + h(x)$ zur Bewertung der momentanen Situation. Dabei repräsentiert $g(x)$ die Kosten vom Startpunkt her und $h(x)$ die geschätzten Kosten bis zum Zielpunkt.

Der A^* Algorithmus kann für die Planung verwendet werden, sofern man das Problem in diskrete Einheiten unterteilen kann. Im Falle der Bahnplanung für Roboter ist es naheliegend, den Raum in diskrete Einheiten zu unterteilen.

Der A^* Algorithmus ist in 1 angegeben.

$OL.enqueue(startknoten, 0)$
repeat
  $currentNode \leftarrow openlist.removeMin()$;
  if $currentNode = targetNode$ **then**
    return PathFound
  end if
  $expandNode(currentNode)$;
until OL.isEmpty()
return NoPathFound

Algorithm 1: Der A^* Algorithmus.

for all $successor of currentNode$ **do**
  if $closedlist.contains(successor)$ **then**
    $CONTINUE$;
  end if
  $tentative_g \leftarrow g(currentNode) + c(currentNode, successor)$;
  if $openlist.contains(successor) and tentative_g \geqq g[successor]$ **then**
    $CONTINUE$;
  end if
  $successor.predecessor \leftarrow currentNode$;
  $g[successor] \leftarrow tentative_g$;
  $f \leftarrow tentative_g + h(successor)$;
  if $openlist.contains(successor) and tentative_g \geqq g[successor]$ **then**
    $openlist.decreaseKey(successor, f)$;
  else
    $openlist.enqueue(successor, f)$;
  end if
end for

Algorithm 2: Die expandNode Funktion.

RRT – Rapidly-exploring Random Trees

$G.init(q_o)$;
for $i = 1$ to k **do**
   $G.add\_vertex(a(i))$;
   $q_n \leftarrow NEAREST(S(G), a(i))$;
   $G.add\_edge(q_n, a(i))$;
end for

Algorithm 3: Der Basis RRT Algorithmus.

RRT (Rapidly-Exploring Random Trees) nutzt den RRT-Algorithmus für die Bahnplanung, siehe 3. Der Algorithmus wählt zufällig neue Knoten für den Graphen und sucht innerhalb des bestehenden Baumes den nächsten Knotenpunkt. Der Algorithmus erzeugt einen Suchbaum, der schnell in noch nicht untersuchte Bereiche vordringt und gleichzeitig den Raum gleichförmig ausfüllt. Dies sind zwei nützliche Eigenschaften dieses Algorithmus. Bei der Nutzung von RRTs für die Bahnplanung in der Robotik muss die Kollisionsprüfung integriert werden und die Berechnung des nächsten Knoten ist entscheidend. Das effiziente Berechnen von Kollisionen ist in Kapitel 3.6.2 beschrieben. Der Algorithmus muss jedoch dahingehend erweitert werden, dass er einen potentiellen neuen Knoten nicht mit aufnimmt, sofern dadurch eine Kollision vorliegt. Für die Berechnung des folgenden Knoten ist es die einfachste Lösung, den Knoten mit der minimalen Distanz zu wählen. Wählt man dieses Verfahren, erhält man als ungewünschten Nebeneffekt, dass der entstehende Graph weniger zielgerichtet vom Ausgangspunkt aus in neue Regionen vorstößt. Dies passiert ebenfalls, wenn man jedem neuen Knoten direkt mit dem nächstgelegenen komplett verbindet. Daher werden zwei Erweiterungen eingeführt. Ein neuer Knoten und der nächstliegende Knoten geben die Richtung für die neue Kante an, die Länge der Kante aber wird beschränkt. Beim Suchen des nächstgelegenen Knoten werden nicht nur die Knoten berücksichtigt, sondern auch die Kanten dazwischen, da die kürzeste Distanz zum Graphen immer die senkrecht zu einer bestehenden Kante ist. So kann man analytisch die nächstliegende Kante suchen und dort einen neuen Knoten einfügen oder jede Kante in n-Abschnitte unterteilen. Letztlich ist das Verfahren, um die nächstliegende Kante zu finden, abhängig von der Implementierung und der gewünschten Zeitdauer, die benötigt wird, um den Algorithmus auszuführen.

Eine andere Erweiterung baut den Baum gleichzeitig vom Zielpunkt und vom Ausgangspunkt her auf, der Bi-RRT Algorithmus 4. Dieser Algorithmus erweitert immer den Baum, der in der laufenden Iteration kleiner ist. Kleiner kann dabei verschieden definiert werden. Im einfachsten Falle nach Anzahl der Knoten im Baum oder die Länge aller Kanten im Baum. Die Unterscheidung soll helfen, immer den Baum zu erweitern, der am wenigsten Fortschritt erzielt [105].

$T_a.init(q_1);$
$T_b.init(q_G);$
for $i = 1$ to k **do**
   $q_n \leftarrow NEAREST(S_a, a(i));$
   $q_s \leftarrow STOPPING - CONFIGURATION(q_n, a(i));$
   if $q_s \neq q_n$ **then**
      $T_a.add_vertex(q_s);$
      $T_a.add_edge(q_n, q_s);$
      $q'_n \leftarrow NEAREST(S_a, a(i));$
      $q'_s \leftarrow STOPPING - CONFIGURATION(q_n, a(i));$
      if $q_s = q_n$ **then**
         return $SOLUTION$
      end if
      if $T_b \leq T_a$ **then**
         $SWAP(T_a, T_b);$
      end if
   end if
end for

Algorithm 4: Der Erweiterte Bi-RRT Algorithmus.

3.6.4. Bewertung der Bahnplanungsalgorithmen

Beide Algorithmen, A^* und RRT, eignen sich, um die Bahnplanung durchzuführen. In den meisten Fällen ist aber der RRT-Algorithmus in der Berechnung schneller, während A^* die qualitativ besseren Ergebnisse liefert, was die Kürze des Pfades angeht. RRT kann bei zusätzlicher Optimierung nach der Berechnung des Pfades aber sehr nahe an die Qualität von A^* heranreichen, siehe hierzu [51].

3.7. Sensorik

3.7.1. Kamerasysteme

Im folgenden Kapitel werden die verschiedenen Kamerasysteme vorgestellt, die im Projekt zum Einsatz kommen.

PMD Kameras

PMD-Kameras (Photonic Mixer Device) liefern für jeden Pixel der Kamera auch passende Tiefeninformationen. Dies wird über eine Laufzeitmessung des Lichts bewerkstelligt, womit sie zu den ToF (Time of Flight)-Kameras gehören. Die Kameras verfügen über LEDs, die moduliertes Infrarotlicht aussenden. Das Licht wird im Bildsensor detektiert. Durch die Lichtgeschwindigkeit (299.710 Kilometer pro Sekunde) ist die Zeit, die das Licht benötigt, zwischen dem Triggern der LEDs und dem Detektieren im Sensor, gering. Bei einer Entfernung von 2,5 m handelt es sich um 16,7 ns. Die Sensoren bestehen meist aus einem photoempfindlichem Element, 2 Schaltern und 2 Speichern. Die Schalter werden wie die LEDs getriggert, allerdings wird es für den zweiten Schalter um eine Pulslänge verschoben. Dadurch kann man die Phasenverschiebung indirekt über die unterschiedlichen gespeicherten Amplituden ermitteln. Kameras des Typs S3 der Firma PMDtec können mit verschiedenen Modulationsfrequenzen betrieben werden (20-22 Mhz). Somit wird das Licht einer Kamera in den anderen Kameras nur als Hintergrund-Beleuchtung erkannt, beeinträchtigt aber nicht die Distanzmessung. PMD-Kameras werden von verschiedenen Herstellern gefertigt, unter anderem PMDtec, Panasonic, Fotonic und Mesa Imaging. Die Auflösungen sind verglichen mit RGB-Kameras gering, momentan ist eine maximal Auflösung von 204*204 Pixeln verfügbar.

3.7.2. RGB-D Kamera

RGB-D (RGB-Depth) liefern neben einem Farbbild (RGB) zusätzlich die Tiefe für jeden Pixel (Depth). Neben RGB-D Kameras, die das TOF-Prinzip nutzen, gibt es auch Kameras, die eine aktive Stereo-Triangulation nutzen. Stereo-Kamera-Systeme haben das Problem, die Korrespondenz der Pixel zueinander eindeutig festzustellen. Abhängig von der Textur der Oberfläche fällt das Ergebnis sehr unterschiedlich aus. Aktive Systeme nutzen ein Pattern, das in den Raum projiziert wird, um dieses Problem zu lösen. Die verwendeten Projektoren nutzen hierzu ein festes Pattern und eine Lichtquelle, um das Pattern in den Raum zu projizieren und somit wesentlich einfacher und günstiger herzustellen als z.b. DLP(Digital Light Processing)-Projektoren. Die Entwicklung eines geeigneten Patterns ist wesentlich, um ein optimales Ergebnis zu erzeugen. Die Entwicklung eines optimalen Pattern zeigt Konoligo et al. [100]. Im Bereich der Computer und Konsolen-Spiele und im Home-Entertainment-Bereich werden solche Kameras mittlerweile genutzt und in hohen Stückzahlen gefertigt, wodurch sie, neben der einfachen Bauweise verglichen mit PMD Kameras, auch wesentlich kostengünstiger geworden sind. Das bekanntestes Produkt ist die Microsoft Kinect-Kamera [78].

3.7.3. Optisches Tracking

Optische Tracking-Systeme nutzen mindestens zwei Kameras und spezielle Markierungen, um die Position eines Objektes relativ zur Kamera zu bestimmen. Da die Positionen der Kameras relativ zueinander bekannt sind, können die Positionen der Kugeln durch Triangulation bestimmt werden. Mit mindestens drei Kugeln kann ein Body definiert werden, womit auch die Orientierung im Raum errechnet werden kann, sofern die Längen zwischen den Kugeln aus einer Registrierung bekannt sind und alle drei Kugeln erkannt werden. Es gibt aktive und passive Systeme. Bei den passiven Systemen wird ein Lichtblitz von der Kamera ausgesendet, der an den retroreflektierenden Kugeln reflektiert wird und somit sehr leicht von den Kameras identifiziert werden kann. Das verwendete Licht liegt typischerweise im Infrarotbereich. Bei aktiven Systemen senden die Bodys selber das Licht aus. Hierzu werden meist LEDs verwendet. Die Genauigkeit und Frequenz von aktiven Systemen liegt meist wesentlich über denen von passiven Systemen. Andere Typen zum Tracking, wie z.B. das magnetische Tracking, werden hier nicht berücksichtigt.

NDI Tracking

Von der Firma NDI kommen verschiedene passive optische Trackingsysteme, Polaris Spectra und Polaris Vicra. Die NDI Systeme verfügen, abhängig vom Modell, über unterschiedliche Arbeitsvolumen, Genauigkeiten und Frequenzen. Man kann davon ausgehen, dass eine Genauigkeit von 0,5 mm bei 20 Hz oder 60Hz erreichbar ist. Das aktive NDI System Certus bietet hier wesentlich bessere Werte, es liefert 0,15 mm Genauigkeit bei einer Rate von über 4 Khz. Die Werte sind in der Tabelle **??** zusammengefasst. Die NDI-Geräte haben eine medizinische Zulassung, weshalb sie sich einer hohen Beliebtheit in der Chirurgie erfreuen. NDI-Systeme werden in verschiedenen Applikationen bereits in der Chirurgie als Standard-Technik eingesetzt.

ART System

Dieses System zeichnet sich im Gegensatz zu den gängigen Trackingsystemen mit nur 2 Kameras, wie z.B. das NDI Polaris System, durch ein Multi-

Tabelle 3.5.: Optische Trackingsysteme

Tracking-system	Frequenz	max. Volumen	Genauigkeit RMS	95 % Konfiden-zintervall
Vicra	20 Hz	392 mm x 491 mm x 938 mm	0.25 mm	0.5
Spectra	20 Hz	392 mm x 491 mm x 938 mm	0.25 mm	0.5
Certus	4600 Hz	4.2 m x 3.0 m x 5.5 m	0.15 mm	k.A.

Bild 3.6.: Eine ART Kamera

Kamera-System aus. Es können bis zu 16 Kameras miteinander kombinieren werden. Diese Kameras können beliebig im Raum angeordnet werden. Das ART Trackingsystem ist für allgemeine Tracking-Applikationen entwickelt worden, z.B. im Bereich des Motion Capturing für Animationen, Virtuellen Realität sowie dem industrielles Vermessen. Das System wird auch im medizinischen Bereich in experimentellen Aufbauten verwendet. Der Vorteil dieses Systems ist das höhere Arbeitsvolumen, das mit den Kameras abgedeckt werden kann. Das ART-System kann bis zu 20 Bodys gleichzeitig verfolgen. Als Schnittstelle bietet das System eine Ethernet-Schnittstelle an, über die Daten abgerufen werden und gleichzeitig Steuerbefehle kommandiert werden können. Eine Analyse hinsichtlich der Genauigkeit des Systems wird in Kapitel 7.3.1 vorgenommen.

3.8. Aktorik

3.8.1. Robotersysteme

Im Folgenden werden Robotersysteme vorgestellt, die derzeit den Stand der Forschung darstellen und die im Bereich der Medizin eingesetzt oder für diese entwickelt werden. Ältere Systeme wurden bereits in Kapitel 2.1 behandelt und werden hier nicht mehr dargestellt.

3.8.2. Haptik

Haptische Eingabegeräte werden von verschiedenen Herstellern kommerziell vertrieben. Die Firma Sensable vertreibt die Phantom-Reihe. Dies sind verschiedene haptische Eingabegeräte, die eine serielle Kinematik besitzen und in 6 Freiheitsgraden die Position messen, wobei 3 translatorischen Freiheitsgrade aktiv sind. Mit dem Phantom Premium 6 DOF verfügt Sensable über ein Gerät mit 6 aktiven Freiheitsgraden. Dieses Gerät kann mit einem zusätzlichen 7. Freiheitsgrad ausgerüstet werden.

Die Firma Force Dimension vertreibt drei verschiedene haptische Eingabegeräte, die Delta, Omega und Sigma Geräte. Allen Geräten gemeinsam ist, dass sie eine parallele Struktur für die Translation haben und die Rotation seriell an der Parallelen angebracht ist. Die Geräte besitzen zwischen 3 und 7 Freiheitsgraden in der Messung und bis auf das Sigma Gerät haben alle Geräte eine aktive Translation und ggfs. einen Aktor am Greifer, dem siebten Freiheitsgrad. Das Sigma 7 bietet neben den 4 aktiven Freiheitsgraden für den Greifer und die Translation auch noch 3 aktive Freiheitsgrade für die Rotation. Dieses Gerät ist aus den speziellen Anforderungen des DLR MIRO Systems heraus entstanden. Die Omega Geräte von Force Dimension verfügen über eine FDA Zulassung und werden von Hansen Medical im „Sensei Robotic Catheter System" verwendet.

Neben diesen Systemen gibt es noch diverse Systeme aus der Forschung. Die Firma ButterflyHaptics verfolgt mit dem Maglev 200 ein vollständig anderes Konzept. Das Gerät nutzt Magnete, um Kraft auf den Joystick auszuüben. Das System realisiert so 6 aktive Freiheitsgrade und kann auf Wunsch auch 7 Freiheitsgrade realisieren. Ein Nachteil ist der sehr geringe Arbeitsraum des Gerätes, der den Umfang einer 24mm großen Kugel hat. Das System entstand an der Carnegien Mellon Universität und ist mittlerweile kommerziell verfügbar [154].

3.8.3. Telemanipulationssysteme

Neben den Systemen aus der Forschung sind im Bereich der minimalinvasiven Chirurgie zwei Systeme entstanden, die kommerziell vertrieben wurden. Dies ist das Zeuss System von ComputerMotion und das daVinci System von Intuitive Surgical. Da beide Firmen fusionierten, wird nur noch das daVinci System kommerziell vertrieben.

daVinci

Das daVinci System ist ein Robotersystem, das speziell für die minimalinvasive Chirugie entwickelt wurde. Das System besteht aus 3 Roboterarmen, der Masterkonsole für den Chirurgen und den Instrumenten. Die Arme des

Roboters haben sowohl passive als auch aktive Gelenke. Die passiven Gelenke dienen dazu, den Roboter per Hand relativ zum Patienten zu positionieren. Der aktive Teil des daVinci Roboters besitzt konstruktionsbedingt ein „RCM - remote center of motion". Die Instrumente am daVinci können ausgetauscht werden. Sie besitzen 2 Freiheitsgrade und das Instrument selber. Mit den zusätzlichen Freiheitsgraden hat man vollständige 6 Freiheitsgrade im Körper des Patienten, da infolge des Fulkrum-Punkt durch den aktiven Teil des daVinci Systems lediglich 4 in innerhalb des Patienten nutzbar sind. Das Endoskop des daVinci besitzt eine HD-Auflösung. Über 1500 daVinci Systeme wurden mittlerweile installiert [22]. Das daVinci System hat als kommerzielles System einen großen Erfolg. Es unterliegt jedoch einigen Einschränkungen. So ist das Robotersystem für die minimal-invasive Chirurgie konzipiert worden und auch nur dort sinnvoll einsetzbar. Das daVinci System ist ein geschlossenes Robotersystem, wobei der Hersteller nur ausgewählten Forschungseinrichtungen einen Zugriff erlaubt. Für automatisierte Anwendungen ist das daVinci konstruktionsbedingt kaum einsetzbar. Es wurden vor allem Arbeiten für den Transfer von automatischen Fertigkeiten, wie das Nähen einer Naht, erarbeitet. Bei einigen Operationen kann mit dem System nachweislich ein geringerer Schnitt und eine kürzerer Aufenthalt im Krankenhaus erreicht werden. Klinische Langzeitstudien legen allerdings nahe, dass das daVinci-System, verglichen mit konventionellen Methoden, keine signifikante Verbesserung mit sich bringt und somit keinen wirklich nachweisbaren Nutzen hat. Die Studien belegen allerdings auch keine Verschlechterung [46].

3.8.4. Drehmomentgeregelte Leichtbauroboter

Bisherige Roboter wurden als „steife Roboter entwickelt". Diese Eigenschaft reduziert den Aufwand für die Regelung der Roboter wesentlich. Es treten keine nennenswert messbaren Verbiegungen in der Struktur oder den Getrieben und Motoren auf. Somit kann die gemessene Position in den Gelenken direkt genutzt werden, um die Position des End-Effektors zu bestimmen. Auch vibriert der Roboter nicht. Er kann einfach geregelt, werden ohne Rücksicht auf Effekte, wie Vibrationen oder Elastizitäten. Ein typisches Gewichtsverhältnis zwischen Masse des Roboters und der Masse, die am Endeffektor bewegt werden kann, liegt oft nur bei 1:10. Ein typischer Vertreter ist der Stäubli RX90 Roboter mit einer eigenen Masse von 111-116 kg und eine maximalen Masse am Endeffektor zwischen 12-20 kg, abhängig von der kinematischen Konfiguration [33]. Eine ältere Version dieses Roboters wird am IPR, unter anderem im Rahmen dieser Arbeit, zum Führen des Endoskopes eingesetzt, siehe auch Kapitel 7.2.2. Leichtbauroboter benötigen aufgrund ihrer Bauweise neue Konzepte für die Regelung. Leichte Strukturen schwingen und die Motoren und Getriebe weisen Elastizitäten auf. Grundsätzlich biegen sich auch die Verbindungselemente. Allerdings wird darauf geachtet, durch die Konstruktion dies Verhalten auf ein Minimum zu reduzieren, da ansonsten die Regelung noch komplexer würde. Klassische positionsbasierte Regelungen, wie sie bei steifen Robotern zum Einsatz kommen, sind für Leichtbauroboter nicht ausreichend. Ein erfolgreicher Ansatz für die Regelung von Leichtbauroboter stellt Albu-Schäfer et al. [43] vor. In diesem Fall wird ein motorseitiger Positionssensor und ein abtriebsseitiger Drehmomentsensor genutzt, um die Position des Roboters zu regeln. Die Gelenke sind elastisch, während der Verbindungselemente als steif angenommen werden, da deren Elastizität sehr gering ist. Die Gelenke werden lokal über das Drehmoment geregelt. Die Verarbeitung findet hierbei bereits im Gelenk statt und ist nach außen hin nicht sichtbar. So kann auf der höheren kartesischen Ebene der Roboter wie ein klassischer Roboter angesteuert werden.

Der LWR-III/IV Roboter

Beim DLR-Leichtbauroboter wurde das Ziel gesetzt, eine ähnliche Leistung wie ein menschlicher Arm sie bietet zu erreichen. Damit war es das Ziel, ein Gewichtsverhältnis von 1:1 zwischen Roboter und Nutzlast mit einer ähnlich hohen Dynamik, wie der menschliche Arm, zu erreichen. Da der menschliche Arm zu einem gewissen Grad eine Nullraumbewegung zulässt (man kann den Arm bewegen ohne die Pose der Hand zu ändern) ist eine redundante Kinematik mit 7 Freiheitsgraden Teil des Konzeptes. Ebenso ist die Elektronik für die Stromversorgung und Signalverarbeitung in den Arm integriert. Jedes Gelenk besitzt am Ausgang des Getriebes einen Drehmomentsensor. Ab dem LBR-II handelt es sich hier um Dehnungsmessstreifen. Die Dehnungsmessstreifen ermöglichen das aktive Dämpfen von Vibrationen, die programmierbare Nachgiebigkeit des Roboters sowohl im Gelenkraum wie im kartesischen Raum und der Roboter kann den Kontakt mit der Umgebung erkennen, um einerseits Schäden am Roboter selbst und der Umgebung zu vermeiden und andererseits eine nachgiebige Manipulation zu erreichen [48].

Der Roboter weist, bedingt durch die Hamonic-Drive-Getriebe und die Drehmomentsensoren, Gelenknachgiebigkeiten auf. Bei den Segmenten zwischen den Gelenken und der Lagerung der Gelenke wurde auf eine hohe Steifigkeit bei der Konstruktion geachtet, wodurch die Elastizität der Segmente vernachlässigbar ist. Der Vorteil bei der Modellierung ist, dass ein Roboters mit elastischen Gelenken mit gewöhnlichen Differentialgleichungen beschrieben werden kann. Bei einem Roboter mit elastischen Segmenten werden hingegen partielle Differentialgleichungen benötigt.

Jedes Gelenk des Leichtbauroboters wird als 2-Massen-System modelliert. Hierbwi wird das Gelenk und das Segment als zwei Massen mit einer Feder mit Dämpfer als Verbindung modelliert, wobei die Feder als masselos angenommen wird [43].

Die Leichtbauweise des Roboters hat eine geringe Steifigkeit zur Folge. Um ein Vibrieren zu vermeiden, wird der Roboter ständig aktiv gesteuert. Diese Funktion wird als „Active Vibration Damping" bezeichnet. Trotzdem erreicht der Roboter eine Wiederholgenauigkeit von 50 μm.

Der Roboter kann über das Standard-Roboterinterface der KUKA Roboter GmbH gesteuert werden, der LBR-III wurde sogar nur mit dieser Schnittstelle angeboten. Bei diese KUKA RSI genannte Echtzeitschnittstelle wird alle 12 ms ein XML Datenpacket ausgetauscht. Der Inhalt der Pakete kann über eine Konfigurationsdatei festgelegt werden. Typisch ist die Festlegung auf Winkel, kartesische Position und Drehmomente.

Die Steuerung des Prototyp des LWR-III Roboters über die RSI Schnittstelle verursachte jedoch eine Verzögerung von insgesamt 160 ms.

Der KUKA LBR IV ist eine leicht überarbeitete Version des LBR Roboters. Die maximale Traglast wurde auf 7 kg reduziert. Für ihn stellt KUKA als Schnittstelle das FRI (Fast Research Interface) bereit. Die Schnittstelle tauscht die Informationen über das UDP Protokoll als Binärdaten aus. Diese Schnittstelle erlaubt einen variablen Takt zwischen 1 und 100 ms. Die Firma KUKA stellt bereits eine passende Bibliothek in C++ zur Verfügung, die die Integration auf der Client-Seite vereinfacht, da die Kommunikation in der Bibliothek vollständig implementiert ist [144].

Kinemedic, MIRO und MICA Roboter

Das Konzept eines Leichtbauroboters wurde mit dem Kinemedic Roboter beim DLR für die Medizin umgesetzt. Das grundsätzliche Konzept ist an dem LBR-III angelehnt. Allerdings wurden Modifikationen am Roboter vorgenommen mit dem Ziel, das Gewicht des Roboters weiter zu reduzieren, da er durch die geringere Masse im Falle von Kollisionen geringere einwirkende Kräfte verursacht und da die Abmaße des Roboters weiter reduziert werden und so eine bessere Sicht und Zugang zum Patienten ermöglicht wird. Des Weiteren wurden die Gelenklängen des Roboters für den Einsatz in der Chirurgie optimiert. Es wurden verschiedene definierte Einsatze in der Chirurgie mit dem Roboter simuliert und als Ergebnis der Studie zwei optimale Gelenklängen für den Roboter ermittelt, mit denen der Arbeitsraum groß genug ist um alle simulierten Szenarien abzudecken [99]. Die beiden Gelenklängen gehen von einer Struktur aus, bei der die zwei Gelenklängen l1 und l2 zwischen den Joints j1,j2 und j3,4 bzw. j5,j6 definiert sind. Bei der Untersuchung wurde auch berücksichtigt, wie genau der Roboter sich bei einer bekannten Genauigkeit der Positionsmessung positionieren lässt [98]. Der Kinemedic ist grundsätzlich als assistierender Roboter gedacht. Die Stärken werden hier in fehlendem Tremor und Müdigkeit, definierbare Kräfte und der hohen Genauigkeit gesehen. Menschen hingegen können flexibel reagieren und sich adaptieren, besitzen eine gute Hand-Auge-Koordination und besitzen ein hohes Maß an Geschicklichkeit in der Manipualtion, sowie ein hohes Mass an Kenntnis in der spezifischen Anwendungsdomäne. Daher wurde die Leistungsfähigkeit des Systems auch bei der Spondylolisthesis, dem Einsetzen von Schrauben in den Wirbelkörper, unter Beweis gestellt. Die Herausforderung besteht darin, die Schrauben einzusetzen ohne den Spinalkanal und damit die Nerven zu beschädigen. Der Roboter wird vom Chirurgen anhand einer vorausberechneten Trajektorie geführt, wobei der Impedanzregler des Roboters genutzt wird. Der Roboter fungiert dabei auch als haptisches Eingabegerät. Dies erlaubt den Einsatz des Roboters als intelligenten Instrumentenhalter [121], der spezifische Bewegungen des Instruments einschränken kann, sofern eine potentielle Gefahrenquelle vorliegt, und die Genauigkeit erhöhen kann. Das Kinemedic System war bereits als vielseitiges Robotersystem konstruiert worden. Dieser Ansatz wurde mit der Weiterentwicklung vorangetrieben. Das MIROSurge System des DLR entwickelt die Idee des Leichtbauroboters für die Medizin weiter und stellt eine Weiterentwicklung des DLR Kinemedic Roboters dar. In diesem Szenario werden bis zu 3 MIRO Roboter genutzt, um ein Teleoperationsszenario zu realisieren. Die Roboter können grundsätzlich in verschiedenen Anwendungen eingesetzt werden. Um das System zu entwerfen, wurden als Designziel verschiedene Operationen herausgegriffen. Diese sind wie beim Kinemedic bereits demonstriert, dass Einsetzen von Schrauben in den Wirbelkörper und darüber hinaus die navigierte Biopsie, das robotergestützte Laserknochenschneiden und die endoskopische Telemanipulation. Um das Ziel der Vielseitigkeit zu erreichen, ist ein wichtiger Punkt, dass die Roboter keinen zentralen Punkt besitzen, um den sie sich bewegen, wie das daVinci mit dem „RCM - remote center of motion" konstruktionsbedingt hat. Der Fulkrum-Punkt wird beim MIRO-System programmiert, da die MIRO-Roboter eine freie serielle Kinematik besitzen.

Die 3 MIRO-Roboter werden durch ein 3D-Endoskop samt passendem 3D-Display und 2-MICA Robotern erweitert. Die beiden MICA-Roboter realisieren die 2 weiteren Freiheitsgrade, die für die Telemanipulation im Patienten benötigt werden und integrieren eine 7 DOF-Kraftmessung an der Spitze für eine genauere Messung der Kräfte. Diese Kräfte werden an die haptischen Eingabegeräten der Firma Force Dimension übertragen. Hierbei kommt entweder ein Omega 7 oder Sigma 7 Gerät zum Einsatz. Die MICA-Roboter verfügen über passende Greifer an der Spitze zur Manipulation, wobei das System für unterschiedliche Instrumente verwendet werden kann. Der Regler des Systems ist modular aufgebaut und kann sowohl einzelne Roboter ansteuern, als auch mehrere Roboter zu einem System zusammenfassen. Zwei Roboter die jeweils mit dem haptischen Eingabegerät gekoppelt sind, ergeben ein bilaterales Teloperationssystem. Wenn mehrere Roboter genutzt werden, baut hierauf die Koordinierung mehrere Arme auf [76].

Berechnungen für die Drehmomentregelung

Die Dynamik der Kinematik kann über das rekursive Newton-Euler-Verfahren berechnet werden. Hierbei werden zuerst von der Basis zum End-Effektor die Beschleunigungen und Geschwindigkeiten der einzelnen Gelenke ermittelt und die daraus resultierenden Drehmomente. Danach werden die Drehmomente vom End-Effektor zur Basis hin addiert [168].

Definition. *das Problem ist allgemein durch folgende Formel beschrieben*

$$\begin{pmatrix} mI_3 & 0 \\ 0 & M \end{pmatrix} * \begin{pmatrix} \dot{v} \\ \dot{w} \end{pmatrix} + \begin{pmatrix} w \times mv \\ w \times Mw \end{pmatrix} = \begin{pmatrix} F \\ N \end{pmatrix}$$

mit

Die Winkelgeschwindigkeit des Gelenks $i+1$ ergibt sich durch

$$\vec{w}_{i+1} = R_{i,i+1}w_i + \dot{\theta}_{i+1}z_{i+1}$$

die Beschleunigung der Drehung

$$\vec{\dot{w}}_{i+1} = R_{i,i+1}\dot{w}_i + (R_{i,i+1}w_i \times \dot{\theta}z_{i+1}) + \ddot{\theta}_{i+1}z_{i+1}$$

der Beschleunigungsvektor

$$\vec{\dot{v}}_{i+1} = R_{i,i+1} * (\dot{v}_i + \ddot{\theta}_{i+1}z_{i+1} + 2*w_i \times \dot{\theta}_{i+1}z_{i+1}) + w_{i-1} \times p_i + w_i \times (w_i \times p_i)$$

Die Beschleunigung des Massenmittelpunkts ergibt sich mit

$$\vec{\dot{v}}_{ci} = \vec{\dot{v}}_i + \vec{\dot{w}}_i \times \vec{r}_i + \vec{w}_i \times (w_i \times r_i)$$

$$\vec{F}_i = m * \vec{\dot{v}}_{ci}$$

Über den Drallsatz erhält man den Zusammenhang für die Drehung mit ϑ als Trägheitstensor

$$N_i = \vartheta * \vec{\dot{w}}_i - \vec{w}_i \times (\vartheta * \vec{w}_i)$$

die Kraft die Gelenk i auf i+1 ausübt ist dann

$$\vec{f}_i = R_{i,i+1} * \vec{f}_{i+1} + F_i$$

Der Momentenvektor mit

$$\vec{n}_i = R_{i,i+1} * \vec{n}_{i+1} + N_i + p_i \times \vec{f}_i + \vec{r}_i \times F_i$$

ergibt das Drehmoment

$$\tau = \vec{n}_i^T * R_{i,i+1} * z_{i+1} + \vec{f}_i^T * R_{i,i+1}$$

Kennt man das Drehmoment für eine Position des Roboters so kann man statt der Position das Drehmoment regeln.

Definition.

$$M(q)\ddot{q} + C(q,\dot{q})\dot{q} + g(q) = \tau + tau_{ext}$$

$$B(\ddot{\theta}) + \tau = \tau_m$$

$$\tau = K(\theta - q)$$

$$\tau_m = \tau_d - K_t(\tau - \tau_d) - K_s\dot{\tau}$$

Definition.

$$\vec{F} = m\vec{a}$$

Das Drehmoment ist gegeben durch

$$\vec{M} = r \times \vec{F}$$

die Trägheit einer Masse folgt direkt aus der ersten Formel, für die Drehung benötigt man den Trägheitstensor

$$I = \sum_{k=1}^{N} (m_i) \begin{pmatrix} y_i^2 + z_i^2 & -x_iy_i & -x_iz_i \\ -y_ix_i & x_i^2 + z_i^2 & -y_iz_i \\ -z_ix_i & -z_iy_i & -x_i^2 + y_i^2 \end{pmatrix}$$

Eine Steifigkeit ist der Widerstand eines Körpers gegen Verformung und somit gegeben durch

$$k = \frac{\vec{F}}{\delta}$$

die Einheit ist kann somit als Netwon pro Meter angegeben werden ebenso ist das es für die Drehung definiert als

$$k = \frac{\vec{M}}{\theta}$$

und kann als Newtonmeter pro Meter angegeben wird.

ein Feder Masse System definiert den Zusammenhang zwischen Kraft, Steifigkeit und Trägheit einer Masse

$$\vec{F}_{ext} = M\vec{s} + D\vec{s} + K\vec{s}$$

mit der Trägheit M, der Dämpfung D und der Steifigkeit d

Da ein Leichtbauroboter eine solche Feder Masse Gleichung implementiert und Nachgiebigkeiten aufweist kann man den Fehler in der Position angeben als

$$\nabla q_i = \frac{\tau_i}{k_i}$$

mit q als Gelenkwinkel, τ als Drehmoment und k_i als entsprechende Steifigkeit [172]

3.8.5. Spezielle medizinische Roboter

Ein dem Konzept des vielseitigen Robotersystems entgegengesetzter Ansatz entwickelt spezielle Robotersysteme für spezifische medizinische Anwendungen. Die Gruppe von Herrn Radermacher an der RWTH Achen entwickelte hierfür verschiedene Systeme, wie den 5 DOF Miniroboter für die Präparation des Implantatsitzes in Knieendoprothetik und Knochenzemententfernung entwickelt im Rahmen des OrthoMIT Projektes [28]. Das in Heidelberg und am IPR in Karlsruhe für Kraniotomien entwickelte Robotersystem Craniostar ist ein Roboter, der vom Chirurgen per Hand geführt wird. Der Roboter dient dazu, den Schneidevorgang des Chirurgen auf einer vorher definierten Bahn möglichst gut zu führen, wobei der Arzt die Geschwindigkeit des Vorgangs vorgibt. Das System ist kompakt und handlich und lässt sich dadurch leicht in den Ablauf der konventionellen

Operation einbinden [72] [70]. Für die Biopsie an der Prostata wurde ein spezielles Robotersystem mit 9 Freiheitsgraden entwickelt [3]. Der Ansatz, spezielle Robotersysteme für spezifische Anwendungen zu entwickeln, ist naheliegend, da sich die Roboter oft unproblematisch und mit geringem Aufwand in den Ablauf bestehender Operationsabläufe integrieren lassen. Ihr Nachteil ist die Spezialisierung auf eine oder wenige Operationen. Die Entwicklung im Bereich der Robotik mit drehmomentgeregelten Robotern, die eine wesentlich geringe Größe aufweisen als herkömmliche Roboter und deren Regelung weit fortgeschritten ist, durch z.B. die Impedanzregelung, ermöglicht portable Robotersysteme für verschiedene Anwendungen und dürfte daher das größere Potential besitzen. Für spezielle Anwendungen, wie z.B. die Biopsie an der Prostata, haben spezialisierte Geräte aber Vorteile, die mit generischen Systemen kaum zu realisieren sind.

4. Architektur des Softwaresystems

4.1. Einleitung

In diesem Kapitel wird in die grundlegende Architektur des Systems eingeführt. Diese orientiert sich grundsätzlich an der zeitlichen Strukturierung der Tätigkeiten im Operationssaal. So findet in einem pre-operativen Teil die Planung des Eingriffes statt. In der Architektur wird diesem Merkmal Rechnung getragen, in dem die Planung, Validierung und Verifikation vor der Ausführung stattfinden. Hierbei stellt die Simulation des Eingriffes eine Validierung dar, während die Überprüfung ein Verifikationsschritt ist. Mit dem Abschluss des pre-operativen Teils ist die Ausführbarkeit und Korrektheit sichergestellt. Während der Ausführung wird zwischen harter und weicher Echtzeit unterschieden. Viele Tätigkeiten erfordern keine harten Echtzeitanforderungen. Diese können somit auf einen größeren Funktionsumfang zugreifen, als dies bei harten Echtzeitbedingungen aufgrund der Komplexität der Algorithmen möglich ist. Als Kommunikationsframework wird eine echtzeitfähige Implementierung von CORBA eingesetzt. Im post-operativen Teil werden die Ergebnisse der Ausführung analysiert. Dies ist wichtig, da nur eine kontinuierliche Analyse und Verbesserung der Aufgaben innerhalb des Operationssaales dauerhaft den Nutzen und die Probleme einer bestimmten Technik aufzeigen können. Die Relevanz wurde bereits in Kapitel 2.1.3 aufgezeigt.

4.2. Systemarchitektur

Im folgenden Bild ist die grundlegende Architektur des Systems dargestellt. Sie unterteilt sich, wie bereits ausgeführt, in den klassischen dreiteiligen Ablauf eines chirurgischen Eingriffes.

Im pre-operativen Abschnitt wird der Plan in vier Schritten überprüft, die sich aus der Untersuchung der Möglichkeiten des Standes der Forschung ergeben haben.

Diese Schritte sind:

1. Die Validierung der Eingabedokumente mittels XML Schema und somit die Überprüfung der Dokumentenstruktur, der Datentypen und Wertebereiche.

2. Die Überprüfung der formalen Korrektheit des Workflows nach den Methoden von van Aalst.

3. Die Verifikation von Eigenschaften, die ein Plan erfüllen muss, anhand von temporallogischen Formeln und dem Einsatz eines Modellprüfers

4. Die Überprüfung der Erreichbarkeit der Zielstrukturen anhand der geometrischen Simulation, in diesem Fall mit dem OpenRave Framework

Eine Möglichkeit das System weiter zu verfeinern wäre der Einsatz von Ontologie zwischen Schritt 3 und 4.

- 3.5. Die Verifikation der Konsistenz der eingesetzten Begriffe anhand einer Ontologie und einem passendem Reasoner, z.B. dem Reasoner Hermit.

Im intraoperativen Bereich wird die validierte und verifizierte Planung ausgeführt. Hierzu muss im ersten Schritt eine geeignete Engine gefunden

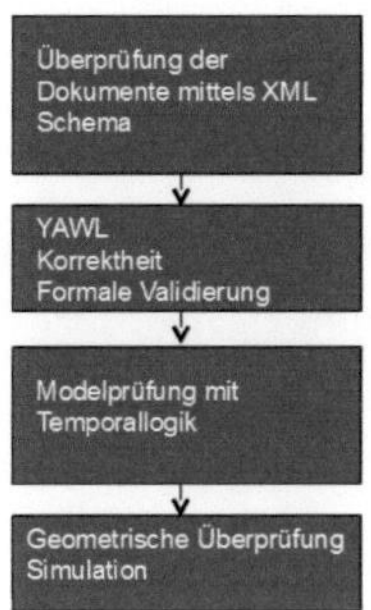

Bild 4.1.: Die 4 implementierten Schritte in der pre-operativen Phase

werden, die in der Lage ist den Workflow auszuführen. Aus Gründen der Echtzeitfähigkeit gibt es hier zwei Ansätze. Der erste Ansatz ist für weiche Echtzeitanwendungen. Er nutzt die in YAWL implementierte Workflow Engine, die in der Lage ist, den Workflow auszuführen. Diese Engine unterstützt auch die kostspieligen OR-JOIN Operationen und ist komplett in JAVA geschrieben. Beide Eigenschaften schließen einen Einsatz unter harten Echtzeitbedingungen aus. Eine Re-Implementierung unter Berücksichtigung der Echtzeitfähigkeit wurde innerhalb dieser Dissertation nicht vorgenommen. Es dürfte allerdings aufgrund der OR-Join Operation eine nicht einfache Aufgabe sein, eine Implementierung vorzunehmen, die harte Echtzeitanforderungen allgemeingültig erfüllt.

In Echtzeitsysteme können Statecharts eingesetzt werden. Eine Implementierung von Statecharts findet sich so auch in Matlab/Simulink. Diese Implementierung wird hier verwendet, um Echtzeitanforderungen zu erfüllen. Hierzu muss allerdings der Workflow Mechanismus in ein Statechart umgesetzt werden. Im Stand der Forschung findet sich hierzu nur ein brauchbarer Ansatz, siehe Kapitel 3.3.4, der allerdings Petri Netze in Statecharts umwandelt. Da die Workflow Sprache YAWL auf Petri Netzen basiert, bietet sich dieser Ansatz an.

Der dritte Abschnitt ist die post-operative Analyse des Eingriffes anhand von aufgezeichneten Workflow Log Dateien. Diesem Schritt wird deshalb eine Bedeutung zugemessen, da bereits eingesetzte Geräte nur eine unzureichende Evaluation zulassen, so dass hier oft eine unklare Datenlage herrscht, siehe auch Kapitel 2.1.3. Der Einsatz von passenden Aufzeichnung ist erforderlich, um Schwachstellen identifizieren zu können und gleichzeitig den Fortschritt gegenüber konventionellen Operationstechniken darlegen zu können.

Listing 4.1: Beispiel einer IDL Schnittstelle, in diesem Fall für die FRI - Schnittstelle zu den LBR Robotern

```
 1
 2  module Robo
 3  {
 4          struct matrix_s
 5          {
 6                  float matrix[12]
 7          }
 8
 9          struct vector_s
10          {
11                  float vector[6]
12          }
13
14          struct joint_s
15          {
16                  float joints[7]
17          }
18
19          struct jacobian_s
20          {
21                  float jacobian[7][6]
22          }
23
24          struct mass_s
25          {
26                  float mass_matrix[7][7]
27          }
28
29          struct gravity_s
30          {
31                  float gravity_vector[7]
```

```
32               }

33

34    interface lbr

35    {

36

37      void connect()
38      void send_pos (in double x,in double y,in double z,in double w1
                  ,in double w2,in double w3, in double e1)
39      void send_pos_joints_krl (in double e1,in double e2,in double
                  e3,in double e4,in double e5,in double e6, in double e7)
40      void send_pos_e1 (in double e1)
41      void set_gravity(in long stiffx ,in long stiffy ,in long stiffz ,
                  in long stiffa ,in long stiffb ,in long stiffc)
42      void set_damp(in double dampx,in double dampy,in double dampz,
                  in double dampa,in double dampb,in double dampc)
43      void set_gravity_joints(in double a1,in double a2,in double a3,
                  in double a4,in double a5,in double a6,in double a7)
44      void set_damp_joints(in double a1,in double a2,in double a3,in
                  double a4,in double a5,in double a6,in double a7)
45      void send_force_x(in long profil , in long start , in long
                  timebase , in double ampl,in double time ,in double max_x,in
                   double vel ,in double para1 ,in double para2 ,in double
                  para3)
46      void send_force_y(in long profil , in long start , in long
                  timebase , in double ampl,in double time ,in double max_x,in
                   double vel ,in double para1 ,in double para2 ,in double
                  para3)
47      void send_force_z(in long profil , in long start , in long
                  timebase , in double ampl,in double time ,in double max_x,in
                   double vel ,in double para1 ,in double para2 ,in double
                  para3)
48      void send_force_tool(in double x,in double y,in double z,in
                  double w1,in double w2,in double w3)
49      void send_force_start()
50      void send_force_stop()

51

52         void send_force_switchnow()
53      void send_force_trigby(in double percent)

54

55      void read_force(out double x,out double y,out double z,out
                  double a,out double b,out double c)
56      void read_force2(out double x,out double y,out double z,out
                  double a,out double b,out double c)
57      void set_zustand()
58      void set_impedance(in long type)

59
```

```
60      void set_gravity_cpmaxdelta(in double x,in double y,in double z
            ,in double w1,in double w2,in double w3)
61
62        void set_gravity_frametype(in long base)
63        void set_gravity_base(in long base)
64        void set_gravity_tool(in long base)
65
66      void set_null()
67      void send_pos_joints (in double a1,in double a2,in double a3,in
            double a4,in double a5,in double a6, in double e1)
68      void get_state_ist_cart (out double x,out double y,out double z
            ,out double a,out double b,out double c)
69      void get_state_soll_cart (out double x,out double y,out double
            z,out double a,out double b,out double c)
70      void get_state_ist_joint (out double j1,out double j2,out
            double j3,out double j4,out double j5,out double j6,out
            double j7)
71      void get_state_soll_joint (out double j1,out double j2,out
            double j3,out double j4,out double j5,out double j6,out
            double j7)
72      void get_state_soll_joint_fri (out double j1,out double j2,out
            double j3,out double j4,out double j5,out double j6,out
            double j7)
73      void get_force_joints (out double j1,out double j2,out double
            j3,out double j4,out double j5,out double j6,out double j7
            )
74      void get_state (out long state)
75
76      void get_state_ist_cart_mat (out double m1,out double m2,out
            double m3,out double m4,out double m5,out double m6,out
            double m7,out double m8,out double m9,out double m10,out
            double m11,out double m12)
77      void get_state_soll_cart_mat (out double m1,out double m2,out
            double m3,out double m4,out double m5,out double m6,out
            double m7,out double m8,out double m9,out double m10,out
            double m11,out double m12)
78      void get_state_soll_cart_mat_fri (out double m1,out double m2,
            out double m3,out double m4,out double m5,out double m6,
            out double m7,out double m8,out double m9,out double m10,
            out double m11,out double m12)
79
80      void get_state_ist_cart_old_tick (out double x,out double y,out
            double z,out double a,out double b,out double c,out
            double x1,out double y1,out double z1,out double a1,out
            double b1,out double c1,out long tick)
81
```

98

```
 82        void  set_command_mode ()
 83        void  set_monitor_mode ()
 84
 85            void  doJntImpedanceControl  (in  joint_s  joints ,in  joint_s
                       stiff ,in  joint_s  damp ,in  joint_s  torque ,in  boolean  ex)
 86            void  doCartesianControl  (in  matrix_s  pos ,in  vector_s  stiff ,
                       in  vector_s  damp ,in  vector_s  ft ,in  joint_s  nulljoint ,
                       in  boolean  ex)
 87
 88            void  get_jacobian (out  jacobian_s  jacobian )
 89            void  get_mass_matrix (out  mass_s  mass_matrix )
 90            void  get_gravity_vector (out  gravity_s  gravity_vec )
 91
 92            void  get_tick (out  unsigned  long  tick )
 93
 94            void  chooseTool  (in  long  state )
 95
 96        void  switchRSI  (in  long  state )
 97        void  switchRSIB  (in  long  state )
 98
 99        /// A  method  to  shutdown  the  ORB
100        /**
101          * This  method  is  used  to  simplify  the  test  shutdown  process
102          */
103        oneway  void  shutdown  ()
104      }
105  }
```

4.3. Fazit

Das Kapitel stellt die grundsätzliche Softwarearchitektur dar. Zentrale Idee
ist die Nutzung von RPC Aufrufen mittels CORBA oder SOAP. Dieser Mechanismus erlaubt eine strukturierte Modularisierung der einzelnen Komponenten. Als Formalismus für die Planung wird YAWL eingesetzt. Um
die Planung nicht nur auf formale Korrektheit, sondern auch auf die richtige Reihenfolge der Tasks hin zu untersuchen, wird Temporallogik und
ein Modelprüfer eingesetzt. Die Workflow Engine führt die Planung über
das Kommunikationsframework CORBA aus. Eine Simulationsumgebung
kann sowohl intra- als auch pre-operativ dazu genutzt werden, um den Ab-

lauf durchzuspielen und sicherzustellen, dass die Zielstrukturen erreicht werden können. Die reale Ausführung des Plans kann gespeichert werden. Diese Daten können dann dazu genutzt werden, den Workflow weiter zu verfeinern.

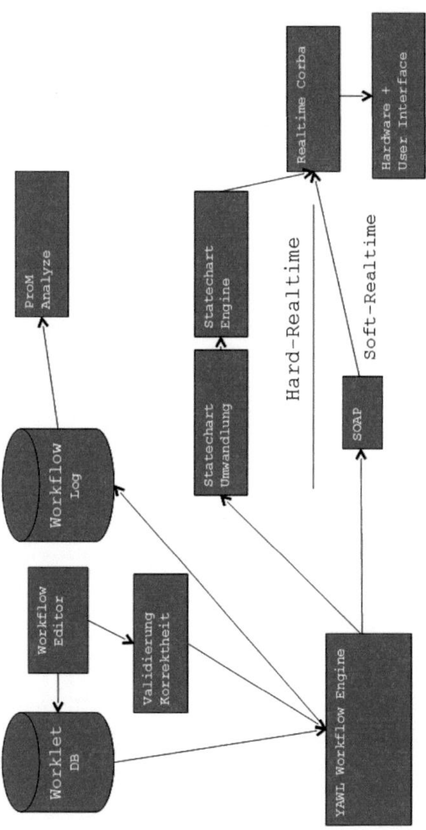

Bild 4.2.: Grundlegende Architektur des Systems mit Hard und Soft-Realtime Elementen

5. Konzepte zur Verifikation robotergestützter Abläufe

5.1. Einleitung

In diesem Kapitel wird anhand eines Beispiels durchgespielt, welche Möglichkeiten durch die Verifikation gegeben sind. Die Verifikation des Planes findet pre-operativ statt und gliedert sich in vier Einzelschritte, die bereits in Kapitel 4.2 beschrieben sind.

- Der erste Schritt ist die Überprüfung der Quelldokumente, dies geschieht mittels XML Schema.

- Schritt zwei ist die Überprüfung des Workflows. Hierzu werden die Methoden von van Aalst herangezogen. Der Workflow wird auf Korrektheit geprüft.

- Schritt drei ist die Überprüfung anhand von temporallogischen Formeln. Hierfür werden temporallogische Formeln aufgestellt, die gelten müssen. Einfaches Beispiel hierfür ist, dass die Registrierung vor der Ausführung abgeschlossen sein muss. Dies kann temporallogisch ausgedrückt werden.

- Schritt vier die geometrische Überprüfung des Planes.

Die geometrische Überprüfung eines Planes anhand einer Simulation ist ein Standardschritt in der Robotik. In diesem Fall wird mit dem OpenRave Toolkit umgesetzt.

5.2. Validierung der Dokumente mittels XMLSchema

Die verschiedenen Planungsdaten liegen alle in einer XML Codierung vor.
Ein entsprechendes Beispiel ist im folgenden für einen YAWL Workflow
gegeben.

Listing 5.1: XML YAWL Workflow Codierung

```
<?xml version="1.0" encoding="UTF-8"?>
<specificationSet xmlns="http://www.yawlfoundation.org/yawlschema"
    xmlns:xsi="http://www.w3.org/2001/XMLSchema-instance" version=
    "2.0" xsi:schemaLocation="http://www.yawlfoundation.org/
    yawlschema_http://www.yawlfoundation.org/yawlschema/
    YAWL_Schema2.0.xsd">
  <specification uri="Procedure_Example1.yawl">
    <metaData>
      <creator>Holger</creator>
      <description>No description has been given.</description>
      <version>0.79</version>
      <identifier>UID_17ada897-dfbc-463f-92fb-232321e2cf74</
          identifier>
    </metaData>
    <xs:schema xmlns:xs="http://www.w3.org/2001/XMLSchema" />
    <decomposition id="High_Level_Wf" isRootNet="true" xsi:type="
        NetFactsType">
      <processControlElements>
        <inputCondition id="InputCondition_1">
          <flowsInto>
            <nextElementRef id="Patient_Daten_aufnehmen_7" />
          </flowsInto>
        </inputCondition>
        <task id="Patient_Daten_aufnehmen_7">
          <name>Patient Daten aufnehmen</name>
          <flowsInto>
            <nextElementRef id="Abbruch_662" />
            <isDefaultFlow />
          </flowsInto>
          <flowsInto>
            <nextElementRef id="CT_vom_Pat._erstellen_151" />
            <predicate ordering="0">true()</predicate>
          </flowsInto>
          <join code="xor" />
          <split code="xor" />
          <decomposesTo id="Pat._Dat._aufnehmen" />
        </task>
```

```
32    ...
```

Der erste Schritt der Verifikation betrachtet die Struktur und die Elemente der Eingangsdokumente. Hierbei werden nur XML Dateien verwendet. XML bietet die Möglichkeit, die Struktur über die Document Type Definition zur definieren, die Teil des XML Standards ist. Ebenso kann XML Schema verwendet werden. Hierbei wird das Schema als eigenständiges XML Dokument codiert, während die DTD Teil der XML Datei ist und hierbei nicht in XML vorliegt. Der wesentlichere Unterschied ist aber die Mächtigkeit der beiden Sprachen, wie bereits in 3.4.2 beschrieben. XML Schema ermöglicht neben der Überprüfung der Struktur auch die Überprüfung von Datentypen, Wertebereichen und komplexen selbsterstellten Datentypen.

Listing 5.2: YAWL XML Schema

```
1    <?xml version="1.0" encoding="UTF-8"?>
2    <xs:schema xmlns:xs="http://www.w3.org/2001/XMLSchema"
3             xmlns:yawl="http://www.yawlfoundation.org/yawlschema"
4             targetNamespace="http://www.yawlfoundation.org/
                yawlschema"
5             elementFormDefault="qualified"
6             attributeFormDefault="unqualified"
7             version="2.0">
8        <!--
9        ##########################################################
10                DECLARE ROOT ELEMENT -- YAWL_Specification
11       ##########################################################
12       -->
13       <xs:element name="specificationSet" type="
                yawl:SpecificationSetFactsType">
14           <xs:unique name="SpecificationUnique">
15               <xs:selector xpath="specification"/>
16               <xs:field xpath="@uri"/>
17           </xs:unique>
18       </xs:element>
19       <!--
20       ##########################################################
21               SIMPLE TYPES FROM VALUE TYPES
22       ##########################################################
23       -->
24       <xs:simpleType name="ControlTypeCodeType">
25           <xs:annotation>
```

```
26              <xs:documentation>Encapsulates the range of
                    relation T—&gt;{AND, OR, XOR}</
                    xs:documentation>
27          </xs:annotation>
28          <xs:restriction base="xs:string">
29              <xs:enumeration value="and"/>
30              <xs:enumeration value="or"/>
31              <xs:enumeration value="xor"/>
32          </xs:restriction>
33      </xs:simpleType>
34      <xs:simpleType name="CreationModeCodeType">
35          <xs:restriction base="xs:string">
36              <xs:enumeration value="static"/>
37              <xs:enumeration value="dynamic"/>
38          </xs:restriction>
39      </xs:simpleType>
40      <xs:simpleType name="DecompositionIDType">
41          <xs:restriction base="xs:NCName"/>
42      </xs:simpleType>
43      <xs:simpleType name="DocumentationType">
44          <xs:restriction base="xs:string"/>
45      </xs:simpleType>
46      <xs:simpleType name="LabelType">
47          <xs:restriction base="xs:string"/>
48      </xs:simpleType>
49      <xs:simpleType name="DirectionModeType">
50          <xs:restriction base="xs:string">
51              <xs:enumeration value="input"/>
52              <xs:enumeration value="output"/>
53              <xs:enumeration value="both"/>
54          </xs:restriction>
55      </xs:simpleType>
56      ...
```

Die Überprüfung wird mit einem XML Prozessor durchgeführt. Im konkreten Fall wird hierfür die Implementierung Xerces C++ verwendet. Diese überprüft, ob die vorliegende XML Datei ihrem Schema entspricht. Mit diesem Schritt ist gesichert, dass in den Dokumenten alle geforderten Elemente vorhanden sind, die Struktur der Dokumente korrekt ist und ggfs. spezifizierte Wertebereiche eingehalten werden.

Vom Algorithmus her gesehen sind die meisten Implementierungen, hierzu gehört Xerces, nach einem naheliegenden Muster strukturiert. Sowohl das Quelldokument, als auch die XML Schema Datei, werden geparst und in eine DOM Repräsentation umgewandelt.

5.3. Verifikation der Korrektheit des Workflows

Nach dem ersten Validierungsschritt wurde die Struktur des Eingabedokumentes überprüft. Im zweiten Schritt wird nun der konkrete Workflow hinsichtlich seiner Korrektheit überprüft. Hierzu definierte van Aalst et al. [162] die Korrektheit für Workflows.

Im Folgenden ist ein Beispiel für einen Workflow gegeben, der nicht die Korrektheitsbedingung erfüllt. In diesem Beispiel kann der markierte AND-Join von beiden Eingängen aufgrund des XOR-Splits am Anfang nicht markiert werden. Damit würde der Workflow sich in einem Deadlock befinden, sobald eine eingehende Transition des AND-Joins aktiviert wird. Das wäre auch der Fall, wenn die erste Split Operation ein OR-split wäre. In diesem Fall könnten zwar beide Eingänge aktiviert werden, aber es könnte auch weiterhin nur eine Eingangstransition aktiviert werden und somit würde wiederum ein Deadlock entstehen.

Das zweite Beispiel modifiziert nun den Workflow, um die Bedingungen für die Korrektheit zu erreichen. Hierzu kann aus dem AND-Join ein OR- oder XOR-Join gemacht werden. In beiden Fällen wird erreicht, dass der Workflow die Bedingung der Korrektheit erfüllt. Sofern man einen OR-Join einsetzt, wäre dies allerdings keine elegante Lösung, da hier nur ein XOR-Join Aktivierung vorkommen kann. Das beide Pfade gleichzeitig aktiviert werden, ist durch die vorhergehenden XOR-Splits ausgeschlossen. Diese Eigenschaft kann überprüft werden und wird „unnecessary or-joins" genannt. Diese Eigenschaft ist relevant, da eine Überprüfung, ob ein OR-Join gefeuert werden kann, aufgrund der nicht-lokalen Semantik, zur Laufzeit kostspieliger ist, im Gegensatz zu lokalen Semantik bei XOR- und AND-Joins.

Insgesamt werden folgende Eigenschaften überprüft.

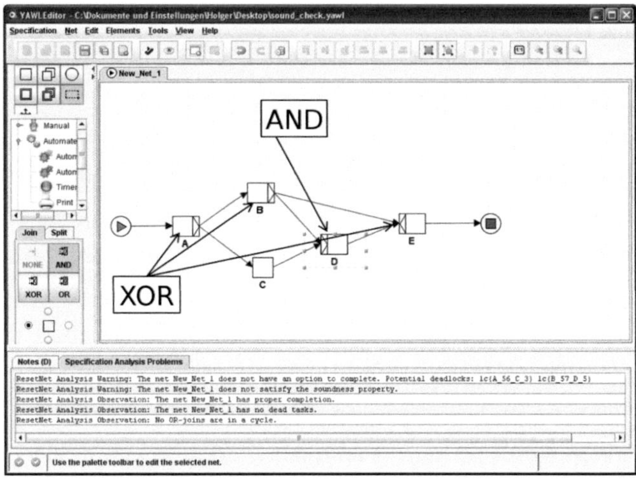

Bild 5.1.: Workflow der die Korrektheitsbedingungen verletzt [162]

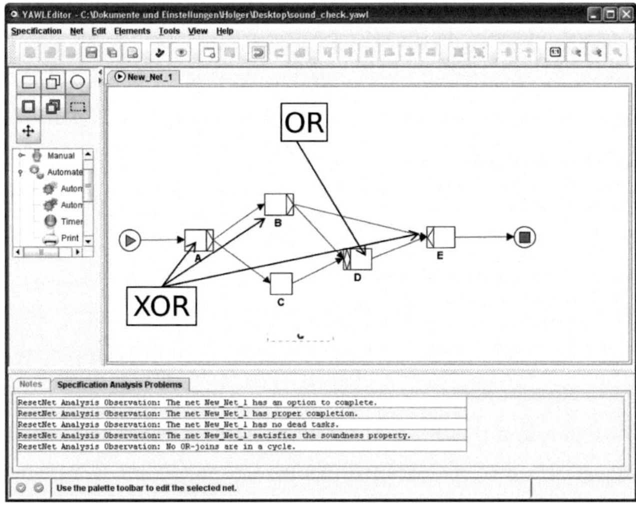

Bild 5.2.: Modifzierter Workflow der die Korrektheitsbedingungen erfüllt [162]

Bedingung	Beschreibung
weak soundness	Ob die Bedinungen für schwache Korrektheit erfüllt sind
soundness	Ob die Bedingungen für Korrektheit erfüllt sind
unnötige Abbruchregionen	Ob Tasks unnötigerweise in einer Abbruchregion sind. Dies trifft zu wenn Sie nie aktiviert sein können wenn die Abbruchregion aktiviert wird
unnötige OR-Joins	Ob OR-Joins in XOR- oder AND-Joins umgewandelt werden können.

Tabelle 5.1.: Korrektheitsbedingungen

5.4. Modelprüfung mittels Temporallogik

In Schritt zwei der Verifikation wird sichergestellt, dass der Workflow die Bedingungen der Korrektheit erfüllt und ob Elemente vereinfacht werden können (Abbruchregionen und OR-Joins). Damit ist sichergestellt, dass der Workflow korrekt beendet werden kann. Es liegt aber noch keine Aussage darüber vor, ob die Aktionen des Workflows in der richtigen Reihenfolge ausgeführt werden. Dies kann mittels der Modelprüfung erreicht werden, siehe hierzu Kapitel 3.5.1. Mit einer temporallogischen Formel kann spezifiziert werden, welche Bedingungen erfüllt sein müssen und diese werden dann automatisch überprüft. Hierzu wird der NuSMV2 Modelprüfer verwendet. Dazu muss der Workflow erst in die von NuSMV2 vorgegebene Systembeschreibungssprache (Modell) konvertiert werden.

Nach der Konvertierung wird die Systembeschreibung um die temporallogischen Formeln erweitert. Danach kann überprüft werden, ob die Systembeschreibung M ein Modell für die angegebenen Formeln φ ist.

Definition 1. $M = \varphi$

Die Formeln φ werden als temporallogische Formeln entweder in CTL (Computational Tree Logic) oder LTL (Linear Temporal Logic) definiert.

Ein einfaches Beispiel ist, dass die Registrierung abgeschlossen ist, bevor der Eingriff ausgeführt wird. Dies kann mittels einer CTL Formel folgendermaßen formuliert werden

Definition 1. $f = AG[Chirurgischer_{Eingriff} = idle\ U\ Registrierung = exiting]$

5.5. Simulation

Nachdem der Plan strukturell mit XML Schema und zeitlich mit Temporallogik überprüft worden ist, ist immer noch ungeklärt, ob die Ausführung geometrisch möglich ist. Hierzu wird die Simulation der geometrischen Gegebenheiten benötigt. Dies geschieht mit dem OpenRave Framework. Ein Modell des Operationsraums mit dem Roboter und dem Patienten wird dazu verwendet, die Erreichbarkeit im Raum zu überprüfen.

Für die Bahnplanung wird ein RTT-Bahnplanungs-Algorithmus verwendet. Hierbei wird überprüft, ob die Zielstrukturen erreicht werden können und ob Kollisionen auftreten.

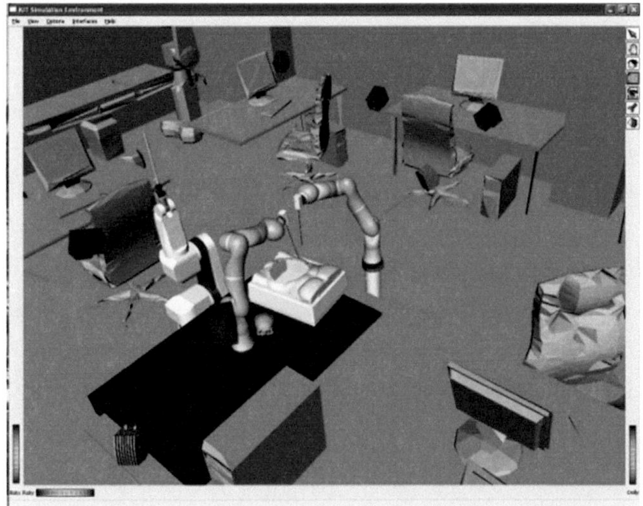

Bild 5.3.: Simulationsumgebung Openrave

5.6. Fazit

In diesem Kapitel ist das grundlegende Konzept für die Verifikation robotergestützter Abläufe vorgestellt worden. Es wird sowohl eine Validierung der Dokumente vorgenommen, als auch die Korrektheit des Planes und die Einhaltung der korrekten Reihenfolge der Tasks überprüft. Im letzten Schritt erfolgt die Überprüfung in einer Simulation hinsichtlich Erreichbarkeit und potentieller Kollisionen. Eine denkbare Erweiterung ist, die Zusammenhänge zwischen den Objekten mittels einer Ontologie zu beschreiben. Dieser Ansatz wird hier aber nicht weiter verfolgt.

6. Implementierung des Frameworks

6.1. Systemarchitektur

6.1.1. TAO ACE CORBA

Als Corba Implementierung wird die quelloffene und zur Realtime COR-
BA Spezifikation kompatible Implementierung ACE ORB(TAO) verwendet. Die Bibliothek kann sowohl für Windows als auch Linux problemlos
compiliert werden und wird unter beiden Betriebssystemen verwendet. Als
Kommunikationsmedium wird Ethernet verwendet.

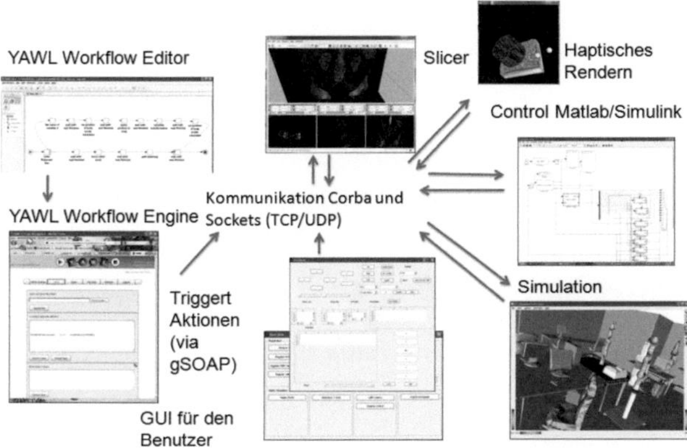

Bild 6.1.: Übersicht über die verschiedenen Prozesse und die Kommunikation

6.1.2. Benchmarking

Die verwendete Middleware wurde auf Standard-PC Hardware mit Gigabit-Ethernet einem Benchmark unterzogen. Die hier verwendete Hardware besteht aus Linux und Windows PCs. Auf Linux PCs wird eine Version des Kernels mit einem speziellem preemption patch verwendet. Dieser verbessert die Antwortzeiten des Kernels, da Kernel Treiber vollständig unterbrechbar implementiert sind und als eigene Prozesse im Scheduler gehandhabt werden.

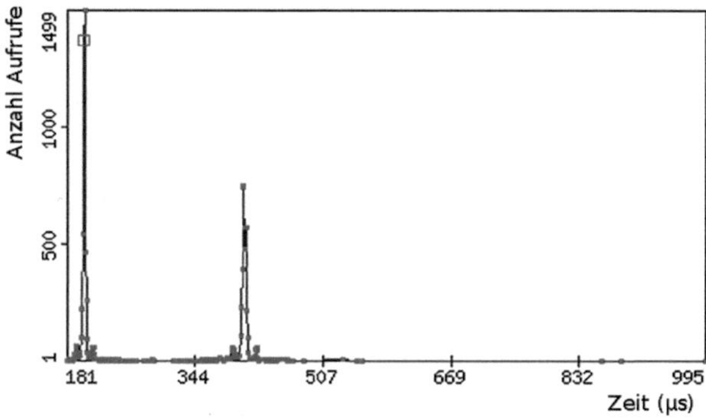

Bild 6.2.: Benötigte Dauer in micro μs für einen Aufruf über TAO CORBA

6.1.3. Soft-Realtime Umgebung

Ein Großteil der Steuerungsumgebung läuft auf Windows Rechnern, die bekanntlich nicht echtzeitfähig sind. Um unter Windows eine quasi Echtzeitumgebung zu schaffen und um Kenntnis über verpasste Deadlines zu bekommen, werden an den Programmen einige Modifikationen vorgenommen. Unter Windows 7 arbeitet der Scheduler von Windows wesentlich besser als unter Windows XP, vor allem in Mehrprozessorsystemen. Um die eigene Task zu priorisieren, wird die Priorität unter Windows mit der Funktion „SetPriorityClass" und „REALTIME_PRIORITY_CLASS" gesetzt.

112

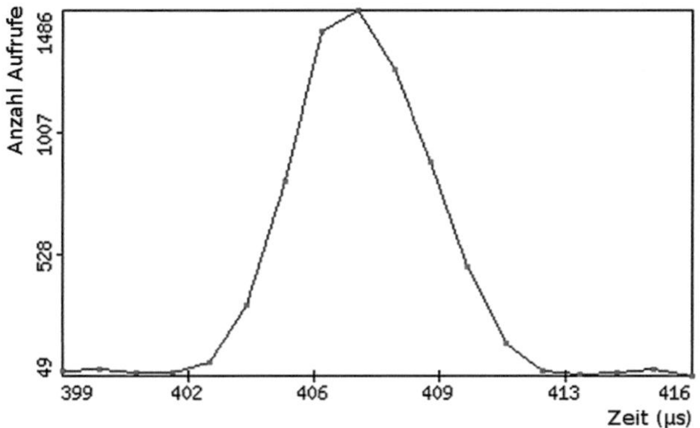

Bild 6.3.: Benötigte Dauer in micro μs für einen Aufruf über TAO CORBA

Für die wichtigen Threads innerhalb des Prozesses kann die Priorität auf „THREAD_PRIORITY_TIME_CRITICAL" mit der Funktion „SetThread-Priority" gesetzt werden. Beides führt zu einer wesentlichen besserem Scheduling, da die Prozesse und Threads stark priorisiert ausgeführt werden. Auf Mehrprozessorsystemen bietet sich an, die Prozesse auf einzelne Prozessoren zu verteilen und das Scheduling nicht dem Betriebssystem zu überlassen. Dies kann mittels „SetProcessAffinityMask" und „SetThreadAffinityMask" geschehen. So wird verhindert, dass der Windows Scheduler Prozesse oder Threads während der Laufzeit auf verschiedenen Prozessoren ausführt, was zu einem nicht unerheblichen Overhead während des Wechsels führen kann. Um Kenntnis zu haben, ob die Deadline eingehalten wird, ist eine sehr genaue Zeitmessung nötig. Klassische Zeitmessungen, wie die interne Uhr im PC scheiden aus, da sie nicht kontinuierlich erneuert werden und somit die Zeit zum auslesen des Wertes stark schwanken kann. Innerhalb der CPU bietet sich hier der „Time Stamp Counter" an, der mit dem Pentium Prozessor von Intel eingeführt wurde. Er wird auf vielen Prozessoren mit jedem Clock-Cycle erhöht. Auf neueren Prozessoren wird dies Verhalten teilweise modifiziert, aber garantiert mit einer konstanten

Rate erhöht. Die Drift und der Jitter dieses Counters ist minimal, wenn man sich vor Augen führt, das moderne Prozessoren mit mehreren Gigahertz arbeiten. Den Counter kann man auf eine Sekunde kalibrieren und erhält so eine sehr genauen Messung der Zeit. Zu beachten ist, dass dieser Wert auf modernen Mehrkernprozessoren inkorrekt sein kann, sofern die Task zwischen den Prozessoren wechselt. Da dieses Framework dieses Verhalten nicht unterstützt, ist es nicht von Belang. Es bietet sich an, den „High Precision Event Timer" zu verwenden. Dies ist aber innerhalb dieses Frameworks nicht realisiert worden. Der Gewinn dürfte auch relativ gering sein, da die Prozesse momentan mit maximaler Geschwindigkeit versuchen zu arbeiten und somit im Grunde nur interessant ist, ob man Deadlines verpasst, weil Rechenprozesse zu lange dauern, oder ob man auf externe Ereignisse wartet oder der Betriebssystem Scheduler stört. Unter Windows wird der Time Stamp Counter über die Win32 API Funktionen „QueryPerformanceCounter" ausgelesen und mit „QueryPerformanceFrequency" auf eine Sekunde kalibriert. Der Wert, der seit der letzten Clock Cycle vergangen ist, wird den Applikationen zur Verfügung gestellt. Die Applikationen müssen dann selber entscheiden, wie sie mit verpassten Deadlines umgehen. In Tests war es problemlos möglich, 200 Hz und höher auf Windows Systemen zu erreichen, ohne das Deadlines verpasst wurden. Die erreichte Frequenz ist für eine externe Regelung von Robotern völlig ausreichend.

6.1.4. Matlab / Simulink

Matlab / Simulink ist ein Software, die vom Hersteller „The MathWorks" entwickelt wird, um numerisch mathematische Probleme zu lösen. Simulink ist hierbei eine Erweiterung, die die grafische Modellierung mittels gerichteter Graphen und entsprechenden Blöcken ermöglicht. Matlab / Simulink eignet sich hervorragend um Prototypen modellbasiert zu entwickeln und wurde aus diesem Grund auch in diesem Kontext eingesetzt. Matlab besitzt einen Echtzeiterweiterung, den Realtime Workshop, der es auch ermöglicht, das System in Echtzeit auszuführen. Diese Methode wurde in diesem Projekt allerdings umgangen und statt dessen wurde ein eigener Scheduler in Matlab eingebaut. Dies hatte den Zweck, dass die benutzten Schnittstellen und verwendeten Bibliotheken nicht den Restriktionen der Echtzeitumgebung unterliegen, insbesondere nicht der Trennung der Speicherbereiche zwischen dem Echtzeit-Kern und dem Betriebssystem. Daraus resultiert ein erhöhter Aufwand in der Implementierung. Matlab bietet die Möglichkeit Simulink über sogenannte S-Functions zu erweitern. Hierbei werden Bibliotheken erstellt, die als shared libs (Windows DLL, Linux shared object) geladen werden. Insgesamt wurden drei verschiedene Scheduler implementiert, eine Übersicht über diese und weitere Module findet sich im Anhang, Kapitel A.5. Kontrollstrukturen sind direkt in den Simulink Modellen hinterlegt und werden beim Einsetzen der Statecharts in bestehende Simulink-Modelle erhalten.

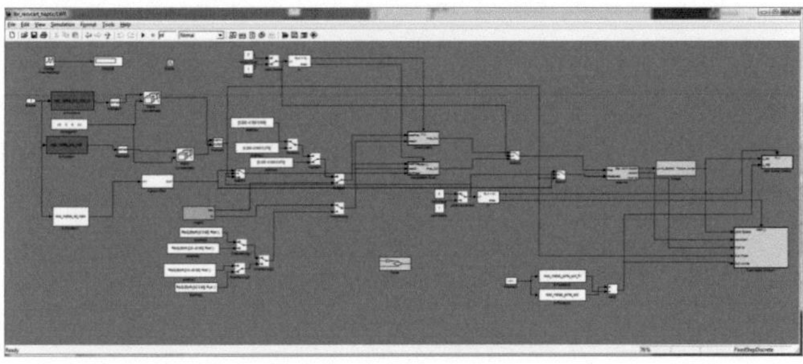

Bild 6.4.: Beispiel eines Simulink Modells für die inverse Kinematik und Koppelung der Roboter mit den haptischen Geräten

6.1.5. Rapid Protoyping Framework

Um eine einfache Entwicklung zu ermöglichen, wurde ein eigenes Rapid Protoyping Framework entwickelt. Das Framework baut dabei im Kern auf Matlab/Simulink auf. Fast alle Komponenten kommunizieren mittels CORBA. Ausnahmen sind nur Kameras, bei denen die Daten aufgrund der Größe der einzelnen Bilder über Shared-Memory abgerufen werden. Die einzelnen zu steuernden Komponenten implementieren eine CORBA Server Komponente, die die Software oder die Hardware ansteuert und die Funktionalität über die CORBA Schnittstelle zur Verfügung stellt. Diese Schnittstelle kann wahlweise in einem Programm angesprochen werden, für dass der IDL Compiler eine entsprechende Schnittstelle erstellen kann (z.B. C/C++, Java, ...). In Matlab wurde für jede Funktion einer Schnittstelle zwei clientseitige Implementierungen erstellt. Zum einen als Mex-Funcktion und zum anderen als Simulink S-Function. Erstere ermöglicht das Skripten der Funktionalität in Matlab und wird vor allem für die Programme verwendet, die keine Echtzeitanforderungen stellen. Hierzu gehört z.B. die Analyse von Daten oder die Registrierung. Für Funktionen, die in Echtzeit ablaufen, werden S-Functions in Simulink verwendet, da Simulink selber aus dem Modell einen ausführbaren Code erstellt und somit sehr performant ist. Beide Typen, Mex-Functions und S-Functions, stellen letztlich dynamiche Bibliotheken mit spezifizierten Funktionsnamen dar, die sowohl unter Linux wie unter Windows (als Shared Objects bzw. Dynamic Link Libraries) genutzt werden können. Eine Übersicht über die Implementierten Mex-Funktionen und S-Funktionen findet sich im Anhang, siehe hierzu Kapitel A.6.

6.1.6. Graphical User Interface

Eine allgemeine GUI wurde für das System entwickelt. Die GUI ist in Matlab implementiert. Die einzelnen GUIs und ihre Funktionen sind im Anhang beschrieben, siehe hierzu Kapitel A.2.

6.1.7. Haptisches Rendern

Um haptisches Rendern und somit virtual Fixtures zu unterstützen, ist ein haptischer Renderer in das System integriert. Hierzu wird die Implementierung Chai 3D genutzt [19]. Chai 3D ist eine OpenSource Implementierung eines haptischen Renderers, der den Algorithmus von Zilles et al. [139] und darüber hinaus Force Shading implementiert [137]. Das entwickelte Modul bietet eine CORBA Schnittstelle, um Mesh Daten importieren zu können, die virtuelle Kamera auszurichten und um die berechnete virtuelle Kraft auslesen zu können. Darüber hinaus wird das Modul auch dazu verwendet, um die haptischen Geräte selber anzusteuern und somit die Position und die Orientierung lesen und die Kraft setzen zu können.

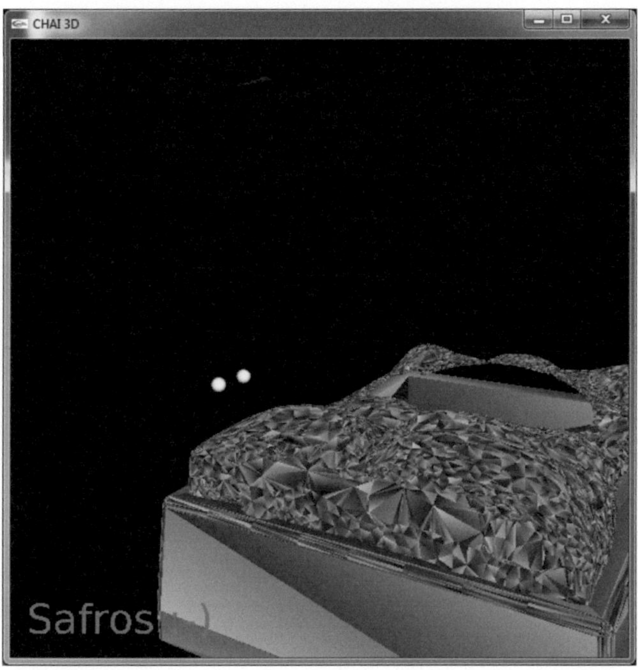

Bild 6.5.: Haptisches Rendern in Chai 3D mit dem Torso und einer virtuellen Wand, beide Objekte wurden automatisch aus der Simulation übernommen

6.1.8. Berechnung der virtuellen Kraft

Haptisches Rendern kann im Kern von den Gleichungen des Feder Masse Models abgeleitet werden. Hauptproblem beim haptischen Rendern ist, wie die Richtung der Kraft für die Haptik in einem Model korrekt bestimmt werden kann. Dies betrifft einerseits die Beachtung, das Modelle nicht durchstoßen werden können, andererseits bei komplexeren Modellen auch, wie die korrekte Richtung der Kraft berechnet werden kann. Das erste Problem kann durch ein „god-object" Punkt gelöst werden, der losgelöst von der Kollisionsprüfung behandelt wird. Wenn die Steifigkeit des Materials bekannt ist, kann so berechnet werden, wie tief der „god-object" Punkt in das Material eindringen darf. Sofern mehr als eine Fläche im Spiel ist, ist die Lösung des Problems nicht mehr so einfach darstellbar. Zilles et al. stellt hier einen Ansatz vor, der über Lagrange Multiplikatoren die Energie der virtuellen Feder minimiert und so eine elegante und schnell zu berechnende Lösung für dies Problem bereitstellt.

Definition. *Die Energie mit den Punkten x, y, z und x_p, y_p, z_p*

$$Q = \frac{1}{2}(x - x_p)^2 + \frac{1}{2}(y - y_p)^2 + \frac{1}{2}(z - z_p)^2$$

die Ebenen die sind gegeben mit

$$A_n x + B_n y + C_n z - D_n = 0$$

da es im dreidimensionalen Raum maximal 3 Ebenen gibt kann nach Lagrange folgende Formel aufgestellt werden

$$\begin{aligned}
L = {} & \frac{1}{2}(x - x_p)^2 + \frac{1}{2}(y - y_p)^2 + \frac{1}{2}(z - z_p)^2 \\
& + l_1(A_1 x + B_1 y + C_1 z - D_1) \\
& + l_2(A_2 x + B_1 y + C_2 z - D_2) \\
& + l_3(A_3 x + B_1 y + C_3 z - D_3)
\end{aligned}$$

womit man folgendes Gleichungssystem erhält

$$\begin{pmatrix} 1 & 0 & 0 & A_1 & A_2 & A_3 \\ 0 & 1 & 0 & B_1 & B_2 & B_3 \\ 0 & 0 & 1 & C_1 & C_2 & C_3 \\ A_1 & B_1 & C_1 & 0 & 0 & 0 \\ A_2 & B_2 & C_2 & 0 & 0 & 0 \\ A_3 & B_3 & C_3 & 0 & 0 & 0 \end{pmatrix} * \begin{pmatrix} x \\ y \\ z \\ l_1 \\ l_2 \\ l_3 \end{pmatrix} = \begin{pmatrix} x_p \\ y_p \\ z_p \\ D_1 \\ D_2 \\ D_3 \end{pmatrix}$$

[139]

Erweiterungen dieses Ansatzes fügen dem Algorithmus noch Force Shading hinzu und verfeinern die physikalischen Eigenschaften der Umgebung, wie Reibung an der Oberfläche. [137].

6.1.9. Zusätzliche Module

Für das komplette Framework wurde eine ganze Reihe von Modulen entwickelt, siehe hierzu im Anhang A.5.

6.2. Planung

6.2.1. Workflow Editor

Als Workflow-Editor kommt der Editor aus dem YAWL-Packet zum Einsatz. Dieser bietet eine grafische Benutzeroberfläche und ist im Quellcode verfügbar. Es ist möglich Variablen anzulegen und die Dekomposition für die entsprechende Task festlegen. Hierzu gehört, welche Ein- und Ausgangsvariablen die Task besitzt und wie die Tasks ausgeführt werden. Der Editor verfügt über eine Verbindung zur Engine. Über diese kann er ermitteln, welche Dienste verfügbar sind und für die Dekomposition ausgewählt werden können. Der Editor speichert die Daten in einem XML Format, das dadurch mit Standard XML Tools weiter verarbeitet werden kann. Der Editor bietet die Möglichkeit den Workflow zu analysieren. Überdies kann die Korrektheit und schwache Korrektheit, auf unnötige or-joins, auf oj-joins in einer Schleife und auf nicht benötigte Abbruchregionen überprüft werden.

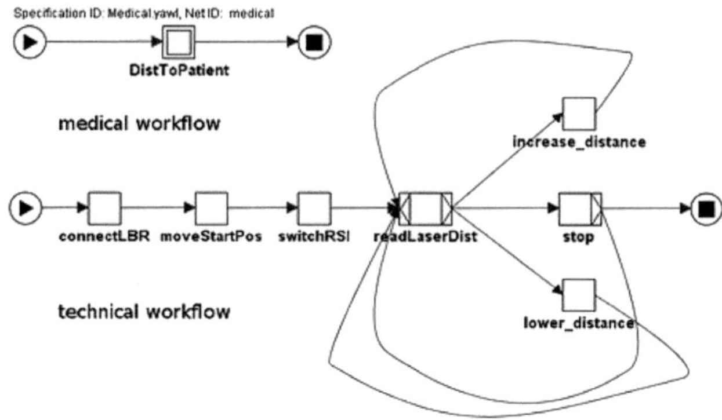

Bild 6.6.: Ein modellierter Workflow und der Workflow-Editor YAWL

6.2.2. Umwandlung in Statecharts

Für die Umsetzung des Workflows aus dem YAWL Workflow Editor in ein Statechart wird XSLT als Programmiersprache verwendet. Als XSLT Prozessor kommt Xalan-C zum Einsatz. Die Umsetzung orientiert sich an dem von Eshuis vorgegebenen Algorithmus, der allerdings in vereinfachter Form umgesetzt wurde [65]. Da die Daten in Matlab/Simlunk verwendet werden sollen, müssen sie aus dem XML Format in das Simulink Format umgewandelt werden. Simulink speichert die Daten in einem reinen Textformat ab. Theoretisch würde es sich anbieten, hierzu den XSLT Prozessor zu verwenden, da dieser auch reine Textdaten ausgeben kann. Aus Implementierungsgründen wurde davon Abstand genommen. Stattdessen wird die Conqat Bibliothek verwendet. Diese Bibliothek bietet bereits die Möglichkeit Simulink Daten zu laden, da ein Parser für diese Daten implementiert ist [56]. Diese Bibliothek wurde einerseits erweitert, um eine Funktion, die aus den Daten wieder eine Simulink Textdatei erstellt, andererseits, um eine Funktion um Statecharts einzusetzen bzw. auszuwechseln.

6.2.3. Workflow Engine

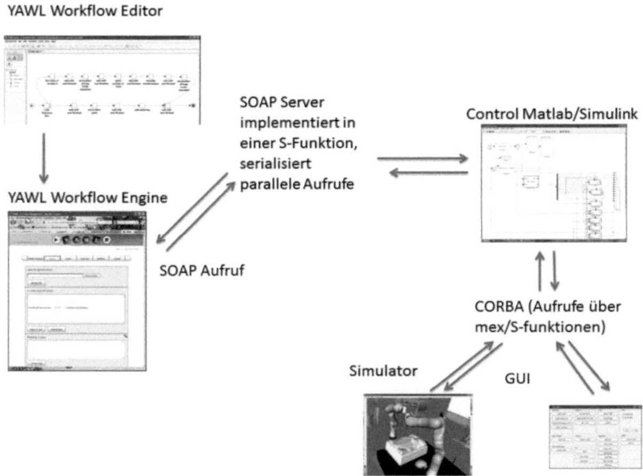

Bild 6.7.: Kommunikation zwischen Workflow-Engine und dem Framework

Als Workflow Engine kommt die Engine aus dem YAWL Packet zum Einsatz. Die Engine ist in Java geschrieben. Sie implementiert die für die Sprache YAWL typischen Eigenschaften wie „or-join" und „cancellation region"Die Engine greift auf zwei Datenbanken zurück. Es kann die Apache Derby Datenbank verwendet werden, die eine sehr kompakte Datenbank ist und lediglich 2 MB Platz für die Datenbank mit JDBC Treibern benötigt [5]. Alternativ hierzu kann PostgreSQL verwendet werden [12]. Diese Datenbank protokolliert die ablaufenden Tasks in Workflow Logs. Im Setup wird die Variante mit PostgreSQL Datenbank verwendet. Es könnte aber auch problemlos Derby verwendet werden.

6.2.4. Statechart-Engine

Simulink bietet eine eigene Statechart Engine mit passendem Editor. Da die Daten aus dem YAWL Workflow Editor übernommen werden, wird dieser

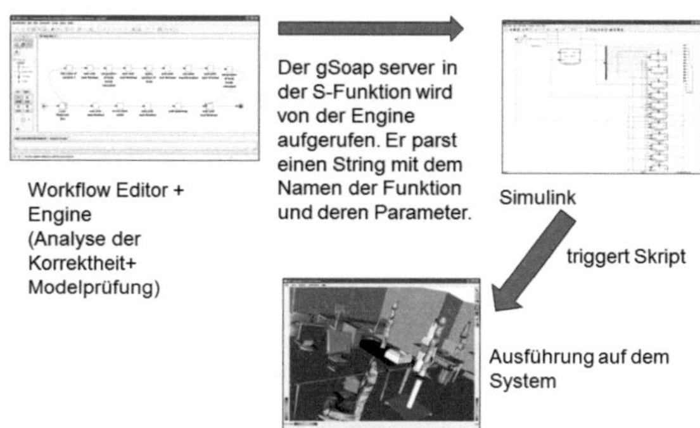

Bild 6.8.: Umsetzung der Aufrufe der Engine in das Simulink-Model

allerdings nicht benötigt. Die Daten werden nach dem Umwandlungsprozess direkt in Simulink als mdl Datei geladen.

6.2.5. Modellprüfung

Für die Modellprüfung wird der NuSMV2 Modelprüfer verwendet. Da dieser eine eigene Sprache verwendet, muss der Workflow in diese Sprache umgesetzt werden. Hierzu wird der Workflow in XML Repräsentation per XSLT in eine Textrepräsentation umgewandelt. Die Temporallogischen Formeln werden danach manuell hinzugefügt. Das Ganze wird an NuSMV2 übergeben. Das Tool überprüft die Erfüllbarkeit der Formeln und liefert ggfs. ein Gegenbeispiel, um die Nichterfüllbarkeit zu demonstrieren.

6.2.6. Bildgebung / Slicer

Da das Framework autonome und teil-autonome Aufgaben unterstützt, wird ein Programm für die Bildgebung benötigt. Hierzu wird 3D Slicer verwendet. 3D Slicer implementiert sowohl Basisfunktionalitäten, wie die

Darstellung der Bilddaten, die Segmentierung und die Voxeldarstellung, als auch komplexere Funktionen wie Datenfusion und Diffusions-Tensor-Bildgebung. 3D Slicer basiert auf einer Architektur, die einen Kern mit Basisfunktionen implementiert, unter anderem für Plugins, und die Daten per MRML (Medical Reality Markup Language) einliest. Alle weiteren Funktionen werden über Plugins implementiert und zur Laufzeit geladen. 3D Slicer kann sowohl unter Windows wie unter Linux problemlos kompiliert werden. Die Plugins bauen auf der API von Slicer auf und sind somit unabhängig vom verwendeten Betriebssystem. Die Registrierung der Bilddaten erfolgt nach der Methode von Horn et al., die bereits in 2.2.3 vorgestellt wurde.

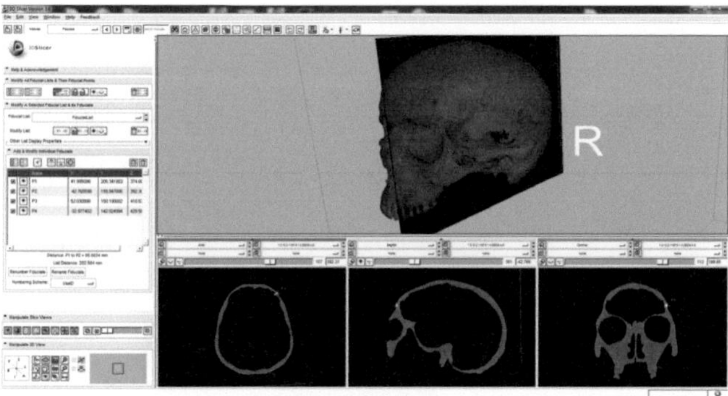

Bild 6.9.: Visualisierung in 3DSlicer

Slicer Plugins

Für Slicer wurde ein eigenes Plugin geschrieben, dass einen CORBA Server als Slicer Plugin implementiert und hierüber verschiedene Funktionen bereit stellen kann. Die implementierten Funktionen sind im folgenden aufgelistet.

Modul	Beschreibung
get_fiducials	Liest die Liste der Slicer Fiducials aus
get_pos	Liest die Transformationsmatrix eines Objektes aus Slicer
send_pos	Setzt die Transformationsmatrix eines Objektes in Slicer
get_closest_point	Berchnet die kürzeste Distant zur Oerfläche und gibt die entsprechenden Koordinaten aus

Tabelle 6.1.: Slicer Plugins

6.2.7. Feste Registrierung der Bilddaten

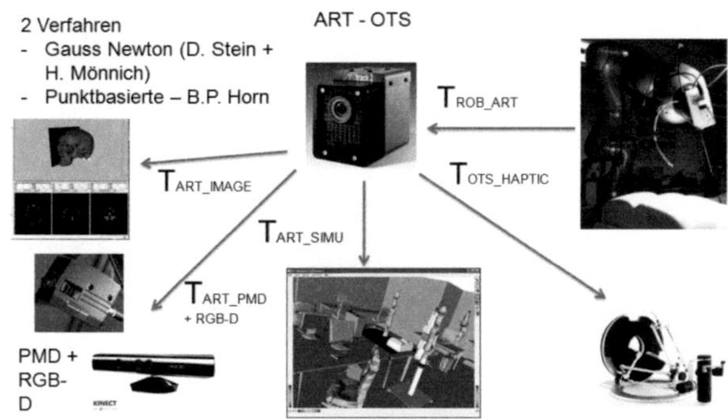

Bild 6.10.: Übersicht über die verwendeten Registrierungsverfahren

Die Registrierung der Bilddaten erfolgt nach der Methode von Horn et al. [91]. Um für eine gegebene Anzahl an Punkten aus zwei Koordinatensystemen die passende Orientierung und Translation zu finden, schlägt Horn et al. ein elegantes Verfahren vor, das davon ausgeht, dass die Zuordnung der Punkte zueinander bekannt ist.

Definition.

$$\overline{r_l} = \left(\frac{1}{N}\right) * \sum_{k=1}^{N} (r_{l,i})$$

$$\overline{r_r} = \left(\frac{1}{N}\right) * \sum_{k=1}^{N} (r_{r,i})$$

Die Koordinaten werden dann relativ zum Mittelwert ausgedrückt

$$r'_{l,i} = r_{l,i} - \overline{r_l}$$

$$r'_{r,i} = r_{r,i} - \overline{r_r}$$

$$M = \sum_{k=1}^{N} (r'_{l,i} * r'^{T}_{r,i})$$

$$N =$$

$$\begin{pmatrix} (S_{x,x} + S_{y,y} + S_{z,z}) & (S_{y,z} - S_{z,y}) & (S_{z,x} - S_{x,z}) & (S_{x,y} - S_{y,x}) \\ (S_{y,z} - S_{z,y}) & (S_{x,x} - S_{y,y} - S_{z,z}) & (S_{x,y} + S_{y,x}) & S_{z,x} + S_{x,z} \\ (S_{z,x} - S_{x,z} & (S_{x,y} + S_{y,x}) & (-S_{x,x} + S_{y,y} - S_{z,z}) & S_{y,z} + S_{z,y} \\ (S_{x,y} - S_{y,x}) & (S_{z,x} + S_{x,z}) & (S_{y,z} + S_{z,y}) & (-S_{x,x} - S_{y,y} + S_{z,z}) \end{pmatrix}$$

Über die Eigenwerte

$$det(A - \alpha * E) * x = 0$$

mit dem grössten Eigenwert der Matrix kann man den korrespondieren-
den Eigenvektor berechnen

$$(A - \alpha * E) * x = 0)$$

Der Eigenvektor ist die gesuchte Drehung und kann mittels

$$R = \begin{pmatrix} (a^2 + b^2 - c^2 - d^2 & 2bc - 2ad & 2bd + 2ax \\ abc - 2ad & a^2 - b^2 + c^2 - d^2 & 2cd - 2ab \\ 2bd - 2ac & 2cd + 2ab & a^2 - b^2 - c^2 + d^2 \end{pmatrix}$$

in eine Rotation umgewandelt werden, die korrekte Translation ist dann

$$\vec{t} = \overline{r_r} - R * \overline{r_l}$$

6.2.8. Setup-Planer

Der Setup-Planer ist eine Komponente, mit der eine Pose für die Roboter in der Simulation festgelegt werden kann. Die Pose wird hierbei relativ zu einem gegebenen Objekt bestimmt, z.B. zum Patiententisch, zum Patienten oder zur Roboterbasis. Abhängig von der Lage des Objekts wird die Pose für den Roboter bestimmt und gespeichert. Wenn das Objekt verschoben wird, kann so berechnet werden, ob die Pose relativ zum Objekt erreichbar ist.

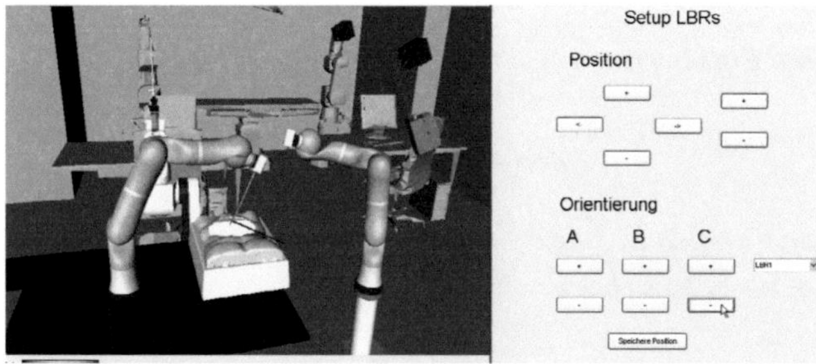

Bild 6.11.: Setup-Planer für die drei Roboter im MIRS Szenario

6.2.9. Bahnplanung

Die Bahnplanung nutzt den bereits vorgestellten RRT-„Rapidly-Exploring Random Trees"Algorithmus, siehe Kapitel 3. Die Funktion ist in der Simulation implementiert und liefert die Bahn im Gelenkraum an Matlab, von wo aus die Trajektorie wieder in den entsprechenden Trajektorien-Server übergeben wird. Das Simulink-Modell für den Roboter, dass die Interpolation im Gelenkraum vornimmt, kann dann die Trajektorie von dort übernehmen und abfahren.

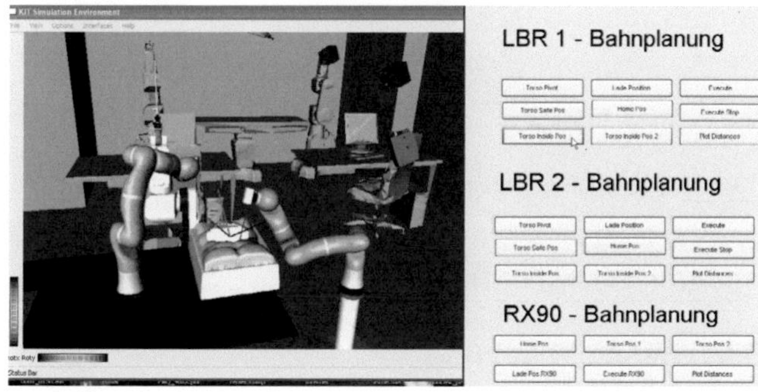

Bild 6.12.: Bahnplanung für die 3 Roboter im MIRS Szenario

Berechnung der minimal Distanzen

Zur Berechnung der minimalen Distanzen kommt die PQP Bibliothek zum Einsatz, die bereits in Kapitel 3.6.2 beschrieben ist. Diese wird in der Simulation genutzt, um auf effiziente Weise über OBBs und die Annährung mit Kugeln die Distanzen zu berechnen. Das Ergebnis wird an Matlab zurückgegeben.

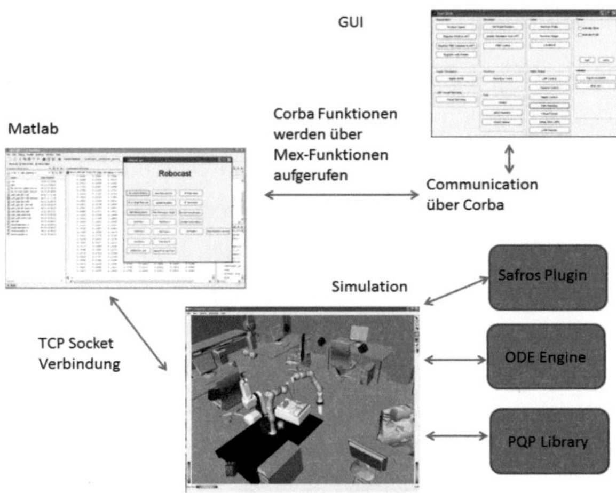

Bild 6.13.: Übersicht über die verschiedenen Prozesse und die Kommunikation

6.3. Simulationsumgebungen

6.3.1. Simulationsumgebung

Als geometrische Simulationsumgebung ist Openrave integriert. Openrave
bietet bereits Schnittstellen für Python, Octave und Matlab an. Auch bietet
Openrave verschiedene Funktionalitäten, wie Bahnplanung, einen Inversen
Kinematik Generator, eine XML Beschreibung für Szenen und Roboter/Ki-
nematiken und die Möglichkeit Inventor Dateien direkt zu laden. Da sich
Openrave per Matlab Mex Funktionen ansprechen lässt, ist eine Integration in das Framework sehr einfach möglich. Openrave basiert im Kern
auf einer Plugin Architektur, in dem der Kern der Anwendung verschiedene Schnittstellen, z.B. für Kollisionserkennung und Physik, bereitstellt,
die dann von verschiedenen Implementierungen bedient werden können.
So kann z.B. zwischen den Physik- bzw. Kollisions-engines Bullet, ODE
(Open Dynamics Engine) und PQP (Proximity Query Package) gewählt
werden, je nachdem welche Funktionalität benötigt wird. ODE kann sehr

schnell auf Kollisionen prüfen, aber keine minimalen Abstände zwischen Meshes berechnen, während PQP dies recht performant implementiert, andererseits aber für schnelles Kollisionsprüfen ungeeignet ist und keinerlei Funktionalität für die Simulation physikalischer Eigenschaften bietet.

Plugin für Openrave

Da OpenRave nicht alle benötigten Funktionalitäten offenlegt, die für dieses Framework benötigt werden, wurde Openrave mittels eigener Plugins erweitert. Die Implementierten Funktionen sind in der folgenden Tabelle aufgeführt.

Tabelle 6.2.: Implementierten Funktionen für Openrave

Funktion	Beschreibung
getCamera	Liest die Pose der Kamera in der Simulation aus
drawBoxOR	Zeichnet eine Box in Openrave, nutzbar für die Darstellung von Punktwolken
getMesh	Gibt die Daten eines Mesh zurück
MeshToSharedMem	Kopiert die Mesh Daten in einen Shared Mem Bereich
ScaleMesh	Skaliert ein Mesh
ReadPointCloud	List eine Punktwolke aus dem Shared-Mem und stellt diese in Openrave dar
PlaceCollisionBoxes	Analog zur Funktion ReadPointCloud, stellt die Menge aber als Boxen dar

Funktion	Beschreibung
getCollision	Prüft ob ein Objekt sich in einer Kollision befindet
getCollisionTwoBodies	Prüft zwei spezifizierte Objekte kollidieren
setODE	Wählt Open Dynamics Engine als Physik und Kollisionsprüfer aus
setPQP	Wählt das Proximity Query Package als Kollisionsprüfer aus
setBodyLink	Setzt die Transformationsmatrix eines Objektes
setBodyLinkSM	Setzt die Transformationsmatrix eines Objektes, liest die Daten aus dem Shared-Mem
getBodyLink	Liefert die Transformationsmatrix eines Objektes
enableBodyLink	Aktiviert oder deaktiviert ein Objekt, deaktiviert oder aktiviert Kollisionsprüfung und Physik für das Objekt

6.3.2. Statischer Filter für das Trackingsystem

Die Daten des Trackingsystems ART rauschen so stark, dass dies sich in der Simulation vor allem wegen des Rauschens der Rotation bemerkbar macht. Da es darum geht stehende Objekte zu stabilisieren, werden die Daten gefiltert. Dazu wird ein Median-Filter auf die Position und das Quaternion der Rotation angewendet. Sobald sich das Objekt bewegt, wird der Filter deaktiviert.

Definition.

$$\vec{QP}_{filter} = \sum_{k=1}^{N} (QP_{7,N})$$

sobald in der Matrix QP die Minimum und Maximum ein epsilon überschreiten wird der Filter nicht mehr angewendet

$$\vec{diff} = (min(QP_{7,N}) - min(QP_{7,N}))$$

6.4. Sensorik

6.4.1. Überwachungssystem

Das Überwachungssystem im Framework dient dazu, den OP-Raum in dem die Roboter sind, zu überwachen und festzustellen, welche Bereiche des Raumes belegt sind und gleichzeitig die Personen im Raum zu tracken.

PMD Kameras

Die PMD Kameras werden über USB oder über Ethernet angesprochen. Die Firma PMDtec liefert ein passendes SDK und API für die Kameras mit. Die Bibliothek kümmert sich um die gesamte Low-Level Kommunikation und stellt einige Funktionen zur Verfügung, um die Kameras zu initialisieren und die Daten abzurufen. Für die PMD Kameras wurden passende Mex-Funktionen implementiert, die API Funktionen direkt umsetzen und die Daten in Matlab zugänglich machen. Da die PMD Kameras eine spezielle Frequenz nutzen, mit der das ausgesendete Licht modelliert wird, müssen beim Einsatz von mehreren Kameras passende Zeit- und Frequenzmultiplexverfahren angewendet werden, um Störungen zu vermeiden. Um dies zu realisieren, wurde in Kooperation mit der Uni Siegen eine Bibliothek integriert, die die Kameras passend triggert [47] [127]. Die PMD S3 Kameras stellen drei Frequenzen zur Verfügung, mit denen die Kameras ohne Beeinträchtigung gleichzeitig genutzt werden können. Darüber hinaus müssen die Kameras über Zeitmultiplexing voneinander unabhängig aufgerufen werden, siehe Abbildung 6.14. Die Bibliothek stellt über eine eigene API Funktionen bereit, mit der die Daten von den synchronisierten Kameras abgerufen werden können, auch sind passende Mex-Funktionen implementiert.

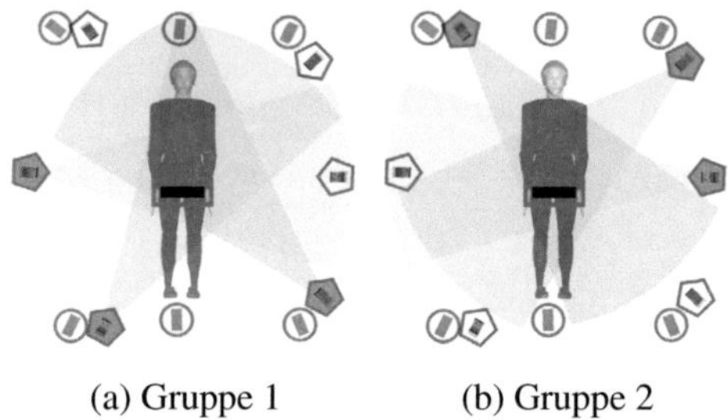

(a) Gruppe 1   (b) Gruppe 2

Bild 6.14.: Kameragruppen für das Zeitmultiplexverfahren.

Kinect Server

Die Kinect Kamera und das dazugehörige Framework von PrimeSense, OpenNI, liefert die Posen der einzelnen Gelenke des Menschen und die Pose des Menschen selber. Die Software erlaubt es, bis zu 15 Menschen gleichzeitig zu tracken. Um eine Person zu erkennen und von anderen unterscheiden zu können, werden die Längen der einzelnen Gelenke ermittelt. Dazu muss sich die Person einmalig in einer definierten Pose aufstellen. Nach der Erkennung der betreffenden Längen der Gelenke kann die entsprechende Person getrackt werden, siehe 6.15. Das Framework liefert die Tiefenbilder, das Bild der RGB Kamera und die kartesischen 3D Koordinaten zu jedem Bildpunkt. Das RGB Bild wird registriert zum Bild der Tiefenkamera bereit gestellt. Für all diese Funktionen sind passende Mex-Funktionen vorhanden, um die Daten direkt in Matlab abzurufen. Hierzu wird Shared-Memory verwendet, wobei der Kinect Server kontinuierlich in den Bereich schreibt und die Mex-Funktionen beim Aufruf die Daten aus diesem Bereich lesen.

Bild 6.15.: OpenNI Framework trackt einen Menschen mit der Darstellung in der
Simulationsumgebung

Die Umrechnung der Daten aus der Kamera in die Simulation erfolgt über die Methoden der Skelett-Animation. Da Openrave normalerweise über Winkel dreht und keine Rotationsmatrizen annimmt, wurde über das Openrave Plugin eine entsprechende Schnittstelle geschaffen, um direkt die 4x4 Matrix der Orientierung und Position setzen zu können.

Definition. *Die Umrechnung für die Position des Menschen aus dem Koordinatensystem der Kamera in das der Simulation erfolgt über die Registrierung der Kamera zur Simulation und eine Drehung um das Modell passend auszurichten.*

$$PoseHuman_{Simu} = PoseBody_{Kinect} * RegKinect_{toSimu} * RegModel_{ToKinect}$$

Nachdem der Körper gesetzt wurde, kann die Position und Orientierung der einzelnen Knochen errechnet werden. Hierfür wurden für alle Knochen die Abstände zwischen den Gelenken ermittelt. Die Implementierung ist so optimiert worden, dass sie nur das Modell neu zeichnet nachdem alle Gelenke neu berechnet worden sind.

Definition.

$$Pose_{Bone} = ParentBone_{Pose} * Skelett_{RegKnochen} * Orientirung_{Knochen}$$

6.5. Aktorik

6.5.1. Robotersystem

RX90 Server

Der RX90 Server stellt die Schnittstelle zum RX90 Roboter dar. Er basiert auf Vorarbeiten am IPR. In diesen wurde bereits die Inverse Kinematik des Roboters implementiert und die komplette Kommunikation über eine serielle Schnittstelle realisiert. Auf Roboterseite läuft ein Programm, das die

Daten aus der Schnittstelle liest und den Roboter im Gelenkraum entsprechend ansteuert. Das Roboterprogramm liefert überdies die Daten, ob der Roboter in Bewegung ist und ob er am Ziel angekommen ist. Die inverse Kinematik ist auf dem PC implementiert. Der Code wurde vollständig übernommen und lediglich in einer CORBA Schnittstelle gekapselt.

FRI Server

Speziell für den LBR Roboter wurde von der Firma KUKA die FRI (Fast Remote Interface) Schnittstelle implementiert. Diese Schnittstelle bietet die Möglichkeit, den Roboter direkt anzusteuern und dabei die klassische KUKA Steuerung zu umgehen. Die Schnittstelle basiert auf dem Austausch von UDP Paketen. Eine Bibliothek von KUKA kapselt bereits den kompletten Ablauf der Kommunikation. Die Schnittstelle kann mit dem vielfachen des minimalen Taktes betrieben werden. Der minimale Takt beträgt 1 ms. Die Client-Seite muss im eingestellten Takt antworten, sonst wird der Roboter gestoppt. Dies stellt eine nicht unwesentliche praktische Hürde dar. In der Implementierung wird dies Problem ohne ein Echtzeitsystem gelöst. Der Scheduler von Windows 7 kann wesentlich besser Taktraten halten als der von früheren Versionen. Um eine geringe Taktrate zu erreichen, wurde außerdem die Priorität erhöht. Der Prozess nutzt die höchste Priotätsklasse unter Windows, für Prozesse „REALTIME_PRIORITY_CLASS" und für Threads „THREAD_PRIORITY_TIME_CRITICAL". Der Prozess ist mit diesen Optimierungen in der Lage, den Takt zu halten. Um im Simulink-Modell eine Synchronisierung, die keine Drift aufweist, mit dem Takt des Roboters zu erreichen, wird ein blockierender RPC verwendet. Dieser Aufruf wird mit einer Semaphore blockiert, bis ein Takt verstrichen ist. Somit wird in der Schleife, die mit dem Roboter kommuniziert, in jedem Durchlauf die Semaphore gelöst und mit jedem RPC Aufruf blockiert. Der Mechanismus ist in der Abbildung 8.10 dargestellt. Diese Methode stellt eine effiziente und einfache Möglichkeit dar, ressourcenschonend zu arbeiten.

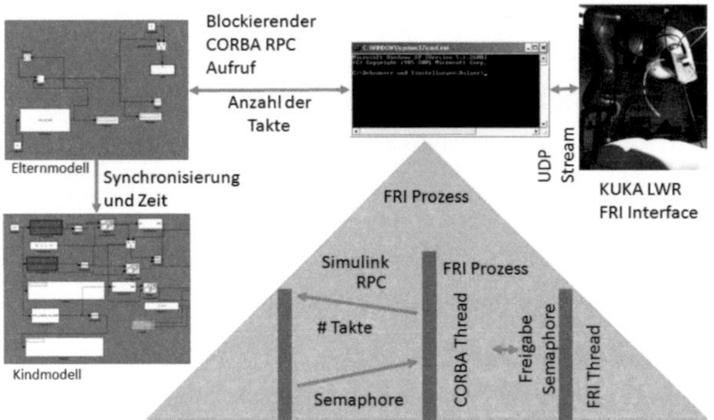

Bild 6.16.: Synchronisierung des Simulink-Modells mit dem Roboter.

RSI Server

Die Standard Schnittstelle von KUKA, die Roboter von außen zu steuern, ist die KUKA RSI-(Remote Sensor Interface) Schnittstelle. Diese tauscht Daten auf Basis von XML Paketen über das Netzwerk aus. Welche Daten ausgetauscht werden, kann frei konfiguriert werden. Typisch sind aber die Gelenkwinkel und die kartesische Position. Die CORBA Schnittstelle ist identisch mit dem FRI Server. Der LBR-III kann nur mit der RSI Schnittstelle genutzt werden.

6.5.2. Quasi Optimale Pose

In vielen Fällen soll nicht die komplette Orientierung des Roboters angeben werden, sondern lediglich eine Richtung, wobei die Drehung um diesen Vektor irrelevant ist. Dies passiert sowohl im Robocast Projekt für die Positionierung des Instrumentes 8.2.4, als auch im AccuRobAs Projekt für die Positionierung des End-Effektors mit dem CO_2-Laser 8.3.3.

Aus diesem Grunde wird die Orientierung über die Basis des Roboters definiert. Die X-Achse des Endeffektors ist die erste Achse, die zusammen mit der Roboterbasis eine Ebene bildet, womit eine zweite Achse gegeben sein muss. Das Kreuzprodukt ergibt dann die dritte Achse und somit die Orientierung für den Roboter. Diese Methode hat den Vorteil, dass der Roboter den Endeffektor nicht mit dem getrackten Objekt mitdreht, wenn das Objekt gedreht wird. So kann man das Objekt um seine Z-Achse komplett drehen, ohne dass sich der Roboter mitdreht. Dieses Verfahren ist somit eine einfache Möglichkeit, um den Arbeitsraum des Roboters zu erhöhen.

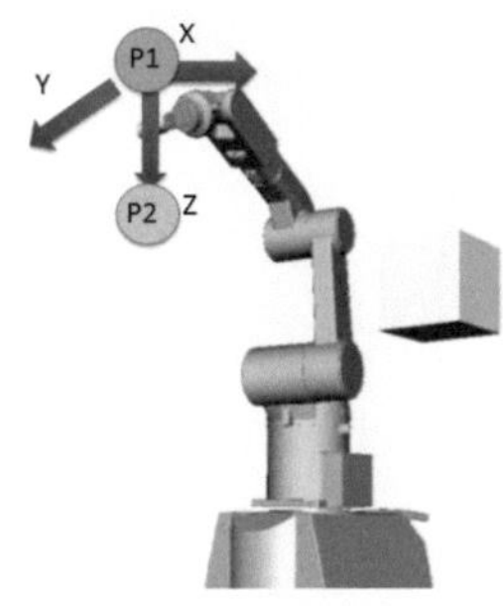

Bild 6.17.: Darstellung wie die Quasi-Optimale Pose bestimmt wird.

6.5.3. Registrierung Roboter zum optischem Tracking System

Um die Registrierung zwischen Roboter und Trackingsystem herzustellen, ist ein Body am End-Effektor des Roboters befestigt. So kann gleichzeitig die Position des Roboters in den Koordinatensystemen des Roboters und des optischen Trackingsystems aufgezeichnet werden. Es ist erstmal naheliegend, die Methode nach Horn zu nutzen. Hierzu muss man aber

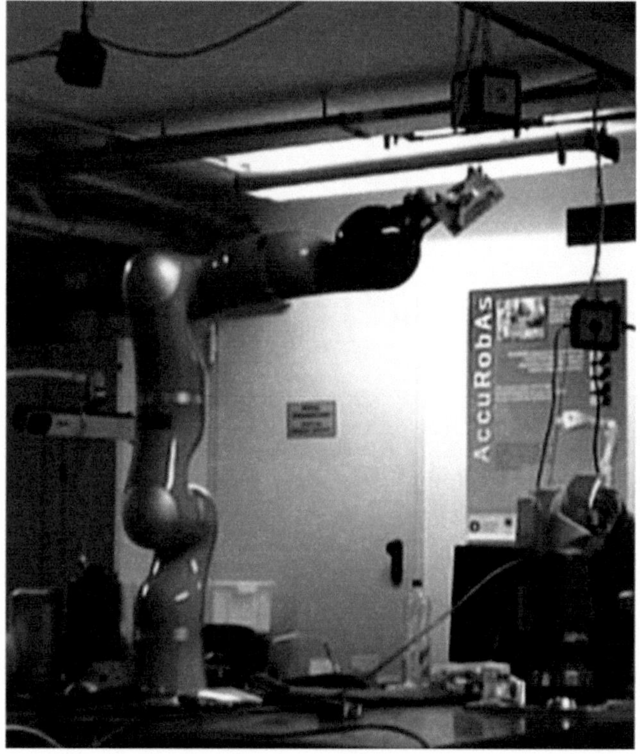

Bild 6.18.: Registrierung zwischen Roboter und dem Trackingsystem

die Transformation zwischen Tool-Center-Point (TCP) und getracktem Body kennen. Diese kann per CAD Daten gewonnen oder einfach gemessen werden. Der hier beschriebene Ansatz zielt auf eine schnelle und einfache Methode ab, um die beide Transformationen zwischen Roboter und Trackingsystem und zwischen TCP und Body gleichzeitig zu bestimmen. Die Methode benutzt einen Gauss-Newton-Algorithmus, um beide Transformationen zu ermitteln. Detailliert ist der Algorithmus in [55] beschrieben. Die Daten für den Algorithmus werden entweder automatisch bestimmt, indem der Roboter eine feste Trajektorie abfährt, oder der Benutzer nimmt den Roboter in die Hand und führt ihn beliebig durch den Arbeitsraum. Ein Modus, den speziell der LBR-Roboter ermöglicht. Insgesamt bietet die Methode aus Sicht des Benutzers einen einfachen Ansatz, um die benötigte Transformation zu bestimmen.

Die Registrierung zwischen Tracking System und Roboter geschieht über das nachfolgend beschriebene Gauss-Newton-Verfahren.

Definition. *Der Ansatz für das Gauss Newton Verfahren ist die Summe der Fehlerquadrate zu minimieren*

$$\sum_{i=1}^{k} (f(x_{i,1},,x_{i,n}) - y_i)^2 \to \min$$

Hierzu geht man wie folgt vor
es sollen die Parameter $a_1, a_2, \cdots, a_n$ bestimmt werden
Die Residuumsfunktion ist gegeben über

$$r = f(x_1,,x_n) - y$$

$$r_i = f(x_{i,1},,x_{i,n}) - y_i)i = 1..k$$

Man berechnet die partiellen Ableitungen

$$r'_1 = \frac{\partial r}{\partial a_1}$$

$$r'_2 = \frac{\partial r}{\partial a_2}$$

$$\cdots$$

$$r'_p = \frac{\partial r}{\partial a_p}$$

$$r'_{i,j} = \frac{\partial r}{\partial a_j}(x_{i,1}, \cdots, x_{i,n})$$

und baut die Matrix D und die Vektoren r und a für die Iteration auf

$$D = \begin{pmatrix} r'_{1,1} & r'_{1,2} & \cdots & r'_{1,p} \\ r'_{2,1} & r'_{2,2} & \cdots & r'_{2,p} \\ \vdots & \vdots & \vdots & \vdots \\ r'_{k,1} & r'_{k,2} & \cdots & r'_{k,p} \end{pmatrix}$$

$$r = \begin{pmatrix} r_1 \\ r_2 \\ \vdots \\ r_k \end{pmatrix}$$

$$a = \begin{pmatrix} a_1 \\ a_2 \\ \vdots \\ a_p \end{pmatrix}$$

die eigentliche Iteration geschieht dann über

$$a_{i+1} = a_i - (D^T * D)^{-1} + D^T * r$$

*um nicht die Inverse berechnen zu müssen kann das Problem auch fol-
gendermaßen gelöst werden*

$$(D^T * D) * s = D^T * rmit a_{i+1} = a_i - s$$

Zum Registrieren des Roboters zum optischen Trackingsystem kann das
Gauss Newton Verfahren nun angewendet werden, um gleichzeitig die Rotation und Translation zwischen der Basis des Robters und dem Trackingsystem zu finden und den Rotation und Vektor zwischen dem Body am
Roboter und dem TCP des Roboters.

Definition.

$$\vec{x}_{2,i} = R * (\vec{x}_{1,i} + R_{c,i} * \vec{t}_c) + \vec{t}$$

dies wird minimiert über

$$\vec{r} = \vec{x}_{2,i} - (R * (\vec{x}_{1,i} + R_{c,i} * \vec{t}_c) + \vec{t})$$

dies ist äquivalent zu

$$\vec{r} = R^{-1} * (\vec{x}_2 - \vec{t}) - \vec{x}_1 - R_c * \vec{t}_c$$

$$\vec{a} = \begin{pmatrix} R_q^T \\ \vec{t}^T \\ \vec{t}_c^T \end{pmatrix}$$

für eine Messung von $\vec{x}_1, \vec{x}_2$

$$J_r = \begin{pmatrix} J_{r,1} \\ \vdots \\ J_{r,k} \end{pmatrix}$$

mit

$$\vec{p} = \vec{x}_2 - \vec{t}$$

und

$$R_{c,q} = (w_c x_c y_c z_c)$$

die Matrix zur Iteration ist dann gegeben durch

$$J_{r,k} = \left(\left. \frac{\partial \vec{r}_i}{\partial a_j} \right|_{a_i} \right)_{i,j} =$$

$$\begin{pmatrix} 2zp_2 - 2yp_3 & 2xp_3 - 2z_1 & 2yp_1 - 2xp_2 \\ 2yp_2 - 2zp_3 & 2yp_1 - 2xp_2 + 2wp_3 & 2zp_1 - 4x_3 - 2wp_2 \\ 2xp_2 - 4yp_1 - 2wp_3 & 2xp_1 - 2zp_3 & 2wp_1 - 4yp_3 + 2zp_2 \\ 2xp_3 - 4zp_1 + 2wp_2 & 2yp_3 - 4zp_2 - 2w*p_1 & 2x*p_1 - 2yp_2 \\ -1 + 2*(y^2 + z^2) & 2wz - 2xy & -2wy_1 - 2xz \\ -2*wz - 2xy & -1 + 2(z^2 + x^2) & 2wx - 2yz \\ 2*wy - 2xz & -2wx - 2yz & -1 + 2(x^2 + y^2) \\ -1 + 2*(y_c^2 + z_c^2) & 2w_c z_c - 2x_c*y_c & -2w_c*y_c - 2y_c*z_c \\ -2w_c*z_c - 2x_c*y_c & .1 + 2(z_c^2 + x_c^2) & 2*w_c*x_c - 2y_c*z_c \\ 2*w_c*y_c - 2x_c*z_c & -2w_c x_c - 2y_c z_c & -1 + 2(x_c^2 + y_c^2) \end{pmatrix}^T$$

Im Workflow hierzu werden die entsprechenden Dienste für den Roboter und das Tracking System parallel gestartet. Unmittelbar nach dem gestartet wurde, wird die eigentliche Registrierung ausgeführt. Nachdem der Benutzer sich zwischen hand-geführter oder automatischer Registrierung entschieden hat, wird der entsprechende Modus aktiviert. Danach werden gleichzeitig die Punkte vom Trackingsystem und dem Roboter aufgezeichnet. Diese Region ist als Abbruchregion modelliert, sofern hierbei etwas fehlschlägt. Bei korrekter Ermittlung der Daten wird am Ende synchronisiert und die Transformation berechnet. Danach werden die verschiedenen Dienste wieder heruntergefahren, siehe Abbildung 6.20.

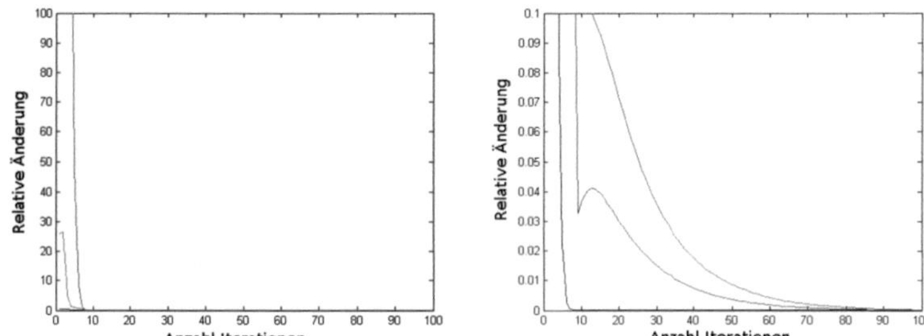

(a) Konvergenzverhalten des Verfahrens   (b) Vergößerung des linken Graphen

Bild 6.19.: Ergebnisse der Registrierung zwischen Roboter und optischen Trackingsystem

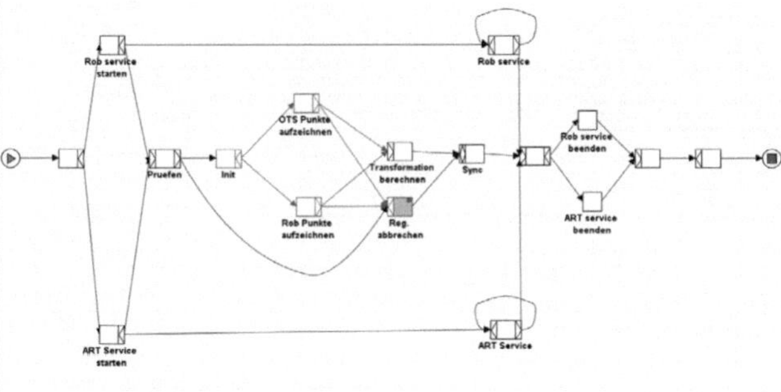

Bild 6.20.: Workflow für die Registrierung zwischen Roboter und Trackingsystem

6.6. Fazit

Dieses Kapitel stellte das komplette Framework für die robotergestützte Chirurgie vor. Das Framework zeichnet sich durch ein quasi-Echtzeitverhalten unter Windows, einer Scriptingfähigkeit und einer hohen Performance der Steuerung bei einfacher Entwicklung aus. Überdies stehen vielen Zusatzdiensten, wie das haptische Rendern und der Einbettung der Bildgebung zur Verfügung. Es stellt als Implementierung die Basis dar, um verschiedene Robotersysteme zu realisieren, die in den folgenden Kapiteln beschriebenen werden.

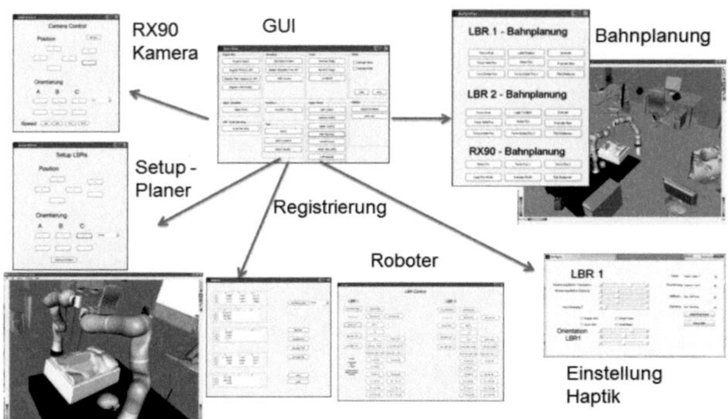

Bild 6.21.: Übersicht über die verschiedenen GUI Elemente

7. Das KIT-AUTO-MIRS System

7.1. Einleitung

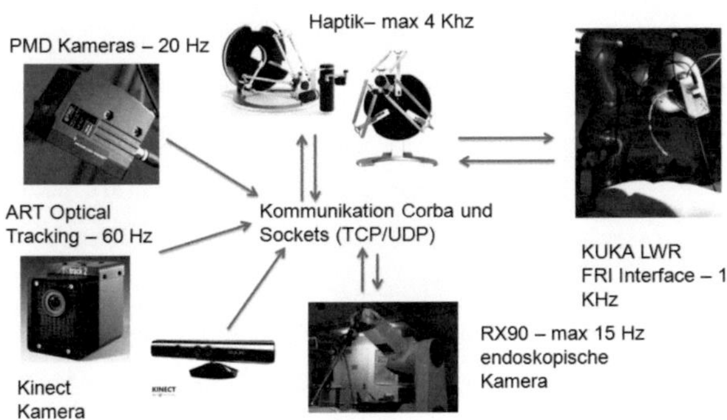

Bild 7.1.: Übersicht über die verwendete Hardware

Dieses Robotersystem wurde als heterogenes System konzipiert. Es kann
sowohl autonome Aufgaben übernehmen, als auch als reines Telemanipulationssystem genutzt werden. Es besteht komplett aus kommerziell verfügbaren Robotern und ist somit günstig zu realisieren. Als haptische Mas-
terstation werden zwei Eingabegeräte der Firma Force Dimension genutzt.
Die Tools am Endeffektor wurden selber entwickelt und nutzen Standard
Medizininstrumente.

7.2. KIT-MIRS Robotersystem

Das gesamte System besteht folgenden Geräten, siehe Abbildung 7.2.

Tabelle 7.1.: Im System verwendete Geräte

Gerät / Modul	Beschreibung
LBR IV	2 KUKA Leichtbauroboter mit 7 Achsen mit integrierter Drehmomentsensorik in jeder Achse
RX90	Ein 6 Achs Stäubli RX90 Roboter
Endoskop	Endoskop mit digitaler USB-Videokamera mit wechselbaren Endoskopen
Omega 7	Haptisches Eingabegerät für die linke oder rechte Hand, mit 7 Freiheitsgeraden (6 für die Pose und einer für den Gripper), hiervon sind 4 aktiv (3 in der Translation und der Gripper)
Delta 3	Haptisches Eingabegerät, mit 3 Freiheitsgeraden (nur Translation), hiervon sind 3 aktiv. Das Gerät besitzt einen Knopf um Aktionen wie Greifen zu kommandieren
Sigma 7	Haptisches Eingabegerät für die rechte Hand, mit 7 Freiheitsgeraden (6 für die Pose und einer für den Gripper), hiervon sind alle 7 Freiheisgerade aktiv womit der dieses Gerät auch Drehmomente aktiv darstellen kann
Endeffektor	Per Rapid Protoyping erstellter Endeffektor um verschiedene medizinische Instrumente aufnehmen zu können, die in der Chirurgie zum Einsatz kommen

Gerät / Modul	Beschreibung
Werkzeuge	verschiedene Chirurgische Werkzeuge die mit der Endeffektor-Halterung verwendet werden können
FRI Steuerrechner	Spezieller Steuerrechner für das Fast Research Interface
Steuerrechner	Allgemeiner Steuerrechner
Simulationsrechner	Rechner, der die Simulationsumgebung anzeigt und für die Bahnplanung genutzt wird. Außerdem läuft die Workflow Engine auf diesem Rechner

7.2.1. LWR Roboter

Das Grundsystem besteht aus zwei Leichtbaurobotern der Firma KUKA (LBR IV). Diese wurden am DLR entwickelt und stellen eine kommerzielle Version der in 3.8.4 beschriebenen Roboter dar. Sie verfügen beide über 7 Freiheitsgrade, pro Achse einen Drehmomentsensor und jeweils 2 Positionssensoren. Sie werden mit einem KUKA Steuerrechner ausgeliefert, dem KRC-C2. Man kann den Roboter mit der KUKA Programmiersprache programmieren und mit KUKA Schnittstellen ansprechen, wie z.B. der KUKA RSI Schnittstelle. Diese ermöglicht eine Steuerung mit 80 Hz über XML Dateien, die über das Netzwerk gestreamt werden. Der Roboter kann aber auch über das von KUKA herausgegebene KUKA FRI (Fast Research Interface) gesteuert werden. Dieses Interface bietet die Möglichkeit, die KUKA Steuerung zu umgehen und wahlweise den Roboter mit einem maximalen Takt von 1 Khz anzusteuern. Diese Schnittstelle bietet neben der höheren Taktrate auch die geringste Latenz.

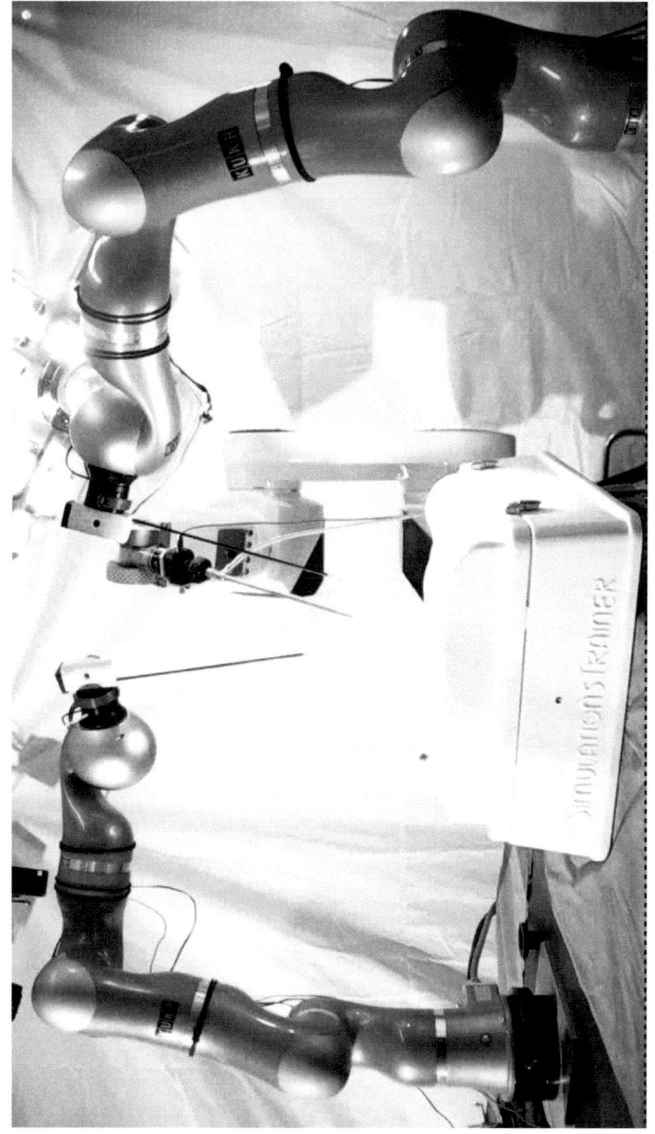

Bild 7.2.: Telemanipulationssystem mit 2 KUKA LBR 4 Robotern

Bild 7.3.: LWR-III Roboter der vom OTS getrackt wird und einer vorgegebenen Zielpose relativ zum Schädel folgt

LWR-III

Der LWR-III Roboter wird zusammen mit der RSI Schnittstelle verwendet. Er wird in dem Setup nur für autonome Aufgaben eingesetzt. Der Roboter wurde freundlicherweise von der Firma KUKA bereitgestellt. Für eine detaillierte Beschreibung wird auf Kapitel 3.8.4 verwiesen.

LWR-IV

Mit zwei KUKA LWR-IV Roboter wird ein MIRS Szenario verwirklicht. Die LWR-IV Roboter unterscheiden sich nicht wesentlichen von den LWR-III Robotern. Die Steuerung ist aber mit der FRI Schnittstelle erhältlich und wird hier auch verwendet. Für eine detaillierte Beschreibung wird auf Kapitel 3.8.4 verwiesen.

7.2.2. RX90 Roboter

Der RX90 Roboter von Stäubli wird in dem Setup vor allem für die Positionierung des Endoskopes genutzt. Er kann aber auch dazu verwendet werden, einen Endeffektor relativ zu den Bilddaten und einem getrackten Objekt zu positionieren.

7.2.3. Endoskop

Das eingesetzte Endoskop ist von der Firma Richard Wolf. Dieses Endoskop verfügt über einen Eingang für eine Lichtquelle. Es handelt sich um eine „Panoview endoscope, 4mm, 0°" an deren Ausgang eine Sumix M72 Kamera montiert ist, die mit 24 Frames / Sekunde im aktiven Teil des Sichtfelds eine Auflösung von 900x900 Pixeln erreicht. Die Kamera ist am RX90 Roboter montiert und kann von diesem positioniert werden. Die Spitze des Endoskops wurde mit dem NDI-Pointer über das optische Tracking eingemessen und damit kann die Kalibrierung zwischen Roboter und Endoskop vorgenommen werden.

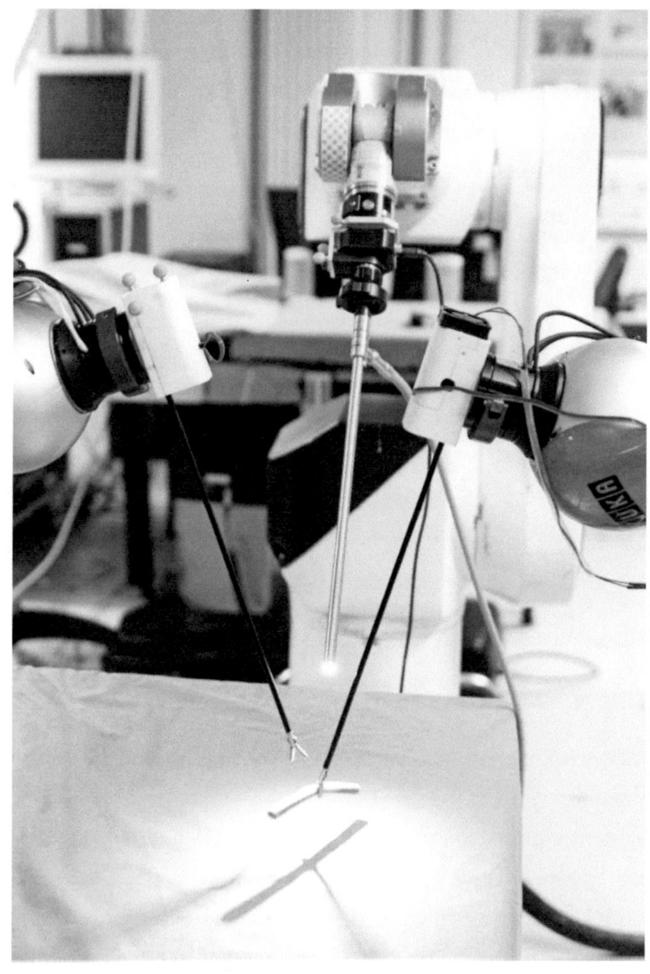

Bild 7.4.: RX90-Roboter mit Endoskop

7.2.4. Endeffektor und Werkzeuge

Der Endeffektor wurde speziell für das MIRS Setup am IPR entwickelt. Er nutzt einen Servo der Firma Graupner, Typ 3728, um das Werkzeug bewegen zu können. Es können verschiedene Werkzeuge für die MIRS Chirurgie verwendet werden. Der Endeffektor wurde im CAD entwickelt und mittels Rapid Prototyping hergestellt, siehe Abbildung 7.5.

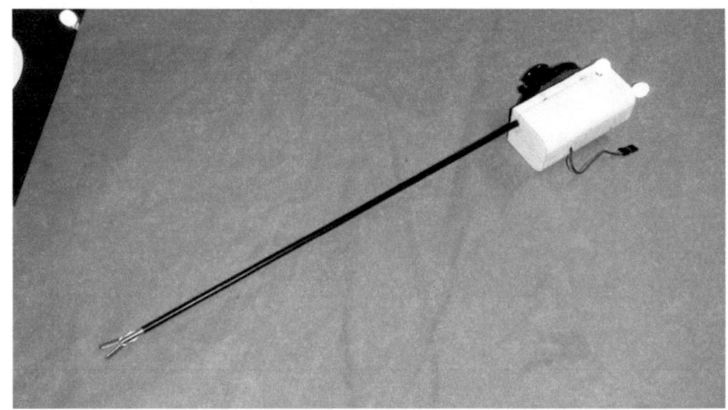

Bild 7.5.: Entwickelter End-Effektor für MIRS Szenarien

7.2.5. Überwachungssystem

Das Überwachungssystem besteht aus den in Tabelle 7.2 aufgelisteten Komponenten.

Das System dient dazu den Raum zu überwachen und Menschen zu tracken. Das optische Trackingsystem wird überdies dazu verwendet, Objekte zu tracken. Dieses Trackingsystem bietet eine hohe Genauigkeit und wird durch die PMD Kameras ergänzt, die auch unbekannte Objekte tracken können und es somit ermöglichen den Raum in belegte und freie Bereiche zu unterteilen. Die Kinect Kameras werden genutzt, um Personen zu tracken und diese von anderen Objekten zu unterscheiden.

Gerät / Modul	Beschreibung
Videorechner	Rechner, der die Analyse der Videodaten vornimmt
PMD und Kinect Kameras	7 PMD Kameras, eine mit höherer Auflösung, und 3 Kinect Kameras
ART Tracking System	optisches Trackingsystem der Firma ART, das mit bis zu 12 Kameras betrieben werden kann und hier mit 6 Kameras genutzt wird

Tabelle 7.2.: Komponenten des Überwachungssystem

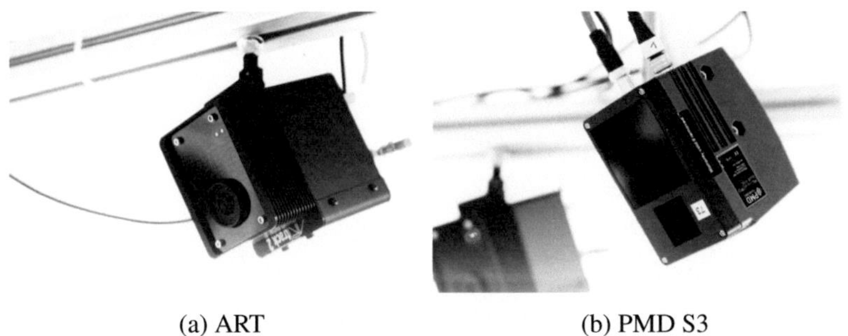

(a) ART   (b) PMD S3

Bild 7.6.: ART und PMD Kamera

Im Framework ist der Zugriff auf die Kameradaten implementiert. Dabei können sowohl die 6D-Pose des AR-Tracking-Systems gelesen werden, als auch die Tiefenbilder aus den PMD oder RGB-D Kameras.

7.3. Genauigkeitsuntersuchung

7.3.1. Leichtbauroboter und Trackingsystem

Die Genauigkeit des Roboters und des optischen Tracking Systems wurde mit dem FARO Messarm untersucht. Der FARO Messarm hat eine absolute Genauigkeit von 50 μm auf und kann daher als Referenzsystem eingesetzt werden. An den End-Effektor sind der FARO Messarm und der Roboter eingekoppelt. Gleichzeitig hat der End-Effektor einen Body, der vom optischen Tracking System getrackt wird, siehe Abbildung 7.8. Der Roboter fährt 27 verschiedene Positionen innerhalb eines Kubus mit einer Kantenlänge von 20 cm an, wobei die einzelnen Abstände zueinander jeweils 10 cm aufweisen. Für alle möglichen Kombinationen von 2 Punkte zueinander wurde die Distanz berechnet und mit dem Referenzwert verglichen. Das Ergebnis ist in der Abbildung 7.7 angegeben.

Das Ergebnis zeigt, dass das optische Tracking System eine höhere Genauigkeit erreicht als der Roboter. Gleichzeitig ist das Ergebnis beim Roboter weitaus weniger linear.

7.4. Steuerung und Regelung

7.4.1. Direkte Kinematik

Definition. *Eine Rotation im Dreidimensionalen Raum um eine der drei Raumachsen x,y,z wird ausgedrückt durch*

$$R_x(\Theta) = \begin{pmatrix} 1 & 0 & 0 \\ 0 & \cos(\Theta) & -\sin(\Theta) \\ 0 & \sin(\Theta) & \cos(\Theta) \end{pmatrix}$$

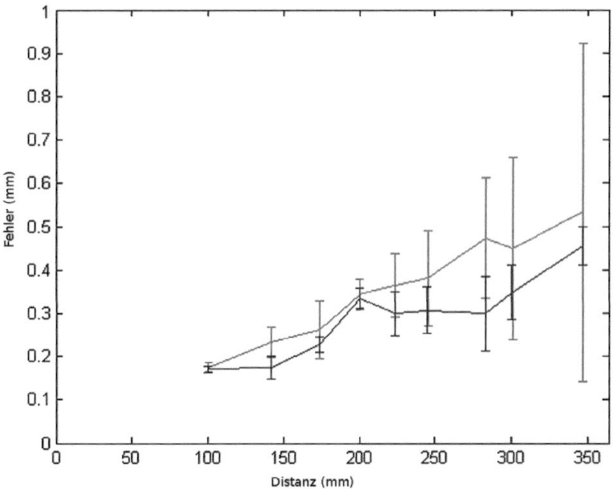

Bild 7.7.: Vergleich der Genauigkeit zwischen Roboter und Trackingsystem relativ
zum Faro Messarm

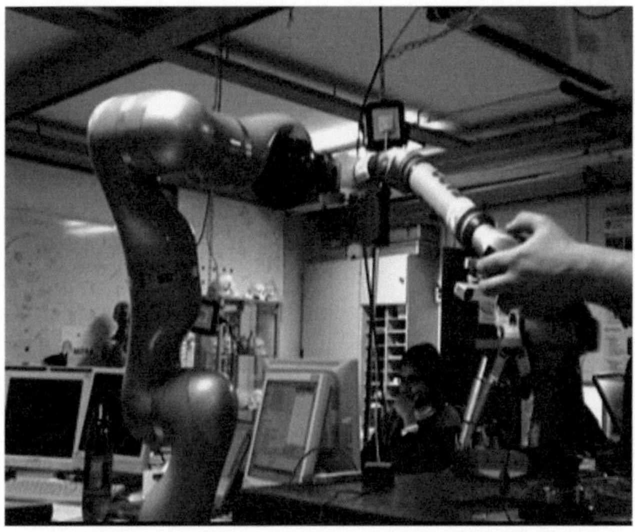

Bild 7.8.: Messung der Genauigkeit mit dem FARO Messarm

$$R_y(\Theta) = \begin{pmatrix} \cos(\Theta) & 0 & \sin(\Theta) \\ 0 & 1 & 0 \\ -\sin(\Theta) & 0 & \cos(\Theta) \end{pmatrix}$$

$$R_z(\Theta) = \begin{pmatrix} \cos(\Theta) & -\sin(\Theta) & 0 \\ \sin(\Theta) & \cos(\Theta) & 0 \\ 1 & 0 & 0 \end{pmatrix}$$

Definition. *Ein Vektor ist gegeben durch*

$$\vec{v} = \begin{pmatrix} x \\ y \\ z \end{pmatrix}$$

Definition. *Die Transformation eines gegeben Punktes oder Vektors mit einer Rotation und einem Vektor kann ausgedrückt werden durch*

$$\vec{r} = \begin{pmatrix} r1 & r2 & r3 \\ r4 & r5 & r6 \\ r6 & r7 & r8 \end{pmatrix} * \vec{p} + \begin{pmatrix} x \\ y \\ z \end{pmatrix}$$

oder kompakter mit einer homogenen Matrix

$$\vec{r} = \begin{pmatrix} r1 & r2 & r3 & x \\ r4 & r5 & r6 & y \\ r6 & r7 & r8 & z \\ 0 & 0 & 0 & 1 \end{pmatrix} * \begin{pmatrix} x \\ y \\ z \\ 1 \end{pmatrix}$$

Definition. *DH Transformationen für den Übergang des*

$$T_{n-1}$$

nach

$$T_n$$

$$Rot(z_{n-1},\Theta) = \begin{pmatrix} \cos(\Theta) & -\sin(\Theta) & 0 & 0 \\ \cos(\Theta) & \cos(\Theta) & 0 & 0 \\ 0 & 0 & 1 & 0 \\ 0 & 0 & 0 & 1 \end{pmatrix}$$

$$Trans(z_{n-1},d_n) = \begin{pmatrix} 1 & 0 & 0 & 0 \\ 0 & 1 & 0 & 0 \\ 0 & 0 & 1 & d_n \\ 0 & 0 & 0 & 1 \end{pmatrix}$$

$$Trans(x_n,a_n) = \begin{pmatrix} 1 & 0 & 0 & a_n \\ 0 & 1 & 0 & 0 \\ 0 & 0 & 1 & 0 \\ 0 & 0 & 0 & 1 \end{pmatrix}$$

$$Rot(x_n,\alpha) = \begin{pmatrix} 1 & 0 & 0 & 0 \\ 0 & \cos(\alpha_n) & -\sin(\alpha_n) & 0 \\ 0 & \cos(\alpha_n) & \cos(\alpha_n) & 0 \\ 0 & 0 & 0 & 1 \end{pmatrix}$$

zusammengefasst

$$^{n-1}T_n = Rot(z_{n-1},\Theta) * Trans(z_{n-1},d_n) * Trans(x_n,a_n) * Rot(x_n,\alpha)$$

$$= \begin{pmatrix} \cos(\Theta) & -\sin(\Theta)*\cos(\alpha) & \sin(\Theta)*\sin(\alpha) & a_n*\cos(\Theta) \\ \sin(\Theta) & \cos(\Theta)*\cos(\alpha) & -\cos(\Theta)*\sin(\alpha) & a_n*\sin(\Theta) \\ 0 & \sin(\alpha) & \cos(\alpha) & d_n \\ 0 & 0 & 0 & 1 \end{pmatrix}$$

Definition. *Dir direkte Matrix für einen 6 oder 7 Achs Roboters ist gegeben durch*

$$R = T_{01} * T_{12} * T_{23} * T_{34} * T_{45} * T_{56}$$

$$R = T_{01} * T_{12} * T_{23} * T_{34} * T_{45} * T_{56} * T_{67}$$

Definition. *Bei der direkten Kinematik werden n Gelenkwinkel in die Pose des TCP umgewandelt*

$$T_{o,n}(\vec{q}) = \prod_{i=1}^{n} T_{n_1,n}$$

7.4.2. Inverse Kinematik

Die inverse Kinematik für 6 und 7 DOF Roboter ist im allgemeinen nicht einfach zu lösen, da das Gleichungssystem mehrdeutig ist und bis zu 16 Lösungen oder sogar unendlich viele Lösungen besitzt, siehe hierzu auch Wenz [168]. Die obere Grenze von 16 Lösungen für 6 DOF Roboter mit 6 Drehgelenken ist allerdings nur korrekt, wenn man von nicht degenerierten bzw singulären Konfigurationen ausgeht, ansonsten ist auch hier eine theoretisch unendlich große Anzahl an Lösungen möglich [109]. Eine mögliche Lösung nach Pieper [128] ist für viele Roboter gegeben. Die Methode setzt voraus, dass sich die Achsen der letzten drei Gelenke des Roboters in einem Punkt schneiden. Dieser Punkt O_c kann genutzt werden, um die Kinematik zu entkoppeln. Die ersten drei Gelenke werden dann genutzt, um die Position des Punktes O_c festzulegen und die letzten drei um die Orientierung festzulegen.

Definition. *Nach Pieper wird die Kinematik entkoppelt in dem Orientierung und Position unabhängig voneinander bestimmt werden, wobei R und O die Soll-Position und Orientierung angibt, q1...q6 die Winkel. Bei der 7 Rotationsachsen wird eine Achse nicht beachtet, um diese Lösung nutzen zu können.*

$$R_6^0(q1,...,q6) = R$$

$$O_6^0(q1,...,q6) = O$$

Sofern der Punkt O_c gegeben ist und der Abstand d_6 bekannt ist, so wird die Orientierung durch folgende Formel bestimmt

$$O = O_c^0 + d_6 * R * \begin{pmatrix} x \\ y \\ z \end{pmatrix}$$

und somit ergibt sich bei gegebener Orientierung O_c^0 durch

$$O_c^0 = O - d_6 * R * \begin{pmatrix} x \\ y \\ z \end{pmatrix}$$

$$\begin{pmatrix} x_c \\ y_c \\ z_c \end{pmatrix} = \begin{pmatrix} O_x - d_6 * r_{13} \\ O_y - d_6 * r_{23} \\ O_z - d_6 * r_{33} \end{pmatrix}$$

$$R = R_3^0 * R_6^3$$

$$R_6^3 = ((R_3^0)^{-1} * R = ((R_3^0)^T * R$$

Die zwei bleibenden Teilprobleme können gelöst werden, in dem zuerst für den Punkt O_c und die ersten drei Gelenke $q1, q2, q3$ eine Lösung berechnet wird. Dies wird ermöglicht, in dem der erste Winkel $q1$ bestimmt wird und der Punkt O_c in die x/y Ebene projiziert wird. Danach können mit dem gleichen Verfahren die Winkel q2 und q3 bestimmt werden. Nachdem somit die ersten drei Winkel berechnet sind, können die Winkel $q4, q5, q6$

berechnet werden, in dem die Rotationsmatrix in z.B. 3 Euler Winkel umgewandelt und das entsprechende Gleichungssystem gelöst wird.

Definition.

$$R_6^3 = ((R_3^0)^{-1} * R = ((R_3^0)^T * R$$

Die Jacobi Matrix wird erzeugt mit v als Position und w als Orientierung

Definition.

$$J_f(a) = \begin{pmatrix} \frac{\partial v_x}{\partial \theta_1} & \frac{\partial v_x}{\partial \theta_2} & \cdots & \frac{\partial v_x}{\partial \theta_n} \\ \frac{\partial v_y}{\partial \theta_1} & \frac{\partial v_y}{\partial \theta_2} & \cdots & \frac{\partial v_y}{\partial \theta_n} \\ \frac{\partial v_z}{\partial \theta_1} & \frac{\partial v_z}{\partial \theta_2} & \cdots & \frac{\partial v_z}{\partial \theta_n} \\ \frac{\partial w_x}{\partial \theta_1} & \frac{\partial w_x}{\partial \theta_2} & \cdots & \frac{\partial w_x}{\partial \theta_n} \\ \frac{\partial w_y}{\partial \theta_1} & \frac{\partial w_y}{\partial \theta_2} & \cdots & \frac{\partial w_y}{\partial \theta_n} \\ \frac{\partial w_z}{\partial \theta_1} & \frac{\partial w_z}{\partial \theta_2} & \cdots & \frac{\partial w_z}{\partial \theta_n} \end{pmatrix}$$

Neben der Möglichkeit, die Jacobi Matrix analytisch zu erzeugen, kann die Matrix auch geometrisch erzeugt werden.

Definition. *Unter der Annahme das die Gelenke rotatorisch sind*

Bei gegebener 4x4 Matrix für das i-te Gelenk

$$T_0^i = \begin{pmatrix} x_i & y_i & z_i & o_i \\ 0 & 0 & 0 & 1 \end{pmatrix}$$

kann die Jacobi Matrix Spaltenweise konstruiert werden über

$$J = (j_1 \ldots j_n)$$

wird n-te Spalte der Jacobi Matrix konstruiert über

$$j_n = \begin{pmatrix} z_{i-1} \times (o_n - o_{i-1}) \\ z_{i-1} \end{pmatrix}$$

Die Iteration kann dann über die Inverse Jacobi Matrix geschehen

Definition.

$$q_t = q_{t-1} + J^{-1} * (x_t - x_{t-1})$$

Da die Jacobi Matrix im Allgemeinen nicht quadratisch ist, kann die Inverse Matrix in nicht quadratischen Fällen nicht einfach invertiert werden. In diesen Fällen wird die verallgemeinerte Inverse, die Moore-Penrose-Inverse benötigt.

Definition.

$$q_t = q_{t-1} + J^{\dagger} * (x_t - x_{t-1})$$

mit der Pseudo Inversen, sofern die Matrix vollen Rang hat kann die Pseudo Inverse wie folgt errechnet werden, $m < n$ stellt einen redundanten Roboter dar und $m > n$ einen Roboter mit weniger als 6 Freiheitsgraden

für $m<n$, auch rechts-inverses genannt

$$J^{\dagger} = J^T (JJ^T)^{-1}$$

für $m>n$, auch links inverses genannt

$$J^{\dagger} = (JJ^T)^{-1} J^T$$

sofern der volle Rang nicht gegeben ist, muss die Matrix über die Singulärwertzerlegung bestimmt werden

$$A = U\Sigma V^T$$

Definition. *Singularitäten können über die Determinante erkannt werden*

$$det(J) - 0$$

im Falle nicht quadratischer Matrizen geschieht dies durch

$$det(J * J^T) = 0$$

Da das Berrechnen der Pseudo-Inversen zeitintensiv ist, ist es sinnvoll nach einer einfacheren Lösung zur Invertierung zu suchen. Über dem Prinzip der virtuellen Arbeit kann gezeigt werden, dass auch die Transponierte der Jacobi Matrix verwendet werden kann.

Definition.

$$F\delta x = \tau \delta q$$

$$F^T \delta x = \tau^T \delta q$$

mit dem Einsetzen der Vorwärtskinematik

$$\delta x = J \delta q$$

$$F^T J \delta q = \tau^T \delta q$$

$$F^T J = \tau^T$$

$$\tau = J^T F$$

somit kann mit

$$\tau = p * J^T * V$$

mit p als Skalierung die Kinematik gelöst werden, wobei die Skalierung folgendermaßen gewählt wird

$$k_i = \frac{1}{w_i a_i}$$

dabei ist w_i proportional zur Länge des i-ten Gelenks.

7.4.3. Drehungen und Quaternion

Sowohl der RX90 Roboter, als auch der LBR und das ART Trackingsystem verwenden teilweise Euler Winkel zu Repräsentation der Orientierung. Verwendet wird die DIN Norm und die Drehung um ZYX und ZYZ.

Definition. *DIN Norm*

$$R = R_x(\Theta) * R_y(\Theta) * R_z(\Theta)$$

XYZ Norm

$$R = R_z(\Theta) * R_y(\Theta) * R_x(\Theta)$$

ZYZ Norm

$$R = R_z(\Theta) * R_y(\Theta) * R_z(\Theta)$$

Eine Rotation kann auch als Quaternion ausgedrückt werden

Definition. *Ein Quaternion führt die Zahlen i,j,k ein, wobei jedes Quaternion dargestellt werden kann als*

$$q = w + x * i + y * j + z * k = w + (x, y, z)$$

i,j,k erfüllen dabei folgende Bedingung

$$i^2 = j^2 = k^2 = i * j * k = -1$$

w wird auch als Realteil und x, y, z als Imaginärteil oder Vektorteil bezeichnet

Um einen Gimbel Lock zu vermeiden wird bei w, x, y, z, wobei x, y, z den Vektor darstellen und w die Drehung, folgende Konvention verwendet

$$w^2 + x^2 + y^2 + z^2 = 1$$

Nach dem Eulerschen Rotations Theorem dreht jede Rotationsmatrix im dreidimensionalen Raum um eine Achse und einen entsprechenden Winkel.

Somit ist es möglich eine Rotationsmatrix in ein entsprechendes Quaternion zu überführen.

Der Winkel der Rotationsmatrix kann bestimmt werden über

$$\alpha = 2cos^{-1} * w = 2sin^{-1} \sqrt{x^2 + y^2 + z^2}$$

Da der gesuchte Vektor der Eigenvektor der Matrix ist, kann dieser über die Eigenwerte und das charakterisches Polynom berechnet werden

$$det(A - \alpha * I) = 0$$

eine andere Möglichkeit besteht darin über die Spur der Matrix

$$Tr(M) = \sum_{k=1}^{N} (M_{k,k})$$

die Werte w, x, y, z werden dann ermittelt über

$$w = 0.5 * \sqrt{Tr(R)}s$$

$$x = (m_{2,1} - m_{1,2})/4 * w$$

$$y = (m_{0,2} - m_{2,0})/4 * w$$

$$z = (m_{1,0} - m_{0,1})/4 * w$$

sofern die Spur klein ist, tendiert die Methode zu Instabilität, die man durch eine Fallunterscheidung auflösen kann, eleganter ist es aber folgende Methode zu verwenden

$$Q_{u,u} = \max(M_{1,1}, M_{2,2}, M_{3,3})$$

$$r = \sqrt{1 + Q_{u,u} - Q_{v,v} - + Q_{w,w}}$$

$$w = \frac{Mw,v - Mv,w}{2r}$$

$$x = \frac{r}{2r}$$

$$y = \frac{Mu,v + Mv,u}{2r}$$

$$z = \frac{Mw,u + Mu,w}{2r}$$

ein Quaternion kann mittels

$$R = \begin{pmatrix} (w^2 + x^2 - y^2 - z^2 & -2wz + 2xy & 2wy + 2xz \\ 2wz - 2xy & w^2 - x^2 + y^2 - z^2 & -2wx + 2yz \\ -2wy - 2xz & 2wx + 2yz & w^2 - x^2 - y^2 + z^2 \end{pmatrix}$$

in eine Rotationsmatrix umgewandelt werden

Quaternionen eignen sich hervorragend zum interpolieren von Rotationen, die Verfahren sind als Slerp (sperical linear interpolation), lerp (linear interpolation) und nlerp (normalized linear interpolation) bekannt. Die Verfahren haben Vor- und Nachteile, so bietet slerp eine konstante Geschwindigkeit bei minimalem Drehmoment, während nlerp und lerp keine konstante Geschwindigkeit realisieren. Nlerp bietet den besten Kompromiss aus Geschwindigkeit und Berechnungsaufwand.

$$\omega = p_0 p_1$$

$$Slerp(p_0, p_1, t) = \frac{\sin(1-t)\omega}{\sin(\omega)} p_0 + \frac{\sin(t\omega)}{\sin(\omega)} p_1$$

$$lerp(p_0, p_1, t) = (1-t)p_0 + t p_1$$

$$nlerp(p_0, p_1, t) = normalize((1-t)p_0 + t p_1)$$

Ein Quaternion wird normalisiert über

$$faktor = \sqrt{w^2 + x^2 + y^2 + z^2} \quad w = \frac{w}{faktor} \quad x = \frac{x}{faktor} \quad y = \frac{y}{faktor} \quad z = \frac{z}{faktor}$$

Eine weitere Methode, eine Rotation darzustellen ist, der Rodrigues Formalismus, der eine effiziente Methode ist, einen Vektor zu rotieren, aber auch nützlich beim Skalieren von Rotationen ist. Die Methode fasst einen Vektor und einen Winkel zusammen, um die Rotation zu beschreiben.

Definition.

$$\langle axis, angle \rangle = \langle (\begin{pmatrix} x \\ y \\ z \end{pmatrix}, \theta) \rangle$$

$$axis = \frac{1}{2 * \sin(\theta)} * \begin{pmatrix} R_{3,2} - R_{2,3} \\ R_{1,3} - R_{3,1} \\ R_{2,1} - R_{1,2} \end{pmatrix}$$

$$angle = \arccos(\frac{Tr(R) - 1}{2})$$

Diese Darstellung kann in eine Rotationsmatrix umgewandelt werden über

$$A = \begin{pmatrix} 0 & -z & y \\ z & 0 & -x \\ -y & -x & 0 \end{pmatrix}$$

$$R = I + A * \sin(\theta) + A^2 (1 - \cos(\theta))$$

womit man eine Matrix einfach skalieren kann über

$$\theta_1 = \theta_0 / Skalierungs_{Faktor}$$

7.4.4. Implementierte Inverse-Kinematik und Regelung

Die beiden verwendeten Roboter weisen folgenden DH Parameter auf:

i	α_i	a_i	d_i	θ_i
1	-90	0	0	-160 ... 160
2	0	450 mm	0	-227.5 ... 47.5
3	90	0	0	-52.5 ... 232.5
4	-90	0	450 mm	-270 ... 270
5	90	0	0	-105 ... 120
6	0	0	85 mm	-270 ... 270

Tabelle 7.3.: DH Parameter RX90

i	α_i	a_i	d_i	θ_i
1	90	0	310 mm	-170 ... 170
2	-90	0	0	-120 ... 120
3	-90	0	400 mm	-170 ... 170
4	90	0	0	-120 ... 120
5	90	0	390 mm	-170 ... 170
6	-90	0	0	-120 ... 120
7	90	0	0	-170 ... 170

Tabelle 7.4.: DH Parameter LBR

Der LWR Roboter bietet sowohl über die FRI als auch die RSI Schnittstelle die Möglichkeit an, den Roboter kartesisch zu steuern. Über diese kann man dem Roboter im Prinzip eine Soll-Position vorgeben und ihn selber interpolieren lassen. Dies kann entweder durch Kommandos der KUKA KRL Sprache geschehen, also z.B. einem PTP Kommando, oder direkt über das Interface. Beide Ausführungen sind limitiert hinsichtlich ihrer Möglichkeiten. Bei der ersten Methode ist die Steuerung während der Fahrt nicht umsetzbar und die Rate mit der neue Positionen gesetzt werden können, ist sehr langsam. Bei der zweiten Methode kann man den Roboter zwar schnell steuern, es fehlt aber die Rückmeldung über die Gelenkwinkel. Sofern die Interpolation im Raum zu schnell erfolgt oder die Drehmomente kritische Werte übersteigen, die von der Masse am End-Effektor abhängen, wird der Roboter mit den internen Bremsen gestoppt. Ebenso hat man keinen Zugriff auf die Optimierung des redundanten Freiheitsgrades. Daher benötigt man weiterhin eine passende inverse Kinematik, um sowohl mit dem Roboter als auch in der Simulation die Möglichkeiten ausschöpfen zu können.

allgemeine kinematische Steuerung

Die allgemeine 7 DOF Kinematik nutzt die Jacobi Matrix, um die Inverse Kinematik zu berechnen. Diese Lösung nutzt die Näherung, das die Winkelgeschwindigkeiten für kleine Änderungen mit den kartesischen Geschwindigkeiten zusammenhängen.

Das grundsätzliche Inverse-Kinematik ist durch folgende Formel gegeben:

Definition. *Die prinzipielle Kinematik*

$$j = Winkelstellung$$

$$x = kartesische Position$$

der Zusammenhang zwischen Winkeländerung und kartesischer Änderung ist, wie bereits erklärt, gegeben durch

$$\Delta x = J \Delta j$$

Somit ist der Inverse der gesuchte Zusammenhang für die Inverse Kinematik

$$\Delta j = J^{-1} \Delta x$$

da die Matrix im Falle des LBR nicht quadratisch ist wird die Pseudo Inverse verwendet

$$\Delta j = J^{\dagger} \Delta x$$

über das Prinzip der virtuellen Arbeit kann dann auch

$$\Delta j = J^T \Delta x$$

gerechtfertigt werden, die Jacobi Matrix kann wie bereits beschrieben analytisch oder geometrisch konstruiert werden.

Da der LWR Roboter eine programmierbare Steifigkeit und Dämpfung bietet, gibt es zwei Kontrollschemas. Eines für die Ansteuerung der Winkel, „joint specific impedance control", und ein Schema für die kartesische Regelung, „cartesian impedance control".

Das Kontrollschema für „joint specific impedance control" verwendet die transponierte Matrix, da hier nur in den Gelenkraum umgerechnet wird, siehe auch Abbildung 7.9.

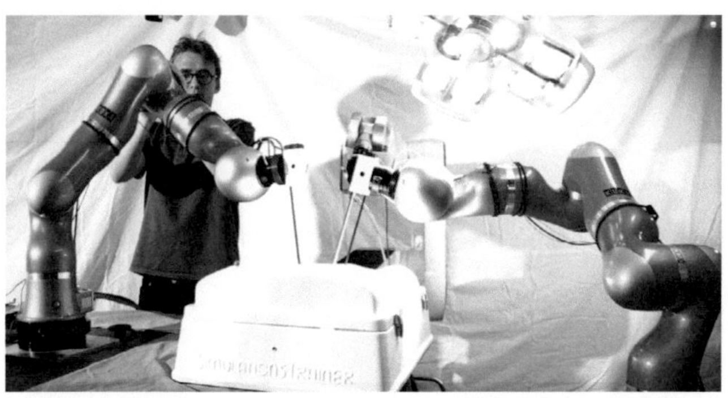

Bild 7.9.: Bewegung des Roboters im Nullraum per Hand, realisiert durch eine geringe Achssteifigkeit

Definition.

$$\Delta j = J^T \Delta x$$

Das Kontrollschema für „cartesian impedence control" verwendet hingegen die Psuedo-Inverse,

Definition.

$$\Delta j = J^\dagger \Delta x$$

da nach dem Limitieren der Gelenkwinkelgeschindigkeiten und Drehmomente zurück in den kartesischen Raum gewechselt werden muss

$$\Delta x = J \Delta j$$

und die so entstandenen Soll-Position für den Roboter zusammen mit den Dämpfung und Steifigkeitswerten direkt an den Roboter geschickt werden kann, siehe Abbildung 7.10.

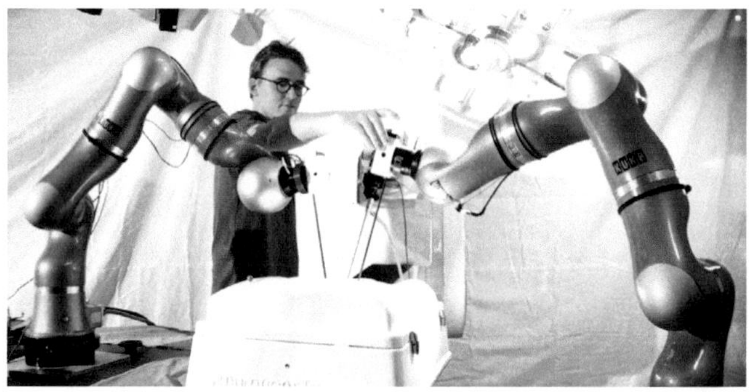

Bild 7.10.: Bewegung des Roboters entlang einer vorgegebenen Achse in Richtung Patient mit der „cartesian impedence control"

Mit der „cartesian impedance control" ist die grundsätzliche Inverskinematik gegeben. Mit der Jacobi Matrix kann nun auch die Winkelgeschwindigkeit für eine bestimmte cartesische Geschwindigkeit bestimmt werden. Es gibt nun zwei Möglichkeiten den Roboter zu steuern. Einerseits, in dem man eine kartesische Geschwindigkeit in eine Winkelgeschwindigkeit umsetzt und die Winkel des Roboters ansteuert. Hierbei verliert man allerdings die Möglichkeit der kartesischen Steifigkeitsregelung, da man im „joint impedance control" lediglich die Steifigkeit und Dämpfung der einzelnen Joints steuern kann. Man müsste also die kartesische Regelung selber implementieren oder man bleibt bei der kartesischen Steuerung und rechnet aus dem Winkelraum zurück in den kartesischen Raum. In dieser zweiten

Lösung wird die Moore-Penrose Inverse genutzt. Nachdem die Winkelgeschwindigkeiten und Drehmomente limitiert sind, wird wieder zurück in den kartesischen Raum gerechnet und das Ergebnis mit der gewünschten Steifigkeit und Dämpfung an den Roboter gesendet.

Um die Winkelgeschwindigkeiten zu begrenzen, werden diese entsprechend limitiert. Die Werte für die sat-Funktion sind in der nachfolgenden Tabelle angegeben

Definition. *Limitierung der Winkelgeschwindigkeiten*

$$j_{limit} = sat(j)$$

Die maximalen Winkelgeschwindigkeiten sind in der folgenden Tabelle angegeben.

Achse	**Winkelgeschwindigkeit**
1	120 Grad/s
2	120 Grad/s
3	160 Grad/s
4	160 Grad/s
5	160 Grad/s
6	180 Grad/s
7	240 Grad/s

Tabelle 7.5.: Maximalen Winkelgeschwindigkeiten

Um eine lineare Interpolation der limitierten Winkel zu erreichen, müssen die Winkel entsprechend angepasst werden

Definition.

$$\vec{f}aktoren = \frac{j}{j_{limit}}$$

$$\vec{f}aktoren_{min} = min(\vec{f}aktoren)$$

$$\vec{faktoren}_{prop} = \frac{\vec{faktoren}_{min}}{\vec{faktoren}}$$

$$\vec{faktoren}_{prop} = \vec{faktoren} \otimes \vec{faktoren}^{T}_{prop}$$

$$\vec{j}_{out} = \vec{faktoren}_{prop} \otimes j$$

Der Operator $\otimes$ wird hier für die elementweise Multiplikation der beiden Vektoren verwendet

Nun kann aus der Winkelbeschleunigung und der Massenmatrix das Drehmoment auf jeder Achse ermittelt werden, worüber dann die Drehmomente im nächsten Schritt berechnet werden können. Hierbei muss der Einfluss der Gravitation berücksichtigt werden, die eine konstante Beschleunigung ausübt und somit meist den größten Teil des Drehmoments verursacht.

Definition. *Die Massenmatrix ist aus dem Newton Euler Verfahren bekannt, bzw wird von der Robotersteuerung geliefert, der Vektor $\vec{\tau}_{gravity}$ bezeichnet den Teil des Drehmoments der durch die konstante Beschleunigung durch die Erdanziehung verursacht wird*

$$\vec{\tau} = massmatrix_{6,7} * \vec{j} + \vec{\tau}_{gravity}$$

das Drehmoment kann dann entsprechend limitiert werden durch

$$\vec{\tau}_{limit} = sat(\tau)$$

von dem Vektor muss wieder das Drehmoment, dass durch die Erdanziehung verursacht wird, abgezogen werden

$$\vec{\tau}_{limit2} = \tau_{limit} - \vec{\tau}_{gravity}$$

mit der Pseudo Inversen kann man dann wieder in den Gelenkraum wechseln

$$\vec{j}_{\tau_{limit}} = massmatrix^{\dagger}_{6,7} * \tau_{limit2}$$

Die maximal erlaubten Drehmomente des Roboters sind:

Achse	Drehmoment
1	240 N/m
2	180 N/m
3	100 N/m
4	40 N/m
5	30 N/m
6	15 N/m
7	5 N/m

Tabelle 7.6.: Maximale Drehmomente

Wenn man die kartesische Steifigkeitsregelung weiterhin verwenden und die Drehmomente und Winkelgeschwindigkeiten minimieren will, kann man die hierzu die Jacobi Matrix nutzen. Nach dem Wechseln in den Winkelraum mit der Psuedo-inversen Jacobi Matrix und der Limitierungen hinsichtlich der Winkelgeschwindigkeit und der Drehmomente kann man dann mittels der Jacobi Matrix wieder zurück in den kartesischen Raum wechseln.

Definition. *cartesian impedence control*

$$\Delta x = J \Delta j$$

Die Steifigkeiten der Achsen im kartesischen Raum sind im folgenden angegeben. Im Winkelraum werden sie nicht verwendet, im kartesischen Raum kann der Benutzer oder die Applikation die Werte passend einstellen, je nachdem wie es gewünscht ist.

Achse	Steifigkeiten	Dämpfung
1	160 N/rad	0-0.9
2	160 N/rad	0-0.9
3	160 N/rad	0-0.9
4	160 N/rad	0-0.9
5	160 N/rad	0-0.9
6	160 N/rad	0-0.9
7	160 N/rad	0-0.9

Tabelle 7.7.: Steifigkeiten und Dämpfungen

Cart	Kraft	Dämpfung
X	3000 N/m	0-0.9
Y	3000 N/m	0-0.9
Z	3000 N/m	0-0.9
A	300 N/rad	0-0.9
B	300 N/rad	0-0.9
C	300 N/rad	0-0.9

Tabelle 7.8.: Kartesische Steifigkeiten und Dämpfungen

Der Roboter liefert noch die errechnete Kraft mit der entsprechenden Varianz der Werte am Endeffektor. Beide Werte sind wichtig für die haptische Rückkopplung mit den Eingabegeräten. Die Varianz hilft hierbei zu ermitteln, ob die gelieferten Werte brauchbar sind.

optimierende Kinematik

Eine einfache Möglichkeit den Nullraum zu optimieren bietet folgender Ansatz:

Definition. *Der Vektor x wählt eine Spalte der Matrix aus*

$$\vec{jacobi}_vec = J_{x,:}$$

die Matrix wird aus den anderen Spalten konstruiert

$$jacobi_mat_{6,6} = J_{1:x-1:x+1:n,:}$$

Nun kann man mit dem Vektor ausrechnen welche kartesische Änderung durch den auf einer Achse hervorgerufen wird und diese kartesische Abweichung mit der Matrix auf den anderen Achsen kompensieren

$$\Delta \vec{error} = -(\vec{jacobi}_vec * j_n)$$

$$\Delta \vec{j}_{comp} = jacobi_mat_{6,6}^{T} * \vec{error}$$

der Vektor j_{comp} muss dann auf die bestehenden Winkel addiert werden, das Verfahren erlaubt so eine einfache Optimierung hinsichtlich eines Gelenkes, wie es z.B. vorgesehen ist um den Abstand zu Objekten und Personen des Armes zu maximieren

7.4.5. Positionskontrolle

Die Positionskontrolle implementiert die Kontrolle des Roboters über das optische Trackingsystem. Hierbei wird nur der Patient getrackt, aber nicht der Roboter selber. Hierbei wird die Position im Modell angegeben und in das Koordinatensystems des optischen Trackingsystems überführt. Danach wird es in das Koordinatensystems des Roboters umgerechnet. Der Roboter fährt somit die Position an. Es findet aber keinerlei Überwachung des Roboters selber statt. Man verlässt sich somit auf die Steuerung des Roboters. Sofern der Roboter z.B. ungenügend kalibriert ist oder andere Fehler durch die Ansteuerung hinzukommen, erhält man hierüber keinerlei Rückmeldung. Neben der fehlenden redundanten Fehlerkennung können auch keine systembedingten Fehler erkannt und bereinigt werden. Sobald der Roboter eine Position erreicht hat, wird seine Position über den Controller des Roboters überwacht.

Definition. *Transformation der Punkte $\vec{Pos}_{CT}$ und $\vec{Pos}_{CTClosest}$ mit der Registrierung $R_{ModellObjekt}$ und $\vec{t}_{ModellObjekt}$*

$$\vec{Pos}_{CTLoc} = R_{ModellObjekt} * \vec{Pos}_{CT} + \vec{t}_{ModellObjekt}$$

$$\vec{Pos}_{CTClosest} = R_{ModellObjekt} * \vec{Pos}_{CTClosest} + \vec{t}_{ModellObjekt}$$

die aktuelle Messung vom Trackingsystem ist ArtPos und ArtOr, womit die beiden Punkt im ART Koordinatensystem bestimmt sind durch

$$\vec{ART}_{CTLoc} = ArtOr * \vec{Pos}_{CTLoc} + \vec{Art}_{Pos}$$

$$\vec{ART}_{CTClosest} = ArtOr * \vec{Pos}C_{TClosest} + \vec{Art}_{Pos}$$

da die Registrierung zwischen Roboter und Tracking bekannt ist, kann die Position umgerechnet werden in das Koordinatensystem des Roboters

$$\vec{Rob}_{CTLoc} = R_{ArtRob} * \vec{Pos}_{CTLoc} + \vec{t}_{ArtRob}$$

$$\vec{Rob}_{CTClosest} = R_{ArtRob} * \vec{Pos}_{CTClosest} + \vec{t}_{ArtRob}$$

es fehlt nun die Festlegung einer Orientierung

$$\vec{x}_{Achse} = norm(\vec{Rob}_{CTLoc} - \vec{Rob}_{CTClosest})$$

$$\vec{y}_{Achse} = norm(\vec{Rob}_{CTClosest} \times \vec{Rob}_{CTLoc})$$

$$\vec{z}_{Achse} = x_{Achse} \times \vec{y}_{Achse}$$

somit erhält man die Orientierung mit

$$R_{Rob} = (-\vec{y}_{Achse}, \vec{x}_{Achse}, \vec{z}_{Achse})$$

Mit dem Vektor tg kann dann die Position des TCP für den entsprechenden Endeffektor bestimmt werden

$$\vec{RobPos} = R_{Rob} * \vec{tg} + \vec{Rob}_{CTLoc}$$

7.4.6. Visual Servoing

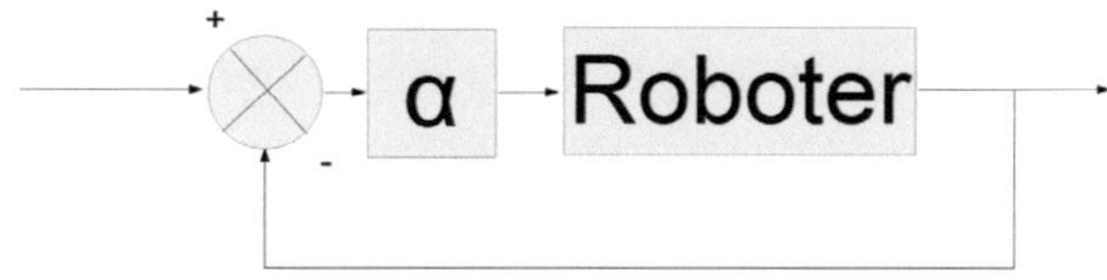

Bild 7.11.: Visual Servoing Kontrollschleife

In diesem Ansatz wird der des vorhergehendes Kapitels verändert, um eine höhere absolute Genauigkeit des Systems zu erreichen und gleichzeitig eine Überwachung des Roboters zu ermöglichen. Hierzu wird der Roboter mittels eines „Fixed Visual Servoing" Ansatzes angesteuert. Dabei wird der Roboter ebenfalls mittels eines Markers vom optischen Trackingsystems überwacht. Die Ansteuerung des Roboters erfolgt nicht mehr mit absoluten sondern über relative Positionen. Dem Roboter wird also die Richtung vorgegeben, in die er fahren soll. Der Anfang des Algorithmus unterscheidet sich somit nicht vom positionsbasierten Ansatz. Nachdem die Koordinaten berechnet sind, wird der Roboter in einer Regelschleife angesteuert. Hierzu wird ständig die Position des Patienten mit der des getrackten Roboters berechnet und der Unterschied als Fehler ausgegeben. Dieser Fehler wird gedämpft und mit einem Schwellwertfilter versehen an den Roboter weitergeleitet. Der Roboter versucht den Fehler auf Null zu reduzieren. Dieser Ansatz hat den Vorteil, dass der Fehler nicht abhängig ist von der Registrierung zwischen dem optischen Trackingsystem und dem Roboter sowie eventuellen Fehlern, die vom Roboter selbst herrühren. Solange die Registrierung zwischen beiden Systemen nicht um mehr als 90° verdreht ist, kann mittels dieser Steuerung der Roboter die richtige Position anfahren und ist somit vom besser auflösenden Trackingsystem abhängig, das ggfs. auch relativ einfach durch genauere Systeme ersetzt werden kann. Bedingt durch die sehr hohen Verzögerung bei der Ermittlung der Messdaten der beiden eingesetzten Systeme, ART Tracking System (80 ms) und LWR III Roboter (160 ms), kommt es aber zu einer sehr hohen Ungenauigkeit, sobald sich der Patient bewegt. Deswegen ist dies nicht weiter vorgesehen. Sobald eine Differenz festgestellt wird, wird der Roboter neu positioniert und ein gestarteter Prozess erst wieder fortgesetzt, wenn der Fehler korrigiert ist.

(a) Visual Servoing mit dem LWR-III

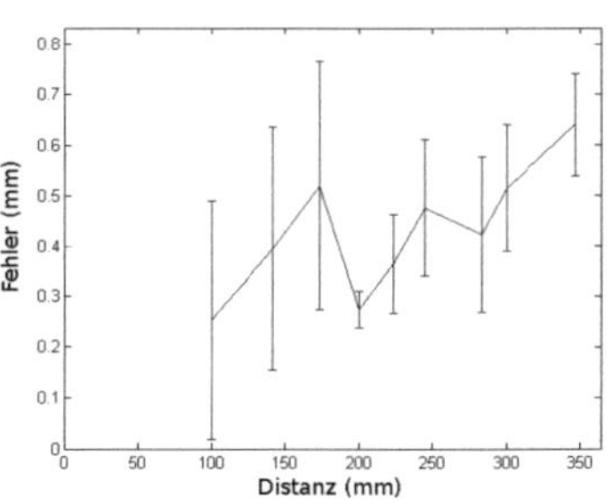

(b) Genauigkeit mit Visual Servoing

Bild 7.12.: Ergebnisse der Registrierung zwischen Roboter und optischen Trackingsystem

7.4.7. Formeln – Visual Servoing

Beim Ansteuern des Roboters relativ zu Bilddaten muss die Sollposition des Roboters errechnet werden. Da nur die Richtung aus den Bilddaten vorgegeben wird, gibt es auch hier 4 definierte Freiheitsgrade und 2 Freiheitsgrade sind frei wählbar.

Die Drehung $R_{ModellObjekt}$ und der Vektor $\vec{t}_{ModellObjekt}$ ist aus der Registrierung zwischen den Bilddaten und dem lokalen Koordinatensystem bekannt. Die Registrierung zwischen Roboter und Trackingsystem steuert $R_{A}rtRob$ und $\vec{t}_{ArtRob}$ bei, außerdem den Vektor $\vec{t}g$, der in der Orientierung des Roboters das Zentrum des Endeffektors angibt. Aus der Bildgebung kommen die beiden Punkte $\vec{Pos}CT$ und $\vec{Pos}CTClosest$. Der erste Punkt wird vom Benutzer bestimmt, der zweite ermittelt, in dem der am nächsten gelegene Punkt auf der Oberfläche bestimmt wird.

Zusammen mit der Errechnung einer quasi optimalen Pose wie in Kapitel 6.5.2 beschrieben kann dann die passende Pose für den Roboter errechnet werden.

Aus der Registrierung zwischen Roboter und Tracking ist die Verdrehung R_{RC} und der Vektor $\vec{t}c$ zwischen dem Body am TCP und dem TCP bekannt. Daher kann die Ist-Position des Roboters über das Tracking System bestimmt werden. Dies erlaubt ein positionsbasiertes Visual Servoing. Der Roboter empfängt somit Korrekturwerte, für die weiterhin die Transformations zwischen Roboter und Tracking bekannt sein muss. Ist der Fehler in der Rotation bei $90°$, werden Achsen vertauscht und damit ist eine Konvergieren nicht mehr gegeben. Der Fehler in der Position ist im Prinzip irrelevant, solange er im Arbeitsbereich des Roboters liegt. Gleichzeitig kann die Korrektur der Transformationsmatrix aufgezeichnet und somit die Transformation korrigiert werden.

Definition.

$$\vec{Ist}_{Pos} = R_{ArtRob} * (Or_{Art} * \vec{t}c + Pos_{Art}) + \vec{t}_{ArtRob}$$

$$Ist_{Or} = R_{ArtRob} * Or_{Art} * R_{RC}$$

Es wird dann diese Ist-Position verwendet anstatt der Position des Roboters. Bei einem Fehler in der Rotation der Registrierung wird der Roboter einer Spirale folgend zum Ziel konvergieren. Um dieses Verfahren zu beschleunigen, kann die Transformationsmatrix in jedem Schritt angepasst werden.

Definition. *in jedem Schritt kann der Fehler berechnet werden über*

$$Diff_{VS} = IP_{Rob}^{-1} * Soll_{Rob}$$

und somit die Pose korrigiert werden

$$Soll_{neu} = Soll_{Rob} * Diff_{VS}$$

Definition. *in der erweiterten Version wird die Drehung und Translation skaliert mit dem Faktor scal*

$$R_{scal} = ScalDreh(Diff_{VS}, scal)$$

und in jeden Schritt wird die Registrierung angepasst

$$R_{ArtRob} = R_{ArtRob} * R_{scal}$$

$$\vec{t}_{ArtRob} = \vec{t}_{ArtRob} + \vec{D}iff_{vs}$$

> **while** error>epsilon **do**
> $IstPose \leftarrow IstPosRob()$;
> $SollPose \leftarrow ModellToRoboter()$;
>   **if** Scal=true **then**
> $POSE \leftarrow ScalDreh(Pose, faktor)$;
>   **end if**
> $RobPose \leftarrow POSE$;
>   **if** RegUpdate=true **then**
> $R_{A}rtRob \leftarrow R_{A}rtRob * Diff$;
> $t_{A}rtRob \leftarrow t_{A}rtRob + Diff$;
>   **end if**
> **end while**

Algorithm 5: Der Algorithmus für das Visual Servoing mit Korrektur der Registrierung.

Sofern eine Verdrehung um 90° oder mehr vorliegt, wird ein divergieren festgestellt. In diesem Fall kann der Roboter auf allen 3 Achsen einen Vektor abfahren. Darüber kann man einfach eine gute Schätzung für die Verdrehung $R_A rtRob$ erzeugen und den Algorithmus wieder starten.

7.4.8. Bewegungskompensation

Die Bewegungskompensation kombiniert nun den Ansatz des Visual Servoing mit einem speziellen Regelalgorithmus und der ständigen Überwachung der Position. Sofern die Position einen gewissen Fehlerwert unterschreitet, kann ein gewünschter Prozess, z.B. schneiden, eingeleitet werden.

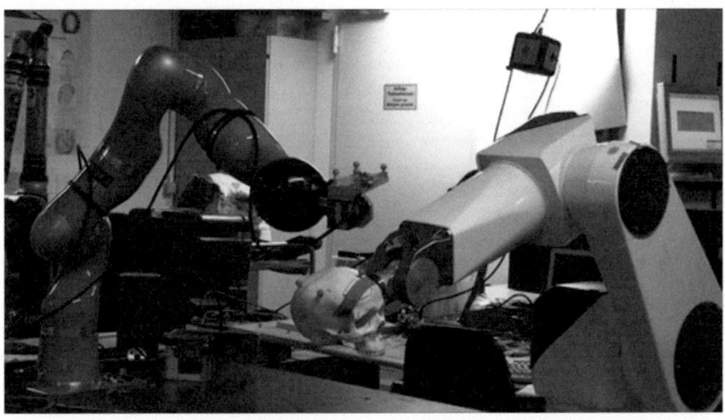

Bild 7.13.: Experimentalaufbau für die Bewegungskompensation

Für den praktischen Aufbau wurde ein Bewegungsimulator entwickelt. Hierfür wurde eine Stäubli RX90 Roboter benutzt. Der Roboter wird mittels eines seriellen RS232 Interfaces betrieben. Dieser Aufbau ermöglicht eine Rate von ca. 15 Werten / Sekunde. Die Steuerung des Roboters ist in der Lage, eine Bewegung auszuführen, während der zweite Befehl empfangen wird. Dies ermöglicht die kontinuierliche Ansteuerung des Roboters, die nötig ist, um realistische Bewegungen, z.B. Atembewegungen, zu simulieren.

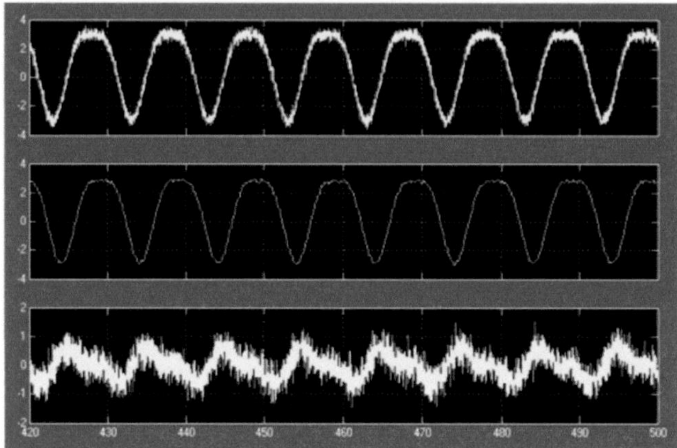

Bild 7.14.: Simulation der Atembewegung

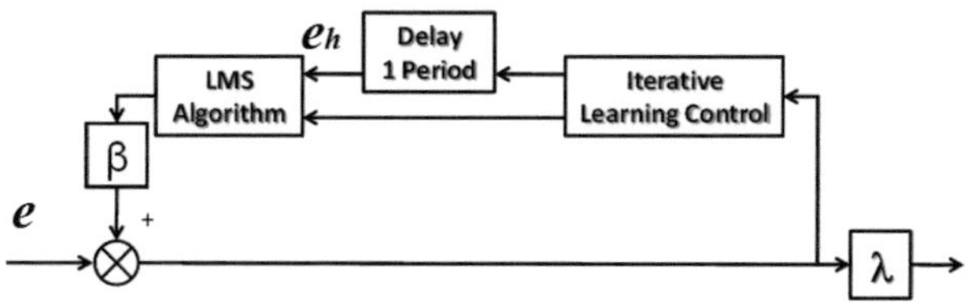

Bild 7.15.: Algorithmus für die Bewegungskompensation

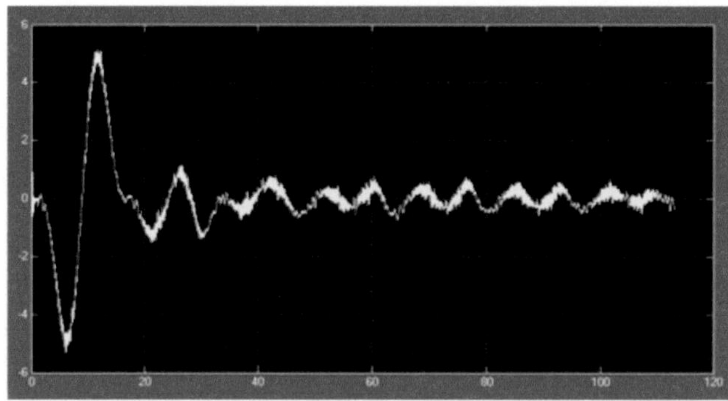

Bild 7.16.: Verringerung des Positionierungsfehlers während der Ausführung

Um die periodische Trajektorie vorhersagen zu können, wird aus der Literatur ein Ansatz gewählt, der Iterative Learning Control nutzt. Hierbei wird der Fehler „e" und die Position „p" in jeder Periode abgespeichert. In der darauffolgenden Periode kann nun der ermittelte Fehler zur Position hinzugerechnet werden:

Definition. *Position Roboter – Visual Servoing*

$$p_(+ 1) = p_p + \beta_{e_p}$$

Um die Atembewegung zu modellieren wurde ebenfalls ein Ansatz aus der Literatur genommen der sehr gut eine Atembewegung simuliert.

Definition. *Simulation einer Atembewegung*

$$y = 2 * sin(0.25 * \pi * t)^4 + w$$

w ist gaußsches rauschen mit einem Erwartungswert von 0 und einer Standardabweichung von 0.025

[61]

Der Ansatz über Iterative Learning Control resultiert aber noch nicht in einem zufriedenstellenden Ergebnis. Die Konvergenzgeschwindigkeit ist langsam und Fehler werden ungenügend behandelt. Speziell bei dem nicht steifen Roboter LWR-III kann eine Abweichung, z.B. durch Antippen des Roboters verursacht, schnell zu einer Überkompensation führen. Diese Fehler können durch sehr hohe Dämpfungswerte verbessert werden, die aber den Konvergenzprozess verlangsamen. Aus diesem Grund wurde der Ansatz um einen LMS (Least Mean Square) Filter erweitert. Der LMS wird benutzt, um den Fehler vorherzusagen, der dann bei der Iterative Learning Kontrolle zum Einsatz kommt. Der LMS Filter ist hierbei definiert als:

Definition. *LMS Algorithmus*

$$p = filter_order$$

$$u = stepsize$$

$$h(0) = 0$$

$$x(n) = [x(n), x(n-1), ..., x(n-p+1)]^T$$

$$e(n) = d(n) - \widehat{h}^H(n) * x(n)$$

$$\widehat{h}(n+1) = \widehat{h}(n) + \mu * e(n) + x(n)$$

Um die Konvergenz zu verbessern wird eine normalisierter LMS Filter benutzt. Der Sollwert für den nLMS ist hierbei der Fehlerwert in der vorhergehenden Periode.

Definition.

$$\widehat{h}(0) = 0$$

$$x(n) = [x(n), x(n-1), ..., x(n-p+1)]^T$$

$$e(n) = d(n) - \widehat{h}^H(n) * x(n)$$

$$\widehat{h}(n+1) = \widehat{h}(n) + (\mu * e(n) + x(n))/(x^H(n) * x(n))$$

Dieser Ansatz zeigt eine gute und schnelle Konvergenz im Vergleich zum puren Iterative Learning Control. Es ist robuster gegenüber Fehleinflüssen. Eine Filterlänge von 640 Werten wird genutzt, um alle Werte einer Periode abzuspeichern. Die Länge der Periode wird hierbei mittels einer Fast Fourier Transformation ermittelt. Der Filter wurde unter Matlab auf einem Standard PC (2 GHZ Intel Dual Core COU) ausgeführt, der dies ohne Probleme in Echtzeit ausführen kann.

7.4.9. Telemanipulation

Als Eingabegeräte für den teleoperiernden Roboter werden die Eingabegeräte von Force Dimension genutzt. In einem Szenario für die Telemanipulation müssen verschiedene Funktionalitäten implementiert sein, damit der

Roboter sinnvoll mit dem Eingabegerät ansteuerbar ist, siehe Abbildung 7.17.

Bild 7.17.: Master-Station für die Telemanipulation

Definition. *Die Skalierung der Position ist trivial*

$$\vec{pos}_{scal} = \vec{f}aktor \otimes \vec{pos}_{haptik}$$

bei der Rotation kann man die Rotationsachse bestimmen und dann den Drehwinkel skalieren, einfacher ist es aber direkt die Winkel aus den Sensoren zu bestimmen und diese zu skalieren

$$R_1 = e1 * scal_{e1} * \begin{pmatrix} 1 \\ 0 \\ 0 \end{pmatrix}$$

$$R_2 = e2 * scal_{e2} * \begin{pmatrix} 0 \\ 1 \\ 0 \end{pmatrix}$$

Funktion	Beschreibung
Skalierung Translation	Die Bewegung am Eingabegerät sollte skaliert an den Roboter weitergegeben werden. Die Bewegung wird meist kleiner am Roboter wiedergegeben
Skalierung Rotation	Die Rotation am Eingabegerät sollte skaliert an den Roboter weitergegeben werden. Es ist allerdings nützlich, wenn die Skalierung die 3 Rotationsachsen unterschiedlich sein kann. So möchte man stark um die Achse des Instrumentes drehen, die Orientierung des Instrumentes meist aber nur wenig ändern
Kuppeln	Unter Kuppeln versteht man, das man den Mittelpunkt um den man sich bewegt, verschoben werden kann.
Kraft	Skalierung der Kraft und An- und Abschalten der Darstellung der Kraft am Gerät. Man geht davon aus das im Grunde eine 1:1 Skalierung zwischen Kraft und Darstellung am besten ist

Tabelle 7.9.: Funktionen für die Telemanipulation

$$R_3 = e3 * scal_{e3} * \begin{pmatrix} 0 \\ 0 \\ 1 \end{pmatrix}$$

$$R = (\vec{R}_1, \vec{R}_2, \vec{R}_3)$$

um die Drehungen getrennt voneinander skalieren zu können wird hier der Vektor $\vec{scal}$ elementweise multipliziert, siehe Abbildung 7.18.

Neben der Skalierung muss die Bewegung an der Haptik relativ zum Kamerabild, der Eingabestation oder relativ zum Roboter, erfolgen, abhängig davon, aus welcher Position man auf den End-Effektor schaut. Hinzu kommt, das das Koordinatensystem der haptischen Geräte relativ zum End-Effektor um verdreht ist um eine 90° Drehung auf der Z-Achse.

Bild 7.18.: Skalierung der Bewegung

Definition. *Bezugspunkt ist wahlweise Haptik zum End-Effektor, Haptik zur Roboterbasis oder Kamerabild zum End-effektor*

$$R_{haptic} = R_{Haptik}^{TCP} * R_{TCP}^{Endeffektor}$$

das gleiche muss für die Position geschehen

$$\vec{pos}_{scal_haptic} = R_{TCP}^{Endeffektor} * \vec{pos}_{scal}$$

Aus der Ausrichtung und Position der Haptik kann die Orientierung des TCP des Roboters bestimmt werden, sofern der Vektor vom TCP zur Spitze des Endeffektors bekannt ist, der hier als $\vec{t}_{endeff_{to}tcp}$ gekennzeichnet ist. Die Kalibrierung wird mit dem optischen Trackingsystem und dem Pointer vorgenommen.

Definition.

$$\vec{pos}_{tcp} = R_{Haptic} * \vec{Spitze}_{Endeff}^{TCP} + \vec{pos}_{scal_haptic}$$

Sofern der Roboter mit einem Fulkrum-Punkt in MIRS Szenarien verwendet wird, verliert man 2 Freiheitsgrade mit der Einschränkung, das man sich immer im Fulkrum-Punkt befinden muss. Dazu muss einerseits der Punkt bekannt sein und die Orientierung muss festgelegt werden.

Da der Fulkrum-Punkt immer dem Vektor $\vec{Spitze}_{Endeff}^{TCP}$ liegen muss, kann er dementsprechend relativ zu diesem ausgedrückt werden.

Definition. *Der Vektor $pos_{fp_{p}unkt}$ bezeichnet den feststehenden Fulkrum Punkt*

somit kann die Orientierung neu festgelegt werden, in dem 3 Achsen bestimmt werden, die erste Achse liegt zwischen dem Fulkrum Punkt und der Position des End-Effektors

$$\vec{z}_{achse} = \vec{pos}_{tcp} - \vec{pos}_{fp_{p}unkt}$$

Es wird ein fiktiver Vektor zwischen den Greifern angenommen, mit

$$\vec{zange} = \begin{pmatrix} 20 \\ 0 \\ 0 \end{pmatrix}$$

Die x-Achse ergibt sich dann mit

$$\vec{x}_{achse} = \vec{z}_{achse} \times \vec{zange}$$

Die y-Achse mit

$$\vec{y}_{achse} = \vec{z}_{achse} \times \vec{x}_{achse}$$

nachdem die Vektoren alle normiert wurden
mit

$$norm(x) = sqrt(x^2 + y^2 + z^2)$$

$$\vec{x}_{achse} = \frac{1}{norm(x_{achse})} * \vec{x}_{achse}$$

$$\vec{y}_{achse} = \frac{1}{norm(y_{achse})} * \vec{y}_{achse}$$

$$\vec{z}_{achse} = \frac{1}{norm(z_{achse})} * \vec{z}_{achse}$$

$$R = (-\vec{y}_{achse}, \vec{z}_{achse}, -\vec{x}_{achse})$$

Da diese Orientierung nur noch um ein Achse gedreht werden kann, ge-
schieht dies mit

$$R = R * R_{drehung_{fP}}$$

wobei $R_{drehung_{fP}}$ sich ergibt durch um den Winkel Θ

$$R_{drehung_{fp}}(\Theta) = \begin{pmatrix} \cos(\Theta) & 0 & \sin(\Theta) \\ 0 & 1 & 0 \\ -\sin(\Theta) & 0 & \cos(\Theta) \end{pmatrix}$$

Die Position $\vec{pos}_{scal_haptic}$ bleibt vom Fulkrum-Punkt unverändert, es ändert sich nur die Orientierung in der der Vektor $\vec{Spitze}^{TCP}_{Endeff}$ addiert wird.

Somit ist die Position und Orientierung in der haptischen Telemanipulation vollständig.

7.4.10. Haptik

Die Haptik im System dient dazu, die real am Roboter und am Tool auftretenden Kräfte auf den Benutzer in einem Telepräsensszenario zu übertragen.

Da die gemessenen Kraftwerte am Roboter am Endeffektor indirekt über die Drehmomente auf den Achsen bestimmt wird, sind dieser errechnete Wert ziemlich verrauscht und damit ungenau. Gleichzeitig ergibt sich eine gewisse Latenz bis die Kraft am haptischen Gerät dargestellt wird. Beides führt zu einem ungewollten Verhalten, wenn die Kraftwerte direkt auf das haptische Gerät geschaltet werden. In diesem Fall wird dem Benutzer sofort eine recht starke Kraft übergeben, die dieser nicht erwartet. Das Gerät bewegt sich dementsprechend entgegen der Kraft und somit auch der Roboter, womit die Kraft verschwindet. Im schlimmsten Fall schaukelt sich das ganze zwischen Benutzer und Roboter auf. Um dies zu verhindern, ist einerseits eine möglichst direkte Kraftmessung nötig, andererseits eine Filterung, da man nicht alle Effekte allein durch technische Verbesserung verringern kann.

Median-Filter

Der Median-Filter stellt die einfachste Form der Filterung dar. Es werden Werte gemittelt, dies einerseits zu einer gewissen Verzögerung der Kraftdarstellung führen, andererseits mindert der Filter sehr gut plötzlich auftretende Kräfte, womit der Benutzer genügend Zeit hat sich auf eine stärker werdende Kraft einzustellen.

Definition. *Median-Filter für die Kraft die an das Gerät übermittelt wird.*

$$\vec{F} = \sum_{k=1}^{N} (\vec{F}_{TCP})$$

Da die Kraft, die an das Gerät geschickt wird, in eine bestimmte Richtung zeigt und es überdies zu geringen Fehler in der Kraftmessung kommen kann, muss ein Driften des Gerätes verhindert werden. Hierzu wird eine Steifigkeit verwendet und mit der Kraft multipliziert, um so Kraft in Position umzurechnen und ein unkontrolliertes Verhalten des Gerätes zu vermeiden.

Definition.

$$\vec{PosHaptic}_{Kraft} = \vec{PosHaptic} + \vec{Steifigkeit} * \vec{F}$$

7.4.11. Virtual-Fixture

Virtual-Fixtures werden innerhalb des Frameworks durch CHAI 3D als Renderer und den Mesh Server realisiert. Ein Mesh wird in den Renderer geladen und ggfs. über das Tracking System getrackt.

Damit in der Darstellung der Kräfte am haptischen Gerät der Unterschied zwischen einer virtuellen Kraft und einer realen Kraft klar ist, wird die virtuelle Kraft mit einem Zufallsgenerator verfälscht. Dies führt zu einer ruckartigen Bewegung am Gerät und ist somit intuitiv für den Nutzer erfassbar.

Definition.

$$\vec{F}_{gesamt} = \vec{F}_{TCP} + \vec{F}_{virtualFixture}$$

dabei ist

$$ran = \frac{1}{\rho * \sqrt{2 * \Pi}} e^{-\frac{x^2}{2\tau^2}}$$

und die virtuelle Kraft ist

$$\vec{F}_{virtualFixture} = ran * \vec{F}_{virtualFixture}$$

7.4.12. Steuerung – Instrumente

Die Instrumente werden über Servos des Typs Graupner 3728 und entsprechende Controller angesteuert, die über eine USB Verbindung mit dem Rechner kommunizieren und ein PWM Signal für den Motor erzeugen. Der Controller wird über eine serielle USB-Schnittstelle angesteuert. Er empfängt eine Zahl, die die Pulsdauer des PWM Signals angibt. Je nach Einbau des Servos und dessen Mittelpunkt muss der Wert entsprechend kalibriert werden. Sofern *min* und *max* bekannt sind, kann die Vorgabe aus den haptischen Geräten einfach umgerechnet werden. Die Werte können damit beim Einbau durch Bewegen des Servos bestimmt werden, siehe auch Abbildung 7.19.

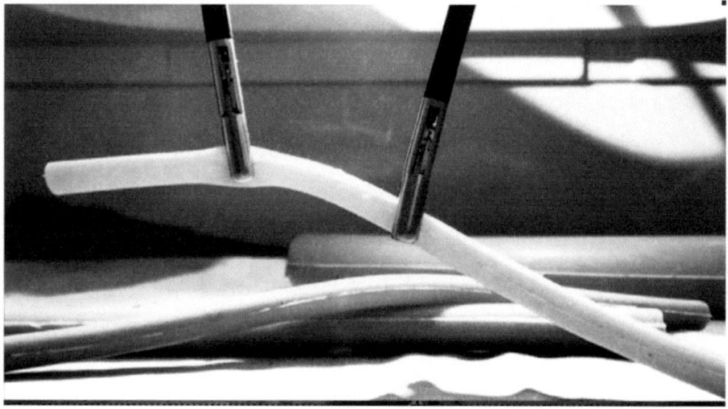

Bild 7.19.: Manipulation von Objekten mit den Instrumenten

Definition.

$$Pos = \frac{Haptic_7}{Haptic_{7max}} * (Servo_{max} - Servo_{min}) + Servo_{min}$$

7.4.13. Regelung – Bahnplanung

Bei der Bahnplanung wird eine kollisionsfreie Trajektorie für den Roboter berechnet. Um diese auf dem Roboter auszuführen, muss die Trajektorie entsprechend im Gelenkraum interpoliert werden. Dabei kann die Beschleunigung linear erfolgen, sofern man die Drehmomente vernachlässigt. Da die Beschleunigungen im allgemeinen nicht sehr hoch sind kann diese Annahme getroffen werden. Jede Vektor im Gelenkraum bezeichnet eine Position, die exakt angefahren werden muss. Dies würde im Prinzip ein vollständiges Stoppen und Starten an jeder Position erfordern, sofern man weder die Bahn durch Splines interpoliert. Eine Interpolation mit Splines wird in dieser Arbeit nicht vorgenommen. Stattdessen kommt ein einfaches Modell zum Einsatz, das die Beschleunigung limitiert und ab einer spezifizierten Distanz bereits den nächsten Vektor im Gelenkraum als neue Soll-Position setzt.

Definition. *Die momentane Position des Roboters ist $\vec{IstJoint}$ im Gelenkraum und die Soll Position $SollJoint_i$ mit $i = 1..n$.*

$$\vec{Vel}_{joint} = \vec{SollJoint}_i - \vec{IstJoint}$$

$$\vec{VelSat}_i = sat(Vel_{joint})$$

aus der vorherigen Iteration ist die Beschleunigung bekannt, gekennzeichnet mit $\vec{BelJoint}_{i-1}$

$$\vec{BelJoint}_i = \vec{BelJoint}_{i-1} - \vec{VelSat}_i$$

$$\vec{Bel Joint Sat} = sat(\vec{Bel Joint_i})$$

die neue WinkelPosition ist somit

$$\vec{Ist Joint} = \vec{Ist Joint} + \vec{Bel Joint Sat}$$

Der Abstand zu nächsten Position im Gelenkraum wird errechnet mit

$$error = \sum_{k=1}^{\#Gelenke} \left(\left| \vec{Vel}_{joint} \right| \right)$$

unterschreitet der Fehlerwert eine Schwelle kann wird die Soll-Position mit der nächsten Position aus der Trajektorie gesetzt.

7.4.14. Formeln – Interpolation

Die kartesische Interpolation zwischen Soll- und Ist-Position ist linear oder auf einer Bahn, z.b. einer Kurve, möglich. Im Fall der linearen Interpolation wird die Position linear interpoliert und die Rotation wird mit Quaternionen interpoliert. Im zweiten Fall wird die Position nicht einer Graden folgend interpoliert, sondern folgt einer Kurve, was Vorteile hinsichtlich von Singularitäten und der Erreichbarkeit haben kann.

Lineare Interpolation

Definition. *für die Position*

$$\vec{pos}_{ist_{n}eu} = sat(\vec{pos}_{soll} - \vec{pos}_{ist}) + \vec{pos}_{ist}$$

die Rotation wird interpoliert über

$$\vec{quat}_{diff} = \vec{quat}_{soll} - \vec{quat}_{ist}$$

mit dem Skalar

$$\left|norm_{quat}\right| = sqrt\,(w^2 + x^2 + y^2 + z^2)$$

und dem normalisierten Quaternion

$$\vec{n}ormQuat = \frac{\vec{quat}_{diff}}{\left|norm_{quat}\right|}$$

man limitiert den Betrag

$$norm_{sat_q uat} = sat\,(\left|norm_{quat}\right|)$$

und multipliziert den normalisierten Vektor

$$\vec{Q}uat_{QuatSat} = norm_{sat_q uat} * \vec{n}ormQuat$$

addiert die Ist Rotation und normalisiert das Ergebnis

$$\vec{Q}uat_{sat\_soll} = \vec{quat}_{ist} + \vec{Q}uat_{QuatSat}$$

$$\vec{Q}uat_{final} = \frac{\vec{Q}uat_{sat\_soll}}{\left|Quat_{sat_soll}\right|}$$

bei dem Verfahren muss man sicherstellen, dass die Vektoren der Quaternionen in die richtige Richtung zeigen und diese ggfs. invertieren.

Kreisfahrt

sofern man nicht linear die Position interpolieren möchte, kann ein senkrechter Vektor zum Vektor zwischen Soll und Ist gefunden werden, auf dem man dann eine Drehung vollziehen kann.

Definition.

$$\vec{d}elta = \vec{s}ollPos - \vec{i}stPos$$

$$\left|normSoll\right| = sqrt\,(x^2 + y^2 + z^2)$$

$$|normIst| = sqrt(x^2 + y^2 + z^2)$$

$$\vec{A}chse = \vec{n}ormSoll \times \vec{n}ormIst$$

$$|\vec{n}ormAchse| = \frac{\vec{A}chse}{\left|\vec{A}chse\right|}$$

$$winkel = \arccos\left(\frac{\vec{s}ollPos + \vec{i}stPos^T}{normIst * normSoll}\right)$$

$$dist = \frac{1}{2} * (normSoll + normIst) * winkel + |normSoll + normIst|$$

bei gegebenem Wert maxdist

$$faktor = \frac{maxdist}{dist}$$

$$\theta = winkel * faktor$$

kann mit dem bereits erläuterten Verfahren

$$A = \begin{pmatrix} 0 & -normAchse.z & normAchse.y \\ normAchse.z & 0 & -normAchse.x \\ -normAchse.y & -normAchse.x & 0 \end{pmatrix}$$

$$R = I + A * \sin(\theta) + A^2(1 - \cos(\theta))$$

bei dem Verfahren muss man sicherstellen, dass die Vektoren der Quaternionen in die richtige Richtung zeigen und diese ggfs. invertieren. Also Ausnahme muss der Fall gehandelt werden, wenn das Kreuzprodukt denn Nullvektor liefert.

7.4.15. Der Kalman-Filter

Der Kalman Filter eignet sich hervorragend und Störungen durch z.B. Messrauschen zu vermeiden

Definition. *Das System wird beschrieben als*

$$x_k = F_{k-1}x_{k-1} + B_{k-1}u_{k-1} + w_{k-1}$$

Die Prädikation erfolgt durch

$$x_{k|k-1} = F_{k-1}x_{k-1} + B_{k-1}u_{k-1} + w_{k-1}$$

$$P_{k|k-1} = F_{k-1}P_{k-1}F_{k-1}^T + Q_{k-1}$$

Korrektur über

$$x_k = x_{k|k-1} + K_k y_k$$

$$P_k = P_{k|k-1} + K_k S_k K_k^T$$

Innovation

$$y_k = z_k - H_k x_{k|k-1}$$

Residualkovarianz

$$S_k = H_k P_{k|k-1} H_k^T + R_k$$

Kalman Matrix

$$K_k = P_{k|k-1} H_k^T S_k^{-1}$$

7.4.16. Kalman Filter für Roboter und Trackingdaten

Der bereits eingeführte Kalman Filter wird für die Daten des Roboters und dem Tracking verwendet. Die einfachste Form des Filters ist das Filtern der Eingangsdaten, also die Pose zusammengesetzt aus Quaternion und Position. Hierbei wird als Übergangsmatrix die Einheitsmatrix verwendet

Definition.

$$\vec{F}_k = E_7$$

7.5. Fazit

Dieses Kapitel stellte das komplette Robotersystem und die dazugehörige Regelung und Steuerung vor. Das Robotersystem kann wahlweise telemanipuliert und mit haptischer Rückkopplung oder über die Bildgebung und das Trackingssystem sowie mit der Bahnplanung angesteuert werden. So ist mit diesem Kapitel ein flexibles und modularisiertes Steuersystem entwickelt worden.

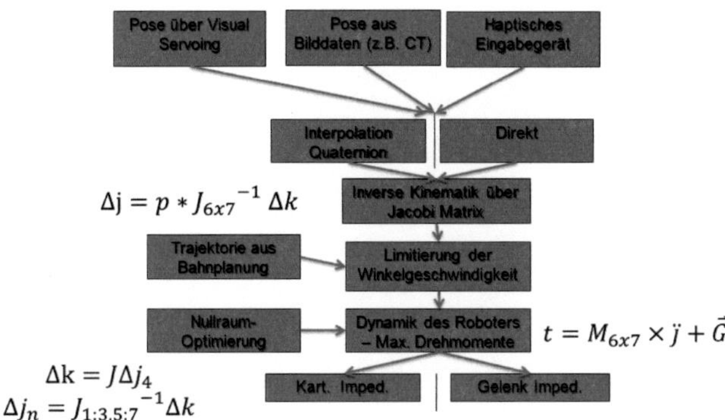

$$\Delta j = p * J_{6x7}^{-1} \Delta k$$

$$t = M_{6x7} \times \ddot{j} + \vec{G}$$

$$\Delta k = J \Delta j_4$$
$$\Delta j_n = J_{1:3,5:7}^{-1} \Delta k$$

Bild 7.20.: Übersicht den implementierten modularisierten Regler für den Roboter

8. Anwendungsfälle

8.1. Anwendung – abdominales Aortenaneurysma

Ziel des EU-FP7-Projektes Safros (Patient Safety in Robotic Surgery) ist die Erhöhung der Sicherheit in der robotergestützten Chirurgie. Im Rahmen dieses Projektes wurde ein Demonstrator aufgebaut, der Elemente aus dem Bereich der autonomen und teleoperierten Chirurgie verbindet. In Zusammenarbeit mit dem Krankenhaus San Rafael in Mailand ist das abdominale Aortenaneurysma (AAA) als Ziel für den Aufbau ausgewählt worden. Der Eingriff wird am Krankenhaus in San Rafael nur sehr selten mittels minimal-invasiver Methoden durchgeführt. Der Großteil der Eingriffe geschieht aber offen. Dies ist motiviert durch die Tatsache, dass die Operation viele Komplikationen hervorrufen kann und zügig durchgeführt werden muss, vor allem abhängig von der Position, an der die Aorta abgeklemmt wird. Bei der Verwendung einer minimal-invasiven Technik besteht daher die grosse Gefahr das der direkte Zugang versperrt ist und im Falle einer Komplikation beim Übergang zur klassischen Technik Zeit verloren geht.

In Abbildung 8.1 ist eine CT-Aufnahme eines Patienten mit einem ausgeprägten Aneurysma zu sehen.

Die zweite Abbildung 8.2 zeigt die entsprechende Volumen-Rekon-struktion im Programm Slicer 3D.

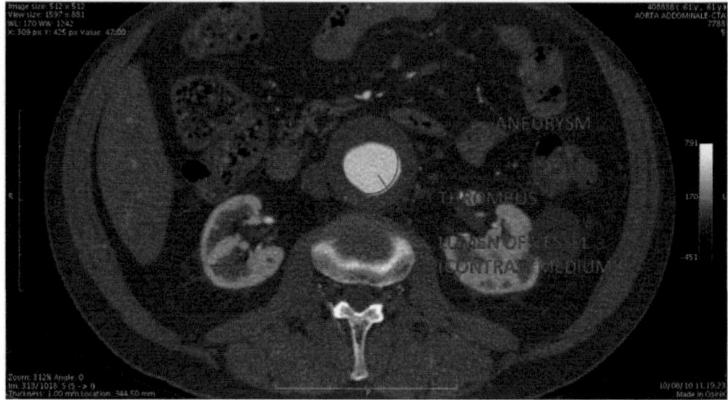

Bild 8.1.: CT-Aufnahme eines Patienten mit einem im CT einfach zu identifizieren-
dem Bauchaortenaneurysma

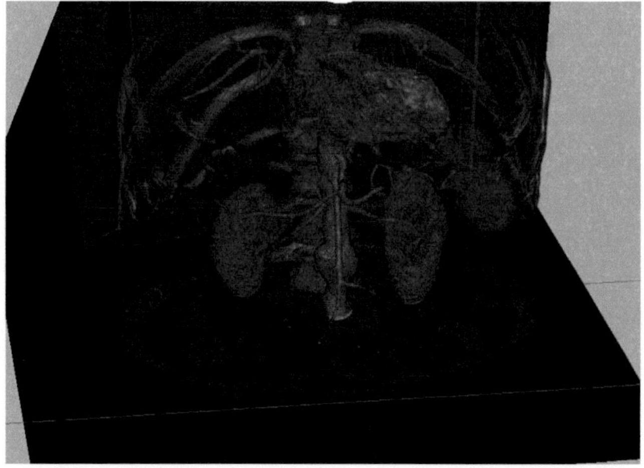

Bild 8.2.: Volumenrekonstruktion in Slicer 3D der entsprechenden CT-Daten

8.1.1. Workflow

Originaler chirugischer Workflow

Morandi und Dodi et al. haben den kompletten Eingriff in einem Workflow beschrieben. Als Formalismus wurde hierbei der YAWL-Formalismus gewählt. Der komplette Workflow ist im Anhang aufgeführt, siehe A.7.

Der Workflow besteht aus sequentiell angeordneten Aktivitäten. Einzige Ausnahme sind zwei Aktivitäten. In einer Aktivität wird die Aorta abgeklemmt, um den Blutfluss zu unterbrechen. Die Aorta darf beim Abklemmen nicht beschädigt werden. Gleichwohl muss genug Druck aufgebaut werden, um den Blutfluss dauerhaft zu unterbrechen, siehe Abbildung 8.3.

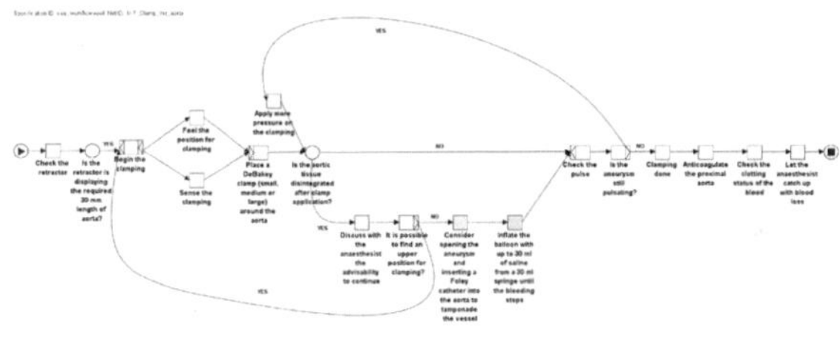

Bild 8.3.: Workflow Schritt

Im darauf folgender Schritt ist die Schwierigkeit das Entfernen des Plaques aus Calcium in der Aorta, siehe Abbildung 8.4. Letztlich ist der Workflow die Formalisierung des momentanen Ablaufes während eines AAA-Eingriffes.

8.1.2. Softwaresystem

Als Softwaresystem kommt in diesem Demonstrator das vollständige Setup zum Einsatz, wie es in Kapitel 6 beschrieben ist. Da beide KUKA-LBR-IV

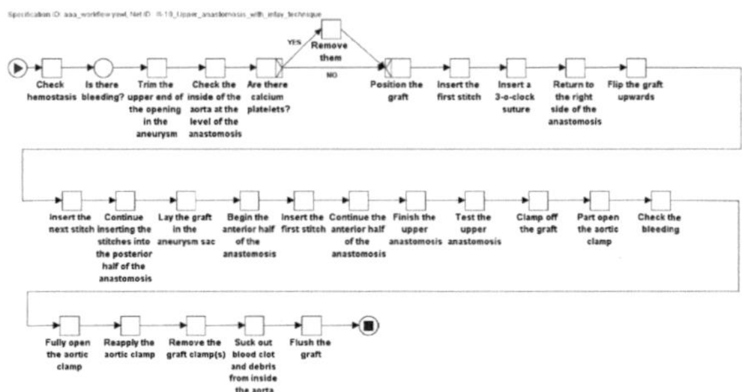

Bild 8.4.: Workflow Schritt

Roboter mit der FRI-Schnittstelle ausgestattet sind, nutzt der Demonstrator durchgängig die FRI-Schnittstelle und damit den passenden Dienst des Frameworks, siehe Kapitel 6.5.1. Das System nutzt auch die Simulationsumgebung und integrierte Bahnplanung zur Steuerung.

8.1.3. Robotersystem

Als System kommt das vollständige Robotersystem aus Kapitel 7 zum Einsatz. Dieses umfasst die zwei Kuka-LBR-IV-Roboter aus Kapitel 7.2.1, die zwei haptische Eingabegeräte (Delta 3 und Omega 7) und den Stäubli-RX90-Roboter, siehe auch 7.2.2. Der Stäubli-RX90 wird zur Führung des Endoskops genutzt 7.2.3, die beiden haptischen Eingabegeräte zur Steuerung der Roboter und der genutzten Instrumente, siehe 7.2.4.

8.1.4. Überwachungssystem

Als Überwachungssystem kommt sowohl das ART Tracking-System als auch die PMD- und RGB-D-Kameras zum Einsatz, siehe auch 7.2.5.

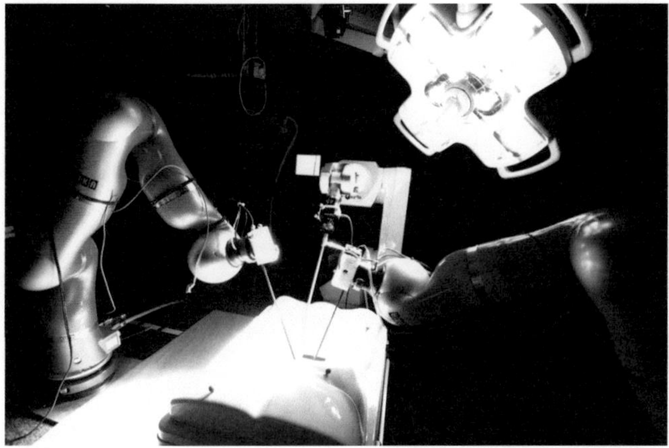

Bild 8.5.: Kompletter Aufbau des Robotersystems für das SAFROS-Projekt

8.1.5. Fazit

Im Falle des AAA-Eingriffes kommt das komplette Robotersystem zum Einsatz. Der von HSR entwickelte Workflow kann direkt mit diesem System genutzt werden. Das System kann sowohl autonom als auch telemanipuliert genutzt werden. Dieser Fall zeigt eine hohe Integration aller entwickelten Hardware- und Softare- Komponenten in einem Setup.

8.2. Beispiel – Schlüsselloch-Chirurgie in der Neurochirurgie

8.2.1. Einführung

Das EU-FP7-Projekt Robocast (ROBOt and sensors integration for Computer Assisted Surgery and Therapy) hat die Schlüsselloch-Chirurgie im Bereich der Neurochirurgie zum Ziel. Hierfür wird ein aus 3 Robotern bestehender Versuchsaufbau realisiert. Als serieller Roboter kommt der Pathfinder-Roboter der Firma Prosurgics zum Einsatz. Es handelt es sich hierbei um einen klassischen Roboter mit sechs Freiheitsgraden, der speziell für die Neurochirurgie angepasst wurde. So verfügt der Roboter über

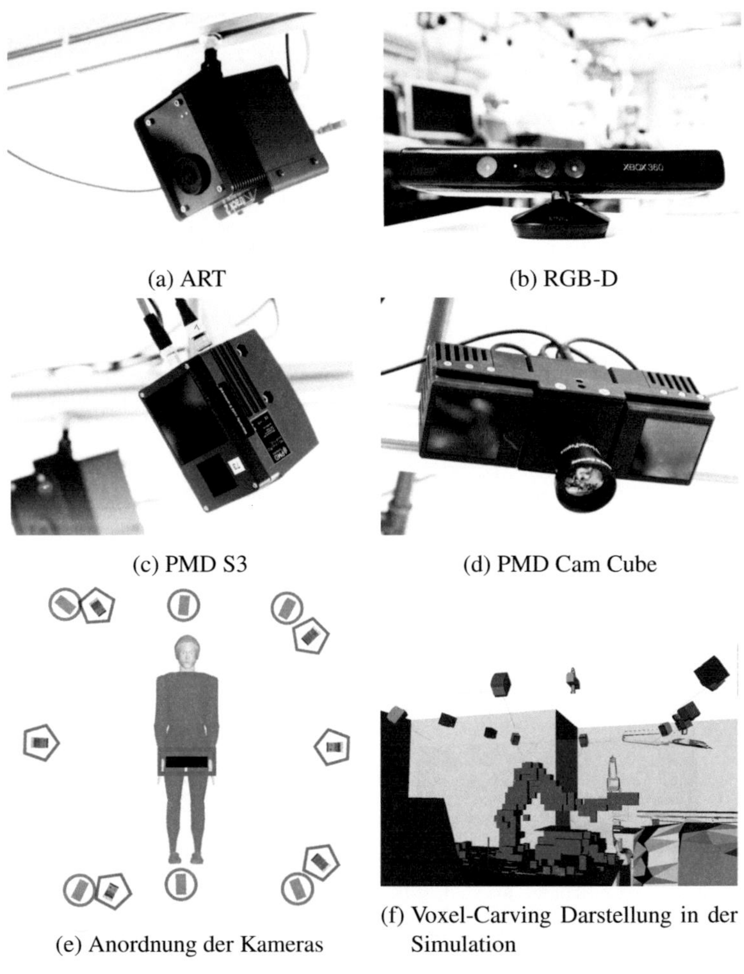

(a) ART

(b) RGB-D

(c) PMD S3

(d) PMD Cam Cube

(e) Anordnung der Kameras

(f) Voxel-Carving Darstellung in der Simulation

Bild 8.6.: Die verschiedenen Überwachungsmodalitäten in Safros.

eine speziellen Fußschalter, der gedrückt werden muss, damit der Roboter verfahren werden soll. Die Wiederholgenauigkeit wird mit bis zu 10 μm und die absolute Genauigkeit mit bis zu 100μm angegeben, sofern eine spezielle Kalibrierung des Roboters durchgeführt wurde [67]. Beide Werte sind aber unter realistischen Bedingungen kaum zu erreichen. Darum wird im Robocast-Projekt der MARS-Roboter eingesetzt. Dieser Roboter verfügt über eine parallele Kinematik mit weiteren 6 Freiheitsgraden. Der MARS-Roboter wird in der Chirurgie dazu genutzt ihm am Knochen des Patienten zu befestigen und hilft so die Präzision des Eingriffes zu verbessern, z.B. beim Einsetzen von Schrauben in die Wirbelkörper [147]. In Robocast wird er dazu verwendet, die Genauigkeit des Systems zu erhöhen. Der Pathfinder Roboter wird mittels des optischen Tracking-System über einen Visual Servoing Ansatz positioniert. Fehler in der Positionierung werden mit dem Mars-Roboter korrigiert. Am Mars-Roboter ist entweder eine Lineareinheit oder ein sich in der Entwicklung befindliches flexibles Instrument befestigt [69]. Der Aufbau mit mit der Lineareineit ist in Abbildung 8.7 zu sehen.

8.2.2. Kommunikation – CORBA

Als zentrales Kommunikations-Framework kommt auch in Robocast COR-BA, wie in Kapitel 6.1.1 beschrieben, zum Einsatz. Für alle Komponenten werden Server-Komponenten realisiert, die dann über CORBA angesprochen werden können. Als Bestandteile des in Kapitel 6.1.5 beschriebenen RAD-Umgebung kam Matlab mit der Simulationsumgebung zum Einsatz, siehe Abbildung 8.8.

8.2.3. Workflow

Das Robocast-System verwendet zwei verschiedene Worfklow-Engines. Zum einen eine einfach gehaltene Version, die das sequentielle Pattern und die XOR-Split und XOR-Joins beherrscht. Diese bietet keinerlei darüber

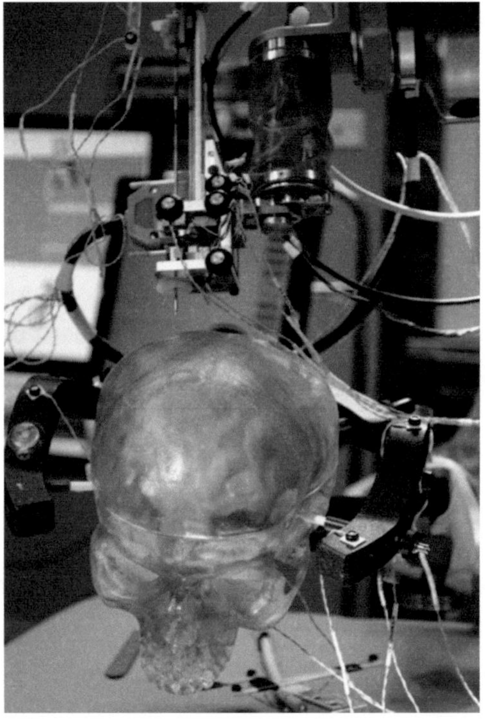

Bild 8.7.: Der Robocast-Versuchsaufbau mit Pathfinder, Mars Roboter und der dazugehörigen Lineareinheit. Der Rahmen für den Patienten und der End-Effektor sind mit aktiven Markern versehen.

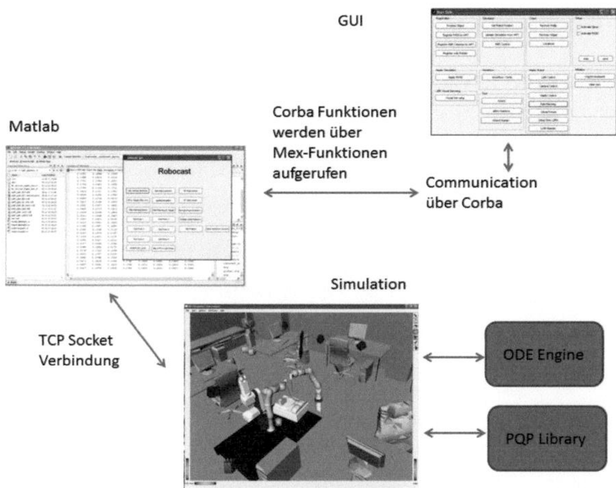

Bild 8.8.: Integration von CORBA, der Simulation und Matlab in Robocast.

hinaus gehende Möglichkeiten und ist im Sourcecode definiert und bietet somit keinen grafischen Editor. Als Alternative wird der integrierte Editor aus Kapitel 6.2.1 und die entsprechende Engine aus Kapitel 6.2.3 verwendet.

8.2.4. Quasi Optimale Pose

Bereits in Kapitel 6.5.2 wird beschrieben, wie die Pose für den Roboter auf einfache Weise bestimmt werden kann. Das Verfahren wird in Robocast zur Bestimmung der Pose für den Pathfinder Roboter genutzt. In der Planung werden zwei Punkte bestimmt. Zum einen das eigentliche Ziel innerhalb des Kopfes und zum anderen der Punkt am Kopf, an dem der Zugang ist. Diese beiden Punkte werden für die Methode verwendet, die darüber die Pose bestimmt.

8.2.5. Bahnplanung

Damit der Roboter kollisionsfrei zu der Zielpose bewegt werden kann, wird die Bahnplanung im Robocast-Projekt verwendet. Als Algorithmus wird der RRT-Algorithmus gewählt, der bereits in Kapitel 3.6.3 vorgestellt wurde. Objekte werden mit aktiven Markern versehen und vom optischen Trackingsystem getrackt oder sind statisch vorhanden. Für alle Objekte und Teile des Raumes können Standard-CAD-Objekte in die Simulationsumgebung Openrave eingebunden werden.

Die Bahnplanung wird mit einem Testprogramm validiert, dass in einem definierten Kubus zufällig ein Hindernis einsetzt und das den Roboter zwischen zwei Posen hin und her fahren lässt.

Da die Bahnplanung eine mögliche kollisionsfreie Trajektorie vorschlägt, berücksichtigt sie nicht die minimalen Distanzen zur Umgebung. Dem Benutzer wird daher ein Graph angezeigt, der für die gesamte Trajektorie die auftretenden minimalen Distanzen der einzelnen Links des Roboters zur Umgebung berechnet, siehe Abbildung 8.9 und 8.10. Wie dies effizient implementiert werden kann, ist bereits in Kapitel 3.6.2 und 3.6.2 beschrieben.

8.2.6. Abschluss

Im Robocast Projekt werden Bestandteile des Frameworks verwendet. Hierzu gehört die Bahnplanung, die RAD Umgebung und die Verwendung von CORBA. Der vollständige Aufbau, der im Krankenhaus von Verona demonstriert wurde, ist in Abbildung 8.11 zu sehen.

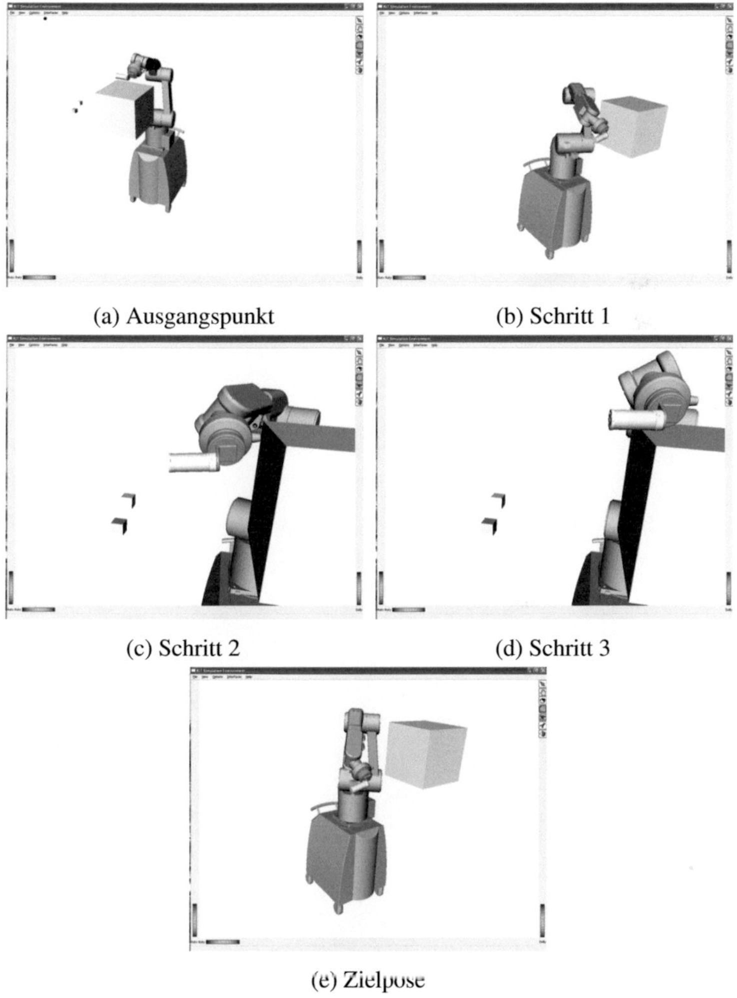

(a) Ausgangspunkt

(b) Schritt 1

(c) Schritt 2

(d) Schritt 3

(e) Zielpose

Bild 8.9.: Visualisierung der Bahnplanung des Roboters in Robocast mit einem Hindernis, das vom optischen Trackingsystem getrackt wird.

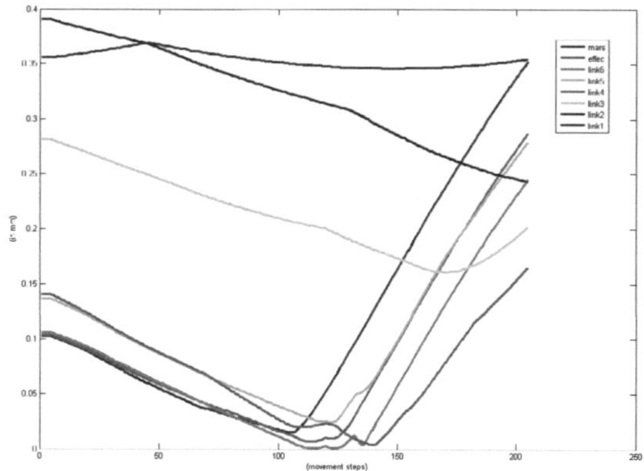

Bild 8.10.: Visualisierung der minimalen Distanzen einer Trajektorie des Roboters in Robocast.

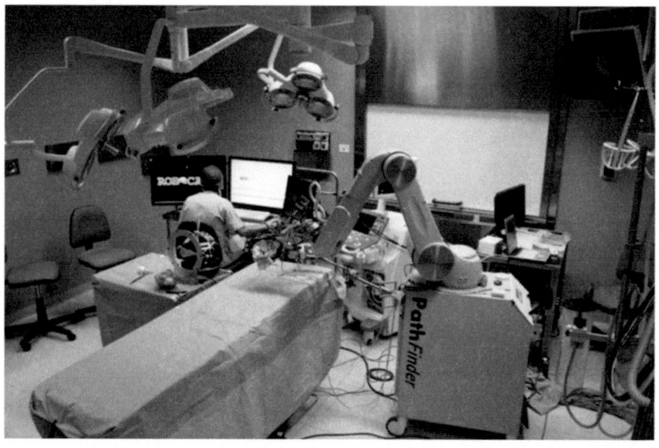

Bild 8.11.: Der endgültige Robocast Aufbau im Operationssaal im Krankenhaus in Verona.

8.3. Anwendung – autonomes Lasersystem mit dem Leichtbauroboter

8.3.1. Das System

8.3.2. Demonstrator

Im Rahmen des EU-FP6-Projektes AccuRobAs (Accurate Robot Assistant) wurde ein Demonstrator aufgebaut, der einen Leichtbauroboter von KUKA (LWR-III) mit einem optischen Trackingsystem kombiniert. Dieses Setup wird erweitert, um den Laser Osteotom OsteoLas x10, der vom Caesar Institut in Bonn stammt. Das System besteht aus einem CO_2-Laser (Rofin Sinar SCx10), einem Arges Scankopf und einem Spiegelgelenkarm, der den Laser in den Scankopf umleitet. Der Scankopf ist ein 2-Achsen-Scankopf, der den Laser in eine Ebene projizieren kann. Der Scankopf wird genutzt, da der CO_2-Laser gepulst arbeitet und mit jedem Puls nur wenig Material abträgt, daher ist ein schnelles Positionieren sinnvoll. Dieses ist mit dem Scankopf leichter zu bewerkstelligen, als wenn man hierzu den Roboter selbst bewegen würde. Das Einsatzgebiet des Lasers ist hier das Schneiden von Knochen, siehe Abbildung 8.12.

Der Demonstrator nutzt Teile des entwickelten Frameworks aus Kapitel 6, insbesondere den Visual Servoing Algorithmus 7.4.6 und die Bewegungskompensation 7.4.8. Für den Roboter wird die RSI Schnittstelle und der passende Dienst aus dem Framework verwendet 6.5.1. RSI wird hier verwendet, da nur diese Schnitt mit dem LBR-III 7.2.1 und der verwendeten Version der Steuerungssoftware nutzbar ist.

Die Registrierung des Patienten erfolgt durch markerbasierte Standard-Methoden nach Goldstandard. Die Trajektorie auf dem Knochenstück wird auf segmentierten CT Daten geplant. Da das erreichbare Feld des Scankopfes limitiert und gleichzeitig der Fokusbereich des Lasers sehr klein ist, ist es ggfs. notwendig, den Roboter umzupositionieren, um eine optimale Schnittvorgang gewährleisten zu können. Somit ist das Ergebnis der Pla-

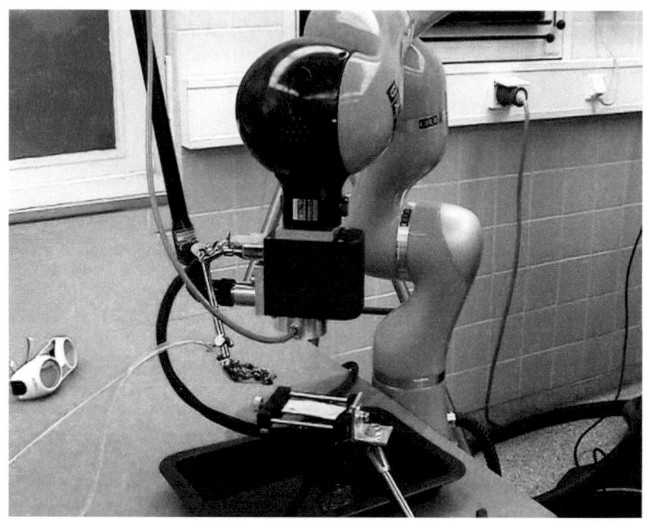

Bild 8.12.: LWR-III Roboter mit dem Lasersystem und Spiegelgelenkarm

nung eine Sammlung von Roboterpositionen, kombiniert mit entsprechenden Trajektorien für den Scankopf. Der zum Einsatz kommende Roboter ist ein LWR-III Leichtgewichtsroboter, wie er bereits in Kapitel 3.8.4 vorgestellt wird.

Als optisches Tracking System kommt ein System der Firma ART zum Einsatz, wie in Kapitel 3.7.3 beschrieben.

8.3.3. Patientenmodell

Um die Position für den Roboter frei festlegen zu können, wurde eine eigenständiges Applikation entwickelt. In diesem Projekt wurde noch nicht Slicer 3D genutzt, das in Kapitel 6.2.6 als Bestandteil des Frameworks aufgeführt ist. Stattdessen wurde ein Programm entwickelt, das unter Linux die GTK-Bibliothek verwendet und VTK für die Visualisierung nutzt. Die CT-Daten werden hierbei nicht direkt im Programm eingebunden, sondern in einem anderen Programm vorverarbeitet, z.B. in Osirix oder in Slicer

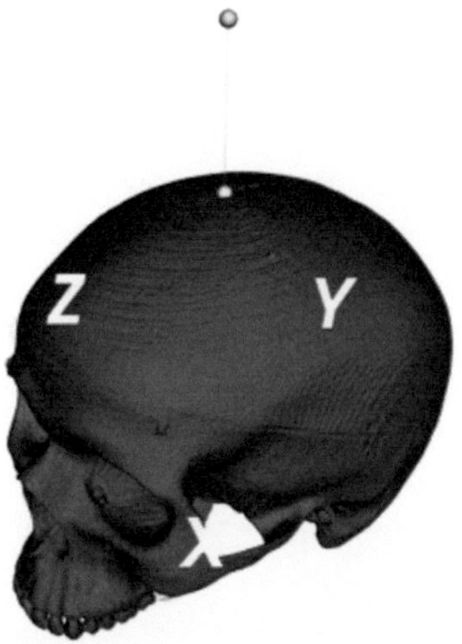

Bild 8.13.: Das Modell, in dem die Position für den Roboter festgelegt wird

3D. In dieser Applikation werden die segmentierten 3D-Daten geladen, die aus dem CT-Scan erstellt wurden. Dieses Modell stellt hinsichtlich der Planung eine sehr vereinfachte Form dar und wird lediglich zur schnellen Positionierung des Roboters eingesetzt. Der Benutzer definiert im Modell die Position für den Scankopf. Mit den aus der Registrierung gewonnen Daten wird dann diese Position in das Koordinatensystem des Trackingsystems umgerechnet. In dem Modell wird die Orientierung in 4 DOF definiert. Die Position für den Scankopf und der Schnittpunkt mit dem Knochen ergibt eine Achse, um die der Scankopf gedreht werden kann und ist somit nicht eindeutig definiert. Dieses Problem wird mit der Methode aus Kapitel 6.5.2 gelöst.

Patientenregistrierung

In AccuRobAs wird der Patient mittels mehreren Punkten, den sogenannten Fiducial-Markern, registriert. Hierzu werden Titaniumschrauben in den

Knochen eingeschraubt. Das Knochenstück wird mit einem Computertomographen (CT) gescannt und die resultierenden Bilddaten segmentiert. In den CT-Daten können dann die Schrauben identifiziert werden. Gleichzeitig wird aus den CT-Schichtdaten ein 3D-Modell erzeugt, das zur Visualisierung dient. Die Punkte werden auch am Patient mit einem Pointer identifiziert. Hierzu wird der Pointer in jede Schraube eingesetzt und im Kreis bewegt. Die resultierenden Daten werden pivotisiert, siehe Abbildung 8.14. Die Transformation zwischen beiden Punktmengen, aus den CT-Daten und vom Pivotisieren, wird mit der Methode nach Horn bestimmt, wie bereits in Kapitel 6.2.7 beschrieben.

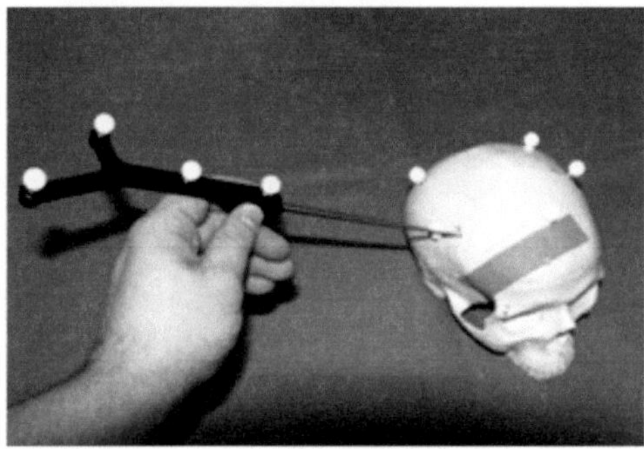

Bild 8.14.: Registrierung der Titanschrauben über den NDI Pointer

8.3.4. Intuitive Planung

Um eine Schnitttrajektorie auf einem Knochenstück realisieren zu können, werden spezielle Planungsprogramme eingesetzt. Diese Methode erfordert einen hohen Zeitaufwand, da der Benutzer zwischen Planungsprogramm und Patienten wechseln muss. Bei konventionellen Eingriffen ist eine umfangreiche prä-operative Planung untypisch. Da der LWR-III -Roboter die Handführung des Roboters erlaubt, kann man das System auch einsetzen, um auf intuitivere Weise die Planung zu erstellen, siehe Abbildung 8.15.

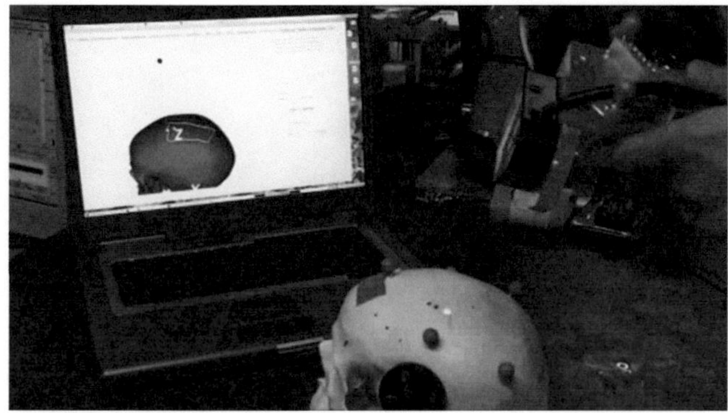

Bild 8.15.: Intuitive Planung mit dem LWR-III-Roboter, die Trajektorie ist angezeigt

Bild 8.16.: Das haptische Rendering verhindert einen direkten Kontakt zwischen
Roboter und Patient

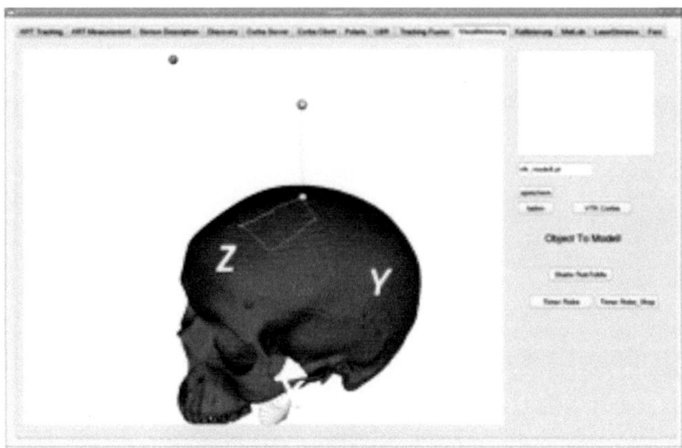

Bild 8.17.: Planungssoftware für den Eingriff mit angezeigter Trajektorie und der Position des Roboters in Modellkoordinaten

Mit der aus der Registrierung gewonnen Transformation kann zwischen Modell und getracktem Objekt in beide Richtungen transformiert werden. Hierbei wird die Position des Scankopfes im Modell angezeigt. Um den Punkt zu ermitteln, in dem der Laser in Nullstellung des Scankopfes den Knochen treffen würde, wird die momentane Orientierung des Scankopfes ermittelt und ebenfalls ins Modell transformiert. Der ermittelte Schnittpunkt im Modell kann nun benutzt werden, um ihn als Eckpunkt der möglichen Trajektorie abzuspeichern. Gleichzeitig wird das Modell als Haptic Renderer für den Roboter verwendet. Dies ermöglicht es, mit dem LWR-III Roboter ein Force Feedback für den Benutzer zu realisieren. Hierzu wird der am nächsten gelegene Punkt auf dem Modell relativ zum Scankopf ermittelt. Unterschreitet dieser eine gewisse Distanz, wird die Steifigkeit des Roboter schrittweise bis zur maximalen Steifigkeit erhöht. Damit erhält der Benutzer eine direkte und intuitive Rückkopplung. Gleichzeitig wird ab einer definierten minimalen Distanz eine Gefährdung des Patienten verhindert, da der Roboter nicht mehr weiter Richtung Patient bewegt werden kann, siehe Abbildung 8.16. Zwar erreicht der Roboter im Versuchsaufbau nicht die 1-Khz-Render-Frequenz, die für haptisches Rendering gewünscht wird, aber der prinzipielle Aufbau wird demonstriert. Die Trajektorie wird mit dem Dijkstra-Algorithmus berechnet, siehe Abbildung 8.17.

8.3.5. Workflow

Für AccuRobAs wurde ein kompletter Workflow für den Eingriff entwickelt. Der Workflow umfasst nicht nur einen übergeordneten Workflow, wie er in Kapitel 8.3.5 angegeben ist, sondern auch detaillierte Subworkflows, wie sie in Kapitel 8.3.5, 8.3.5, 8.3.5 und 8.3.5.

Übergeordneter Workflow

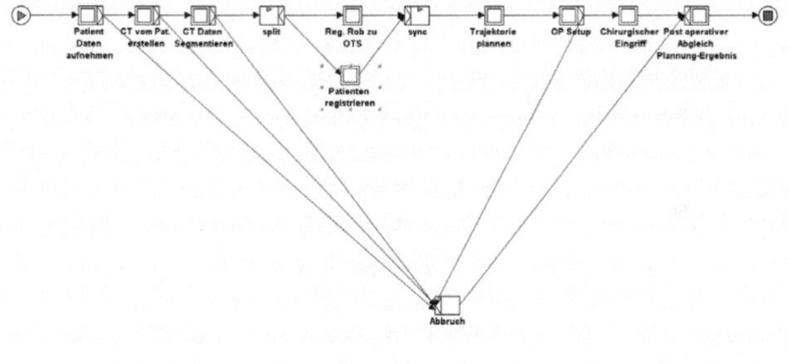

Bild 8.18.: Übergeordneter High-Level Workflow

Der in der Abbildung 8.19 angegebene übergeordnete Workflow zeigt die grundsätzlichen Schritte, die notwendig sind, um einen robotergestützten Eingriff vorzunehmen. Dieser übergeordnete Workflow ist noch vollkommen unabhängig vom eigentlichen Eingriff. Hierbei wird der Patient aufgenommen und wird mit einem CT gescannt und die Daten werden verarbeitet. Danach kann gleichzeitig die Registrierung zwischen optischen Trackingsystem und Roboter vorgenommen und der Patient kann registriert werden. Im nächsten Schritt wird die Trajektorie geplant. Die Geräte werden noch einmal überprüft und initialisiert und der eigentliche Eingriff wird gestartet.

Der chirurgische Eingriff

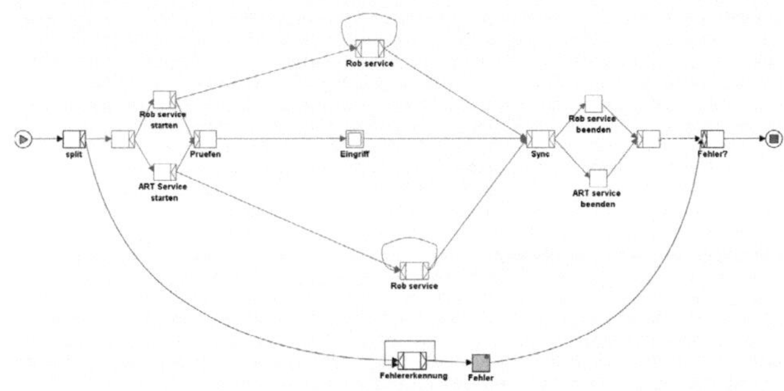

Bild 8.19.: Übergeordneter Workflow für die Planung

Der chirurgische Eingriff ist als Subworkflow im High-Level Workflow enthalten, siehe Abbildung 8.19. Dieser Workflow modelliert Start und Überwachung aller benötigten Dienste und Geräte. Dies wird durch die rot markierte Abbruchregion erreicht. Die Ansteuerung des Workflows geschieht noch nicht auf dieser Ebene. Der Eingriff kann unterschiedlich modelliert werden. In diesem Beispiel wird unterschieden zwischen einem positionsgesteuerten Eingriff, bei dem der Roboter nicht getrackt wird, der aber die höchste Ungenauigkeit bietet, einem Eingriff mit Visual Servoing, bei dem der Roboter getrackt wird und sich die Genauigkeit erhöht, sowie einem Eingriff mit Bewegungskompensation, bei dem auch die mögliche periodische Bewegungen des Patienten, z.B. durch die Atmung, berücksichtigt werden. Diese verschiedenen Optionen sind als Worklets implementiert, damit sie dynamisch ausgewählt werden können. Dies bietet sich an, da diese Prozesse zwar die Daten der vorhergehenden Schritte detailliert benötigen, wie Registrierung und Planung, diese aber unterschiedlich weiterverarbeiten. Die unterschiedlichen Workflows sind in den folgenden Kapiteln beschrieben.

Registrierung des Patienten

Die Registrierung in AccuRobAs ist in Kapitel 8.3.3 beschrieben. Der dazugehörige Workflow ist in Abbildung 8.20 dargestellt. In diesem Workflow wird der Dienst für das Trackingsystem gestartet und überwacht. Im Falle eines Fehlers greift eine Abbruchregion. In inneren Bereich des Workflows werden die Punkte am Patienten durch Pivotisierung erfasst, und die Punkte in den Bilddaten identifiziert. Danach kann der Registrierungs-Algorithmus ausgeführt werden. Sobald ein Fehler auftritt, greift auch hier eine Abbruchregion, siehe Abbildung 8.20.

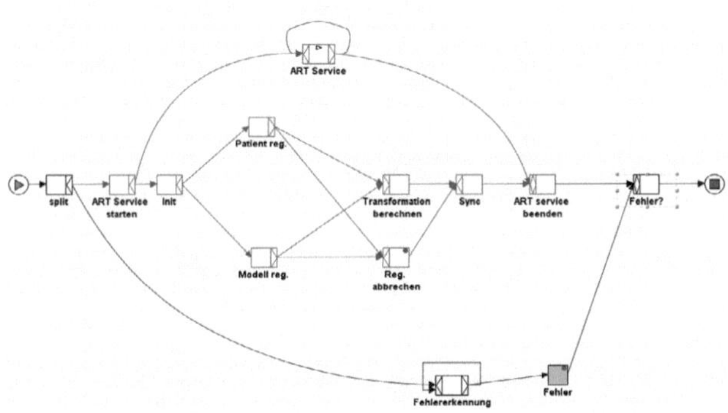

Bild 8.20.: Workflow für die Registrierung des Patienten

Registrierung des Roboters zum Trackingsystem

Die Methode zur Bestimmung der Transformation zwischen dem Koordinatensystem des Roboters und dem des Trackingsystems, wird in Kapitel 6.5.2 beschrieben. Der dazugehörige Workflow ist in Abbildung 8.21 angegeben. Wesentlicher Bestandteil ist das gleichzeitige Überwachen der gestarteten Dienste für den Roboter und das Trackingsystem. Ebenso das gleichzeitige Aufnehmen der Punkte in beiden Koordinatensystemen. Es ist wieder eine Abbruchregion modelliert, um eventuelle Fehler korrekt abfangen zu können.

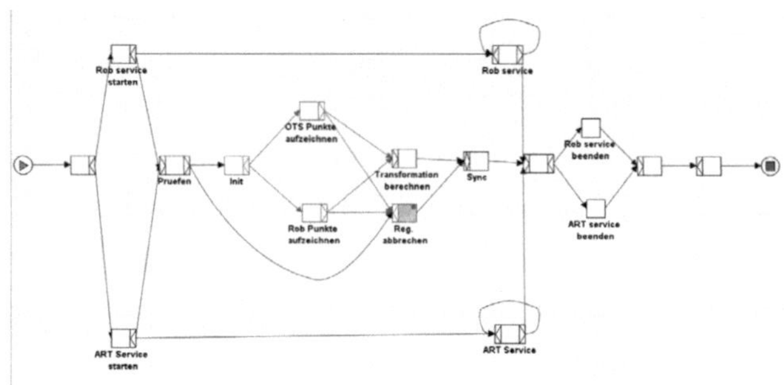

Bild 8.21.: Workflow für die Registrierung zwischen Roboter und Trackingsystem

Workflow für die intuitive Planung

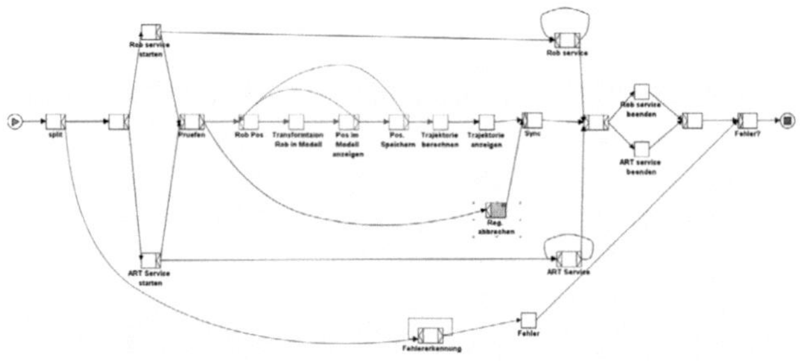

Bild 8.22.: Workflow für die handgeführte Planung

Der Workflow für diesen Planungschritt ist in der Abbildung 8.22 angegeben. Hierbei werden die benötigten Dienste gestartet, in diesem Fall der Roboter-Dienst und der ART-Service, und danach wird in einer Schleife die

Position vom Roboter ausgelesen und in das Modell übertragen. Sobald der Benutzer einen Punkt speichert, wird dieser übernommen. Wenn alle Punkte für die Trajektorie aufgenommen sind, wird die Trajektorie berechnet und die Dienste werden beendet. Im Falle eines Fehlers wird der Vorgang über die beiden Abbruchregionen abgebrochen.

Positionskontrolle

Der Workflow für die Positionskontrolle beschreibt den Ablauf wenn das Trackingsystem zur Verfolgung des Zielobjektes genutzt wird, aber kein Visual Servoing zum Einsatz kommt. In diesem Fall wird die Registrierung zwischen Roboter und Trackingsystem genommen, um die Position des Roboters zu berechnen. Der vollständige Ablauf ist in Abbildung 8.23 angegeben. Es existiert eine Abbruchregion für den Fall, dass die Position sich verändert bzw. ihr Fehler zu groß ist. Dies ist der Fall, wenn das Objekt sich bewegt, der Roboter verschoben wird, Kraft auf den Roboter einwirkt oder die Registrierung fehlerhaft ist, was über den Body am Roboter erkannt werden kann.

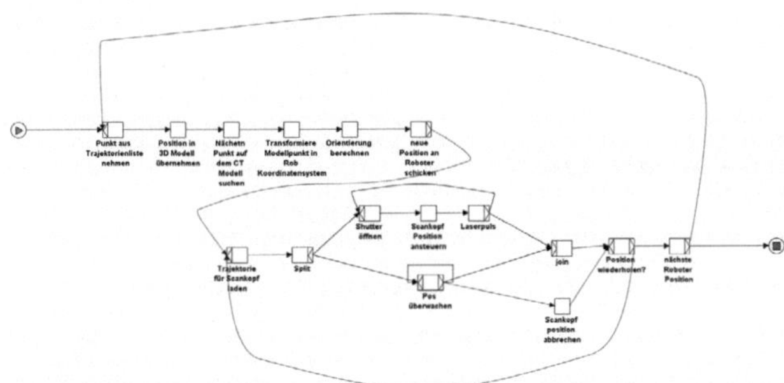

Bild 8.23.: Workflow für die Positionsbestimmung über das optische Tracking-system

Visual Servoing

In Abwandlung zum vorhergehenden Workflow in Kapitel 8.3.5 betrachtet dieser Workflow den Fall des Visual Servoings. Der Algorithmus und die Implementierung wurde bereits in Kapitel vorgestellt 7.4.6. Die einzige Abwandlung ist, dass der Visual Servoing Algorithmus an die Stelle des einfachen Umrechnen zwischen den beiden Koordinatensystemen tritt und das Verfahren iteriert bis die benötigte Genauigkeit erreicht ist, siehe Abbildung 8.24.

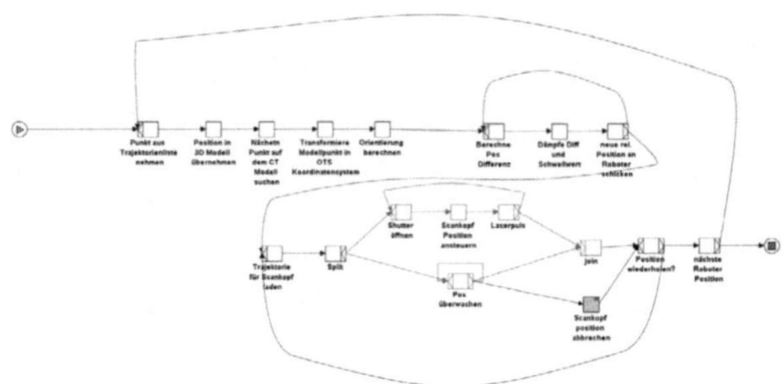

Bild 8.24.: Workflow zur Steuerung des Roboters mittels Visual Servoing

Bewegungskompensation

Im Fall der Bewegungskompensation verändert sich der Workflow erheblich verglichen mit der Positionskontrolle 8.3.5 und dem Visual Servoing 8.3.5. Der Algorithmus für die Bewegungskompensation ist in Kapitel 7.16 erklärt. Der Workflow modelliert die Tatsache, dass mehrere Aktionen parallel ablaufen müssen. Während der Scankopf die Trajektorie abfährt, muss überprüft werden, ob der Fehler in der Positionierung ausreichend klein ist. Gleichzeitig muss die Bewegungskompensation ausgeführt werden. Der Großteil ist als Abbruchregion modelliert, für den Fall, dass sich in einem der Teile ein Fehler ereignet.

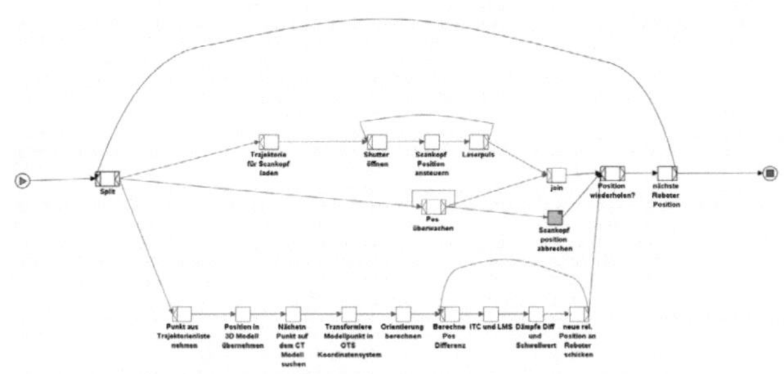

Bild 8.25.: Workflow für die Bewegungskompensation

Zusammenfassung

In diesem Kapitel wird exemplarisch ein kompletter chirurgischer Eingriff mittels Workflows modelliert und geplant. Hierbei wurde Gebrauch von zwei wesentlichen Eigenschaften der Workflow-Sprache YAWL gemacht: 1. Wurden die Workflows der formalen Korrektheitsprüfung unterzogen und 2. wurden Abbruchregionen genutzt, um explizit den möglichen Abbruch einer Aktion zu formulieren. Der Demonstrator zeigt einen vollständigen Aufbau von der Akquise der Bilddaten über die Planung und Ausführung.

8.3.6. Laserschneiden

Abbildung 8.26 zeigt das Ergebnis eines statisch durchgeführten Versuchs. Der Versuchsaufbau ist in Abbildung 8.12 dargestellt. Die drei Schnitte sind das Ergebnis drei verschiedener Arten den Roboter zu positionieren. Im linken Schnitt führte der Roboter eine Nullraumbewegung aus, während der CO_2-Laser aktiv war. Im mittleren Versuch wurde der Schnitt unterbrochen, der Roboter in eine neutralen Position bewegt, um dann wieder die Position zum Schneiden einzunehmen. Das Ergebnis demonstriert mögliche Ungenauigkeiten durch die Fehler in der Wiederholgenauigkeit des Roboters. Im

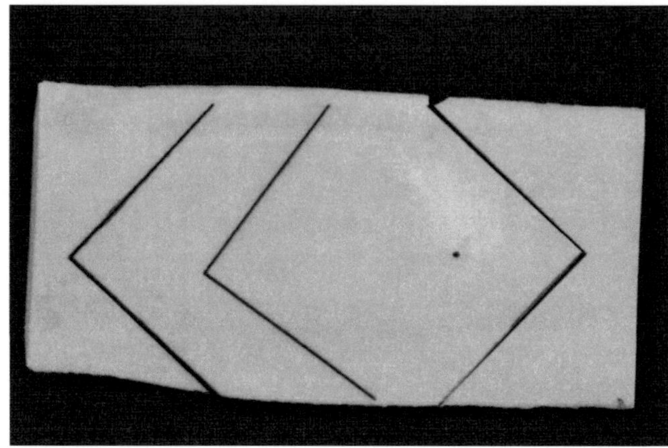

Bild 8.26.: Beispiel für verschiedene Knochenschnitte die mit dem CO_2 Laser durchgeführt wurden

rechten Versuch wurde der Roboter zur Zielposition gefahren und während des gesamten Schnittvorgangs nicht bewegt. Im Falle des LBR Roboters demonstriert das den Einfluss des Active Vibration Damping, also der Tatsache, dass der Roboter ununterbrochen aktiv angesteuert und geregelt wird, wie in Kapitel 3.8.4 beschrieben. Der rechte Schnitt wurde durchgeführt bis das Knochenstück vollständig durchtrennt war. Rein optisch kann man bei diesem Versuch nur sehr geringe Effekte beobachten. Die Nullraumbwegung führt zu einer geringen Bewegung des End-Effektors und somit zu einer geringen, wenn auch sichtbare, Erweiterung der Schnittbreite. Der Test der Wiederholgenauigkeit und des Verhaltens an einer Position zeigt kaum sichtbare Unterschiede.

Der endgültige Aufbau ist in Abbildung 8.27 für den statischen und bewegungskompensierten Fall zu sehen. Sowohl die Probe als auch der Endeffektor am Roboter sind mit Markerkugeln versehen und werden vom optischen Trackingsystem erfasst. Der Roboter wird über den in Kapitel 7.4.6 vorgestellten Visual Servoing Algorithmus angesteuert. Die Registrierung zwischen Bilddaten und Knochenstück erfolgte über die Methode

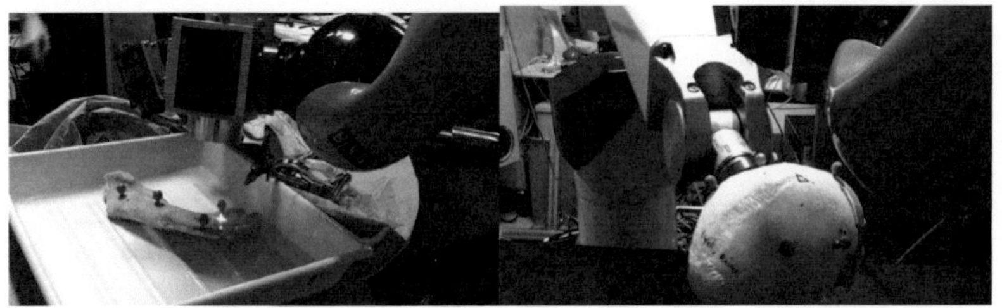

<table>
<tr><td align="center">(a) Statisch</td><td align="center">(b) Bewegungskompensiert</td></tr>
</table>

Bild 8.27.: Finaler Demonstrator mit dem Leichtbauroboter im AccuRobAs Projekt, auf der linken Seite der statische Fall und im rechten Fall bewegungskompensiert

aus Kapitel 6.2.7. Im bewegungskompensierten Fall wird die in Kapitel 7.4.8 beschriebene Regelung benutzt, um den Fehler in der Positionierung zwischen beiden Geräten auszugleichen.

8.4. Zusammenfassung

Das in diesem Kapitel vorgestellte System demonstriert den Einsatz des Frameworks in einem vollständig autonomen Aufbau. Die Planung wird anhand prä-operativer CT-Daten durchgeführt und der Roboter als Positioniereinheit verwendet, um ein Werkzeug, in diesem Fall den CO_2 Laser, zu führen. Der Planung erfolgt über Workflows im YAWL-Formalismus, wie in Kapitel 8.3.5 ausführlich beschrieben. Der Workflow ist exemplarisch für einen vollständig autonomen Eingriff. Vor allem der Einsatz des Formalismus der Abbruchregionen hilft, den Workflow übersichtlich zu strukturieren und die Komplexität nicht anwachsen zu lassen. Die Verwendung des Leichtbauroboters zeigt, dass es möglich ist, einen solchen Roboter für Anwendungen mit hohen Genauigkeitsanforderungen zu verwenden. Die verwendete Methode zur Steigerung der absoluten Genauigkeit ist dabei grundsätzlich für jeden Roboter mit mindestens 5 Freiheitsgraden nutzbar und auch sinnvoll, da die absolute Genauigkeit der Roboter typischerweise wesentlich geringer ist als ihre Wiederholgenauigkeit.

9. Zusammenfassung

9.1. Lösungen

9.1.1. Systemarchitektur

Für die Kommunikation zwischen verschiedenen Prozessen und Rechnern wurden unterschiedliche Frameworks untersucht. Letztlich fiel die Wahl auf die ACE ORB Implementierung (TAO – The ACE ORB (Object Request Broker)), das die Anforderungen der Realtime Corba Spezifikation erfüllt. Die Implementierung zeichnet sich durch eine hohe Performance aus und kann für verschiedene Betriebssysteme (Windows, Linux) problemlos übersetzt und genutzt werden. Hierauf aufbauend wurde eine Rapid Application Development Environment (RADE) aufgebaut, die auf Standard-Betriebssystemen (Windows/Linux) mittels Matlab/Simulink direkt eine quasi-echtzeitfähige Umgebung schafft. Hierzu werden die Scheduling-Prioritäten der Prozesse erhöht und im Falle einer verpassten Zeitschranke erkennen die Prozesse anhand einer Synchronisierung mit der Sensorik/Aktorik dies und können passend reagieren. Es wird eine Reihe von S-Funktionen (Simulink) und Mex-Funktionen (Matlab) implementiert. Diese ermöglichen das Skripten von Funktionen, insbesondere solchen mit relativ langsamen Updateraten, wie z.B. die Darstellung von getrackten Objekten in der Simulation oder die Berechnung der neuen Sollposition aus den Bilddaten heraus. Für die Regelung und Steuerung mit hohen Taktraten und geringen Latenzen kann mit Simulink die Anwendung direkt grafisch implementiert und ausgeführt werden. Diese Umgebung verkürzt somit die benötigte Zeit für die Entwicklung von Demonstratoren wesentlich. Das System verbindet viele verschiedene Prozesse zu einem System, dazu gehören die Bildgebung (Slicer 3D), haptisches Rendern (Chai 3D), Simulation (Openrave), Kamerasystem und Sensorik (Optisches Tracking – ART, PMD, RGB-D und Laserdistanzsensor) sowie die Steuerung der Aktorik (Roboter, Instrumente und Spiegelgelenkkopf).

9.1.2. Planung mit Validierung und Verifikation

Um die Planung grafisch und validierbar durchführen zu können, werden verschiedene Formalismen dahingehend untersucht. Die Untersuchung wählt den Formalismus YAWL (Yet Another Workflow Language) von van der Aalst et al. aus, da dieser Formalismus ein Höchstmaß an Validierungsmöglichkeiten bietet. Hierauf aufbauend wird eine Verifizierung implementiert, die den Workflow in ein Modellprüfungsproblem überführt und gegen eine gegebene Anzahl von Formeln verifiziert. Die Formeln werden in Temporallogik formuliert, da Temporallogik die Reihenfolge von Aktionen ausdrücken kann. Für die YAWL Workflow Engine wurde eine passende Anbindung an die bestehende RADE-Umgebung implementiert.

9.1.3. Simulation des Systems und Bahnplanung

Um das gesamte System simulieren und eine Kollisionsprüfung durchführen zu können, wird mittels Openrave eine komplette Simulationsumgebung aufgebaut. In der Simulation kann so die Erreichbarkeit der Zielstrukturen für die Roboter überprüft werden. Ebenso kann in einem Setup-Planer die Zielpose für die Roboter in verschiedenen Koordinatensystemen (Objekt, Welt, Roboter) geplant und gespeichert werden. Während der Ausführung werden in Echtzeit die Position der Roboter aktualisiert und über das optische Trackingsystem verfolgte Objekte eingebunden. Ebenso wird über PMD (Photonic Mixer Device) und RGB-D (RGB-Depth) Kameras die Szene zusätzlich rekonstruiert. Dies ermöglicht einen umfassenden Blick auf die momentane geometrische Konfiguration der Umgebung. Hierauf aufbauend kann dann die Bahnplanung mittels des Rapid Exploring Dense Trees (RRT)-Algorithmus eine kollisionsfreie Trajektorie für den Roboter bestimmen.

9.1.4. Sensorik

Als Sensorsystem kommen neben der Positionssensorik der Roboter ein optisches Trackingsystem (von der Firma ART mit sechs Kameras) und eine zusätzliche Überwachung des Operationssaals mittels RGB-D und PMD Kameras zum Einsatz. Das optische Trackingssystem ermöglicht durch seine hohe Genauigkeit und das große Arbeitsvolumen mit 6 Kameras auch die zusätzliche Positionsverbesserung des Roboters über Visual Servoing. Eine passende und einfach zu handhabende Registrierung zwischen dem optischen Trackingsystem und dem Roboter wird implementiert, die durch handgeführtes Bewegen oder automatisches Abfahren einer Trajektorie alle benötigten Parameter bestimmt, um mit einem Gauß-Newton Verfahren die Registrierung zu errechnen. Die Daten des PMD-Kamerasystems in einer Voxel-Space Repräsentation werden zur Bestimmung des kollisionsfreien Raumes genutzt. Eine bestehende Implementierung eines Menschmodells für RGB-D Kameras wird herangezogen, um die Position von Menschen zu bestimmen und in die Kollisionsprüfung einfließen zu lassen. Alle anderen Registrierungen werden über die Standardmethode von Horn et al. vorgenommen.

9.1.5. Das KIT-AUTO-MIRS Robotersystem

Um die hohen Anforderungen für das Robotersystem erfüllen zu können, werden zwei KUKA Leichtbauroboter mit jeweils sieben Freiheitsgraden und integrierter Drehmomentsensorik genutzt. Die Roboter können mit bis zu 1 kHz angesteuert werden. Sie bieten einen Impedanzregler sowohl im kartesischen Raum als auch im Gelenkraum. Durch ihre geringe Masse und optimierte Motoren können sie mit einer hohen Dynamik bewegt werden. Sie weisen eine gute Wiederholgenauigkeit auf, allerdings ist ihre absolute

Genauigkeit wesentlich geringer. Hinzu kommen zwei haptische Eingabegeräte der Firma Force Dimension (Delta 3 und Omega 7) für die Telemanipulation. Passende Regler werden für die Roboter entwickelt, die die kartesische Bewegungen in den Gelenkraum (Kinematik und Singularitäten) umrechnen und entsprechend der maximalen Beschleunigung, Drehmomente und Winkelgeschwindigkeiten limitieren.

9.1.6. Beispiel abdominales Aortenaneurysma – Telemanipulation

In diesem Beispiel ist ein komplettes Telemanipulationszenario verwirklicht. Hierzu hält ein Stäubli RX90 Roboter das Endoskop, das der Nutzer über eine GUI bewegen kann. Über die zwei haptischen Geräte kann er zwei Leichtbauroboter ansteuern, die jeweils mit einem am KIT konstruiertem Instrument ausgestattet sind. Die Instrumente können mit einem integrierten Servo angesteuert werden. Die Instrumente sind so konstruiert, dass verschiedene medizinische Instrumente mit ihnen genutzt werden könnnen (Greifer, Schere, ...). Der Nutzer hat eine haptische Rückkopplung an den Eingabegeräten. Die Kraft wird hierbei über die integrierten Drehmomentsensoren bestimmt. Ein Workflow definiert, in welchen Situationen der Chirurg manuell arbeitet, wann die Roboter autonom agieren können und wann sie im Teleoperationsmodus genutzt werden. Die Roboter fahren über das Sensorsystem und die gegebene Zielpose in den Bilddaten automatisch ihre Zielpose an, ab der die Teleoperation durchgeführt wird. Um die Zielpose kollisionsfrei zu erreichen, wird die Bahnplanung und das Sensorsystem verwendet. Die implementierte Regelung erlaubt es, für die Minimalinvasive Chirurgie einen programmierten Pivotpunkt zu setzen. Das System nutzt die kartesische Impedanzregelung, um die Steifigkeiten und die Dämpfung der Leichtbauroboter im kartesischen Raum zu definieren. Dies ermöglicht es in Risikostrukturen den Roboter so weich einzustellen, dass er die Umgebung nicht oder nur gering verletzen kann. Über ein haptisches Rendering kann der Bewegungsraum für den Nutzer weiter eingeschränkt werden. Zur Überprüfung der Leistungsfähigkeit wird das System anhand der Operation an der abdominales Aortenaneurysma (AAA) validiert.

9.1.7. Beispiel Schlüsselloch Chirurgie in der Neurochirurgie

In diesem Szenario wird im Bereich der Neurochirurgie eine Schlüsselloch-chirurgie mit Hilfe dreier Roboter verwirklicht. Ein serieller 6 DOF Roboter, der Pathfinder Roboter, dient als grobe Positioniereinheit. Der Hexapod Roboter Mars mit 6 DOF wird zur Feinpositionierung verwendet und eine lineare Einheit kann mit einem haptischen Eingabegerät gesteuert werden. Das Ziel des Aufbaus ist das sehr genaue Ansteuern einer Region im Gehirn, um eine tiefe Hirnstimulation vornehmen zu können, und im Bereich der Biopsie, um Gewebeproben zu entnehmen. Für den Pathfinder Roboter wird hierbei eine Bahnplanung verwendet, um ihn kollisionsfrei zum Zielgebiet zu führen. Die Genauigkeit des Systems wird über ein aktives optisches Trackingsystem verbessert und über einen Visual Servoing Algorithmus überwacht. Das System nutzt zur Planung das Workflowsystem.

9.1.8. Beispiel Laserknochenschneiden mit Bewegungskompensation

In diesem Beispiel wird mittels eines CO_2-Lasers am Knochen geschnitten. Die Ausführung ist vollständig autonom. Der Ablauf wird komplett in einem Workflow definiert und überprüft und die Teilschritte werden mit der Workflow Engine ausgeführt. Die Applikation benötigt eine hohe Genauigkeit, die über einen passenden Visual Servoing Algorithmus erreicht wird. Die Ausführung des Systems wird auf Bilddaten (CT) geplant. Da ein Schnitt an mehreren Positionen durchgeführt wird, muss der Roboter mehrfach positioniert werden. Für den Laser wird ein Spiegelgelenkkopf verwendet, der den Laserstrahl in eine X/Y-Ebene ablenkt und an einer Roboterposition einen Teilschnitt vornimmt. Um Atembewegungen auszugleichen, wird ein Kompensationsalgorithmus integriert, der den Roboter nach einer Lernphase synchron zu der Bewegung des Patienten bewegt.

10. Diskussion und Ausblick

Das vorgestellte Steuerungssystem für die robotergestützte Chirurgie deckt alle wesentlichen Teilgebiete von der Planung bis zur Ausführung ab. Dazu gehört die passende Sensorik, die Bahnplanung, die Kinematik verschiedener Roboter, sowie die autonome Ausführung mit hohen Genauigkeitsanforderungen und die haptische Teleoperation. Gleichwohl sind Verbesserungen in vielen Bereichen wünschenswert. Hierzu gehört die kontinuierliche Überwachung des Workflows und die Ermittlung des momentanen Status der Operation anhand der vorliegenden Sensordaten. Derzeit wird der Workflow modelliert und ausgeführt, ein automatische Anpassung des Workflows existiert nicht. Hier wäre die Auswertung der gesammelten Daten aus Eingriffen und dadurch die einhergehende manuelle Verbesserung des Workflow wünschenswert. Ebenso wäre es eine wesentlich Verbesserung die Kameradaten und Trackingdaten zu benutzen, um den wahrscheinlichsten momentanen Status zu berechnen und mit der Ausführung des Workflows abzugleichen. Mit dem Kamerasystem wäre so eine intuitivere Bedienung des Systems realisierbar. Dies könnte zum Beispiel über Gesten als Eingabemodalität erfolgen. In dem EU FP7 Projekt Active wird diese Option untersucht. Beim Robotersystem ist vor allem der dritte Roboter, der Stäubli RX90, problematisch da er nur sehr langsam angesteuert werden kann und eine geringe Dynamik bietet. Szenarien wie die Bewegungskompensation, bei der das Endoskop mit kompensiert wird, sind daher technisch momentan nicht realisierbar. Beim Endoskop wäre eine echte 3D Sicht von Vorteil. Ärzte sind es gewohnt auf zweidimensionale Bildern zu navigieren und beherrschen die Abschätzung der Tiefe daher recht gut. Gleichwohl würde eine echte 3D Darstellung die Sicherheit erhöhen. Ebenso wäre eine kontinuierliche Nachregistrierung alle Komponenten wünschenswert. Dies ist jedoch technisch nur mit einem hohen Aufwand realisierbar.

A. Anhang

A.1. Einführung

Der Anhang dieser Dissertation beschreibt die Implementierung des Frameworks detaillierter für den Benutzer.

A.2. Matlab GUI – Anleitung

Dieses Kapitel gibt einen Überblick über die GUI für das Framework.

A.2.1. Hauptmenü

Das Hauptmenü wird mittels „initSafros" oder „initActive" von der Matlab Kommandozeile aus gestartet. Das Kommando initialisiert die Simulationsumgebung für das entsprechende Projekt und erlaubt es auf einfache Weise die einzelnen Bereiche zu aktivieren, siehe Abbildung A.1.

A.2.2. Pivotisieren

Über den Eintrag „Pivotise Object" gelangt man in die GUI, in der mit dem NDI Pointers einen Punkt durch Pivotisierung ermittelt wird. Sobald man „Start" drückt werden die Daten des Bodys vom Pointer aufgezeichnet. Nach dem stoppen der Aufzeichnung durch „Stop", wird durch „Add" die Berechnung durch Pivotosierung anhand der augzeiechneten Daten gestartet. Der so ermittelte Punkt wird in der unteren Liste angezeigt. Die GUI erlaubt es, die Sammlung von pivotisierten Punkten oder die Rohdaten in einer Datei zu speichern, siehe Abbildung A.2.

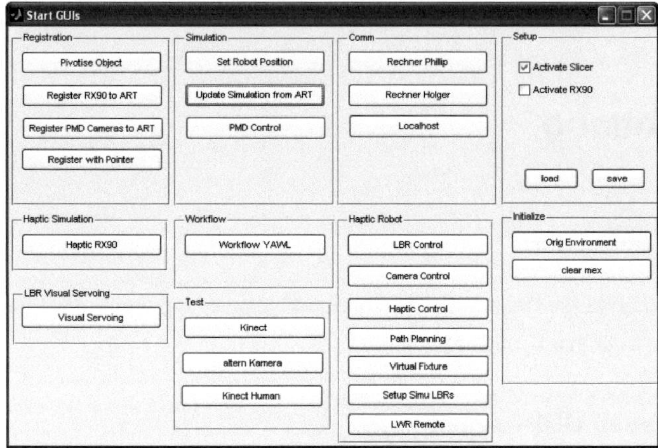

Bild A.1.: Matlab Hauptmenü

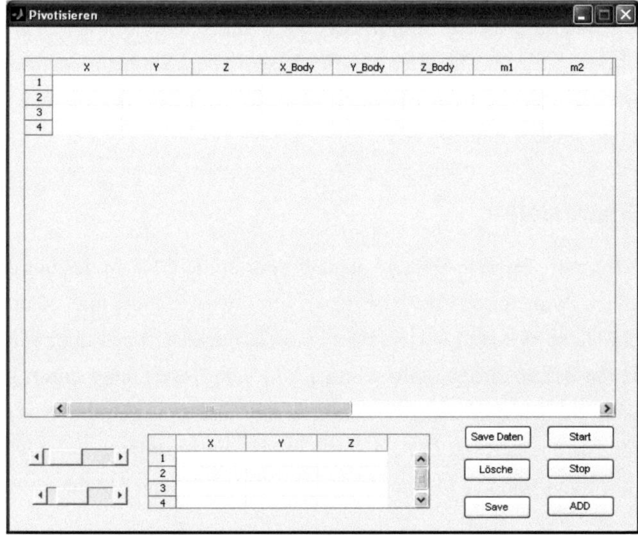

Bild A.2.: GUI zum Pivotisieren

A.2.3. Registrieren mit dem Pointer

Diese Option ist eine Variation der Registrierung, wobei der Vektor zwischen Pointer und der Spitze des Pointers durch vorheriges Pivotisieren bereits bekannt ist. Diese Verfahrensweise erlaubt es, direkt Punkte zu nehmen ohne eine Drehbewegung ausführen zu müssen und eignet sich insbesondere für eine schnelle Registrierungen, bei denen es nicht auf eine hohe Genauigkeit ankommt, wie das Registrieren des Tools am Roboter zum TCP, siehe Abbbildung A.3.

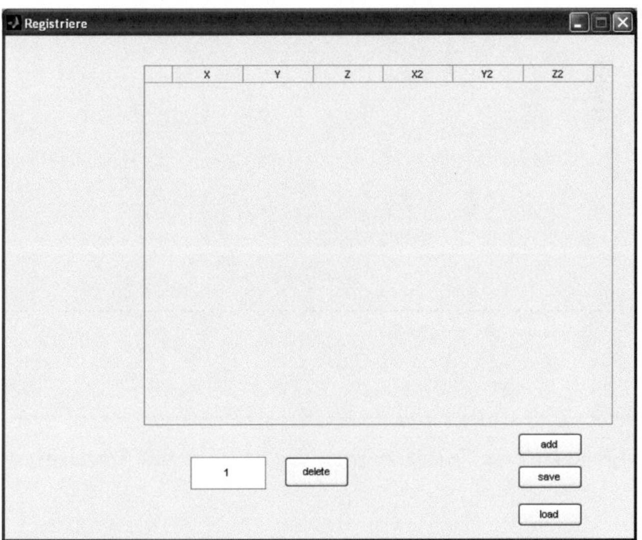

Bild A.3.: GUI zum direkten ermitteln von Punkten

A.2.4. Registrieren der Roboter

Der Eintrag „Register RX90 to ART" erlaubt es, einen beliebigen Roboter zum Trackingsystem zu registrieren. Das Verfahren wird in Kapitel 6.5.3 beschrieben. Fest einprogrammiert sind die beiden LBR-Roboter und der RX90-Roboter. Nach dem in der Dropdown-Liste der Roboter gewählt wurde, kann das Verfahren mittels „Cali Robot zu ART" gestartet werden. Dabei wird eine feste Trajektorie abgefahren, die für jeden Roboter separiert gespeichert ist. Die ermittelten Daten werden in der GUI dargestellt und können abgespeichert werden.

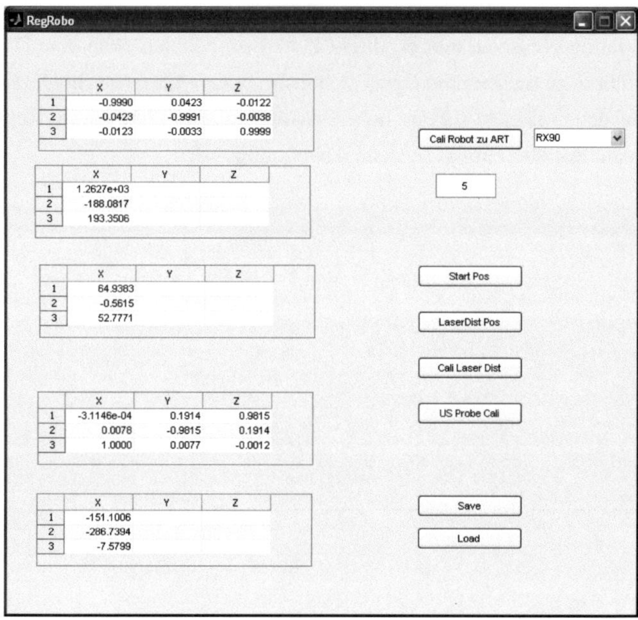

Bild A.4.: GUI für die Registrierung des Roboters zum Trackingsystem

A.2.5. Zielpose für den Roboter aus Bilddaten vorgeben

Der Eintrag „Set Robot Position" erlaubt es in den Bilddaten eine Zielpose für den Roboter zu definieren. Mittels der Buttons rechts oben kann die Position in den Bilddaten verändert werden. Mit den zwei Dropdown Listen kann festgelegt werden, welcher Body des Trackingssystems mit den Bilddaten korrespondiert und somit welche passenden pivotisierten Punkte und die Art der Ansteuerung: direkt durch Umrechnen über Visual Servoing zwischen den Koordinatensystemen, oder durch ein gleichzeitig die Registrierung korrigierndes Visual Servoing. Um Kollisionen beim Anfahren zu vermeiden, kann auch die Bahnplanung eingeschaltet werden. Die ermittelten Fehler in der Rotation und der Position werden während der Ausführung angezeigt. Wenn keine Punkte relativ zu den Bilddaten vorgegeben werden, kann dies auch direkt im lokalen Koordinatensystem geschehen. Dies ist z.B. bei einem Kalibrierungspattern nützlich, um den Fehler zu bestimmen oder systematisch relative Punkte anzufahren. Für den LBR-Roboter kann auch das Simulink Modell gestartet werden, das eine schnellere und direktere Methode, zum ansteuern der Leichtbauroboter, ermöglicht.

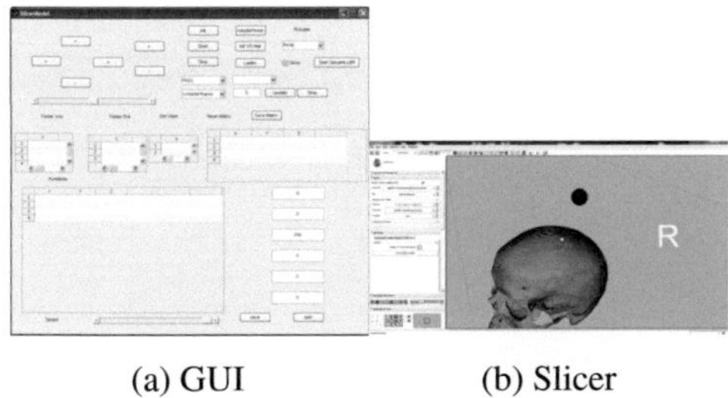

(a) GUI   (b) Slicer

Bild A.5.: GUI zum Setzen der Zielpose in den Bilddaten und der Auswahl des Verfahrens für die Ansteuerung des Roboters und korrespondierend die Visualisierung und Berechnung der kürzesten Distanz zur Oberfläche in Slicer 3D.

A.2.6. Update der Simulation und der Bildgebung

Über den Eintrag „Update Simulation from ART" kann aktiviert werden, mit welchen Daten die Simulationsumgebung und die Bildgebung versorgt werden soll. Über das aktivieren der verschiedenen Punkte kann festgelegt werden, ob die Gelenkdaten der Roboter in der Simulation gesetzt und die Daten des Trackingsystems übernommen werden. Außerdem können Objekte an festgelegte Punkte gesetzt werden.

A.2.7. Workflow YAWL

Dieser Punkt ermöglicht die Ausführung eines Workflows. In Matlab wird die Schnittstelle gestartet und die Engine kann dann die Ausführung triggern.

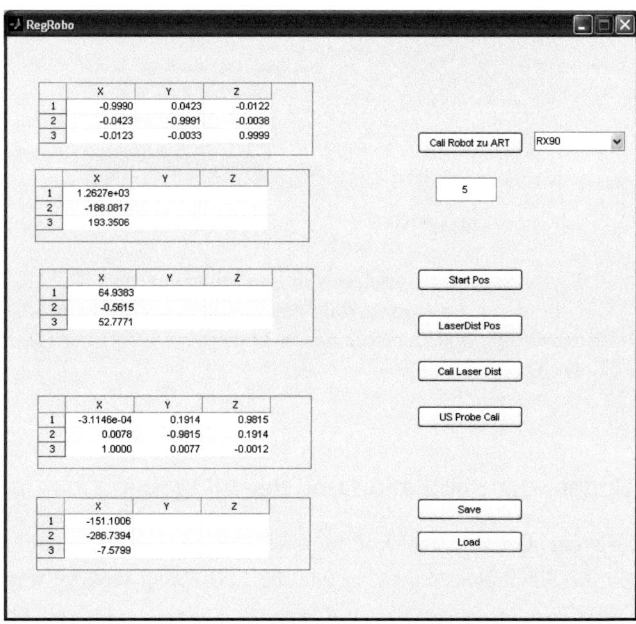

Bild A.6.: GUI für die Registrierung des Roboters zum Trackingsystem

A.2.8. LBR Roboter

Mit der GUI „LBR Control" werden die beiden Leichtbauroboter angesteuert und deren Parameter für die Regelung gesetzt. Die GUI ermöglicht es, verschiedene vorgegebene Punkte anzufahren und die Parameter frei für den Impedanzregler zu setzen. Hierzu gehört die Steifigkeit der Achse, die kartesische Steifigkeit auf den einzelnen Dimensionen und die korrespondierenden Dämpfungen. Außerdem kann das Simulink Modell für die haptische Telemanipulation gestartet werden.

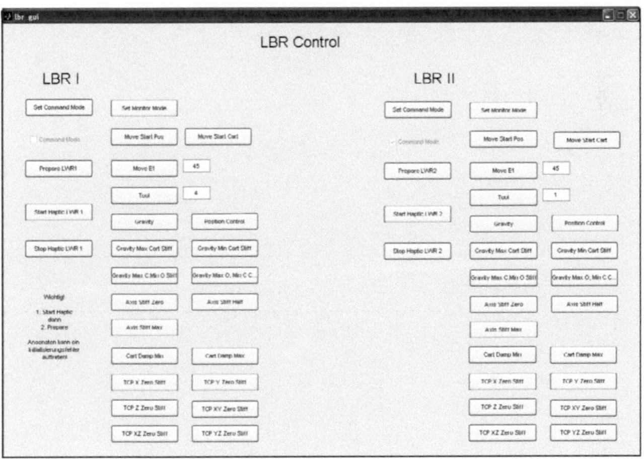

Bild A.7.: GUI für die Leichtbauroboter

A.2.9. Steuerung der endoskopischen Kamera

Über die GUI „Camera Control" kann die endoskopische Kamera angesteuert werden. Es kann sowohl Position als auch Orientierung geändert werden. Das Bezugskoordinatensystem kann zwischen TCP und Kamera gewählt werden. Davon abhängig ändert sich die Art der Drehung, entweder eine Drehung direkt am TCP der es das Zielobjekt gedreht und mit dem Vektor aus der Kalibrierung der Kamera die entsprechende Position für den Roboter errechnet.

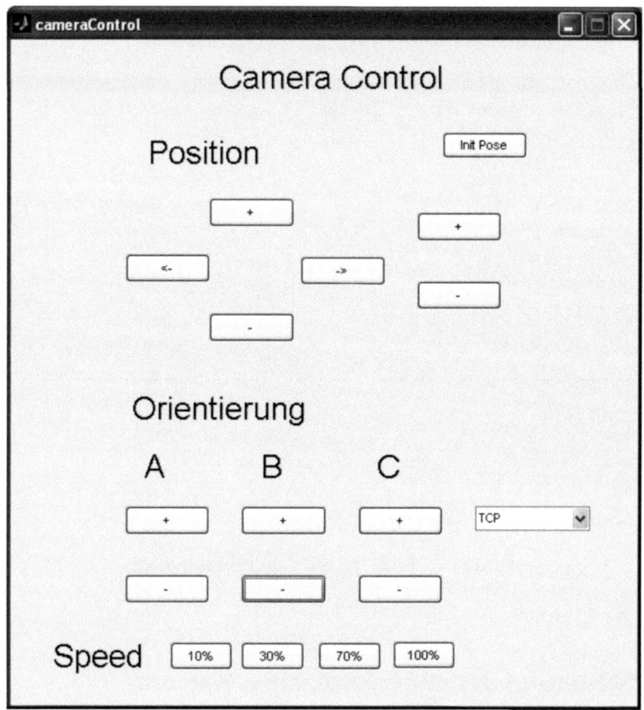

Bild A.8.: GUI zum steuern der endoskopischen Kamera

A.2.10. Einstellung für die Haptik

Diese GUI existiert jeweils für beide LBR Roboter. Die GUI erlaubt es, festzulegen mit welchen haptischen Eingabegeräten welcher Roboter gesteuert wird und welche Drehung verwendet wird, also ob die Drehung relativ zum Kamerabild, relativ zur Roboterbasis oder zum Tisch auf dem die Geräte stehen, erfolgt. Gleichzeitig kann die kartesische Steifigkeit und Dämpfung angepasst werden. Ebenso kann die Skalierung der Translation und der Drehung kann angepasst werden. Bei der Rotation kann jede Drehachse unterschiedlich skaliert werden. Um die relative Orientierung zwischen Roboter und Eingabegerät verändern zu können, sind im unteren Teil drei Schieberegler vorhanden. Über „Setze Mitte" kann der Mittelpunkt verändert werden, was allgemein als „kuppeln" bezeichnet wird. Überdies kann eingestellt werden, ob die Gripper aktiviert werden und die virtuelle Kraft in die Eingabegeräte mit eingekoppelt wird. Auch die Kraftrückdopplung kann aus und eingeschaltet werden und es kann festgelegt werden, ob virtuelle Kräfte konstant oder verrauscht dargestellt werden, siehe Abbildung A.9.

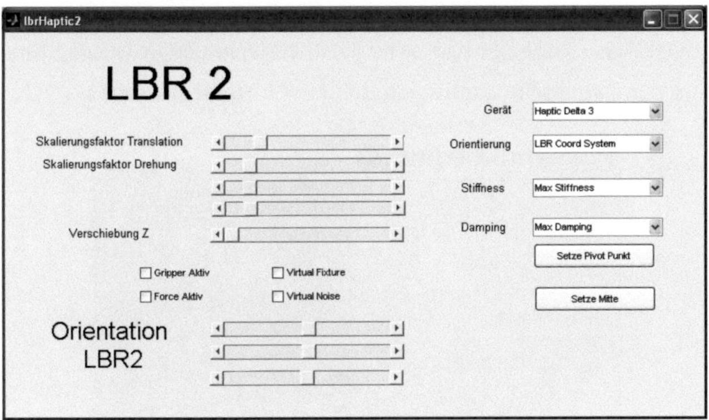

Bild A.9.: GUI zum Einstellen der Haptik

A.2.11. Bahnplanung

Von der GUI aus kann die Bahnplanung gesteuert werden. Unterschiedlich definierte Punkte relativ zur Basis oder zu Objekten sind hinterlegt. Des weiteren können

Positionen geladen werden, die im Setup-Planer hinterlegt wurden, siehe Abbildung
A.12.

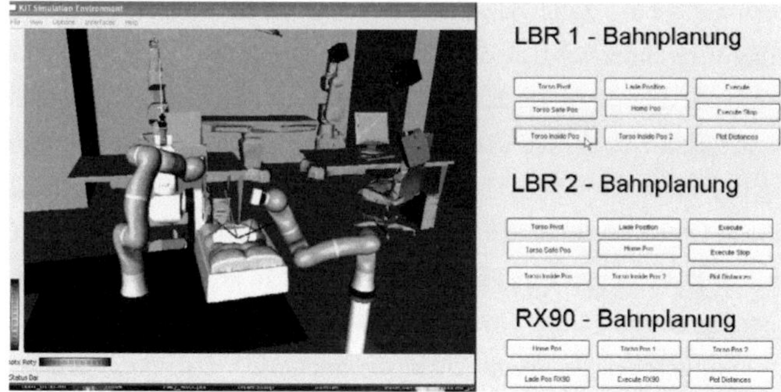

Bild A.10.: GUI zum aktivieren der Bahnplanung

A.2.12. Virtual-Fixtures

Von dieser GUI aus kann der haptische Renderer initialisiert werden und es kann
die Position der Kamera im haptischen Renderer festgelegt werden.

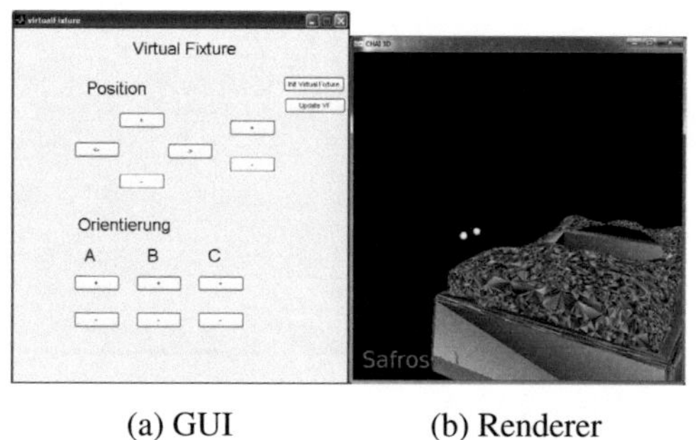

(a) GUI　　　　　　(b) Renderer

Bild A.11.: GUI für den haptische Renderer

A.2.13. Setup-Planner

Die GUI dient dazu, die Posen relativ zu verschiedenen Koordinatensystemen festzulegen und diese abzuspeichern, die dann z.B. in der Bahnplanung verwendet werden können, siehe Abbildung A.12.

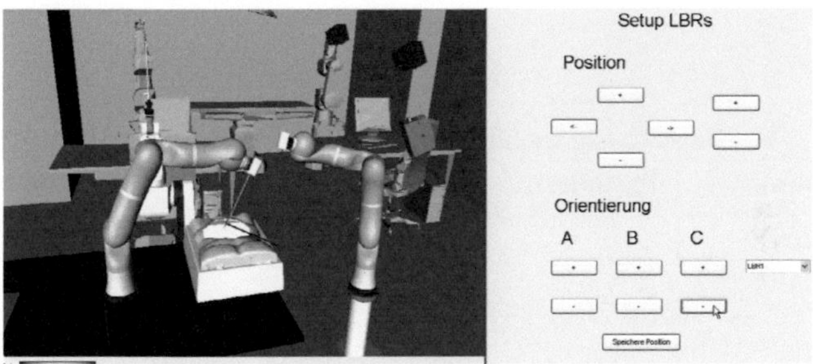

Bild A.12.: GUI für den Setup-Planer

A.3. Die wichtigsten Matlab Funktionen zum Skripten

Dieses Kapitel gibt eine kurze Beschreibung der Funktionalität der wichtigsten implementierten Matlab Funktionen. Insgesamt gibt es über 150 Matlab Funktionen, wobei etliche nur zur Initialisierung oder Abfrage von Werten genutzt werden können.

Tabelle A.1.: Die wichtigsten Matlab Funktionen zum Skripten

Funktion	Parameter	Rückgabewert	Beschreibung
initSafros	-	-	Initialisiert die Simulationsumgebung und Matlab und ruft die GUI auf
EtoR	$\vec{W}inkel$ und String der die Drehkonvention spezifiziert	Rotationsmatrix	Der Vektor enthält die 3 Euler Winkel, der String spezifiziert die Konvention
RtoQ	Rotationsmatrix	Quaternion	Wandelt die Rotationsmatrix in ein Quaternion um
QtoR	Quaternion	Rotationsmatrix	Wandelt das Quaternion in eine Rotationsmatrix um
QtoRod	Quaternion	Rodrigues Vektor	Wandelt das Quaternion in einen Rodrigues Vektor um
RodtoQ	Rodrigues Vektor	Quaternion	Wandelt den Rodrigues Vektor in ein Quaternion um

Funktion	Parameter	Rückgabewert	Beschreibung
skew	Schief-symmetrische Matrix	Vektor	Erzeugt aus dem Vektor eine schief-symmetrische Matrix, wird meist benötigt für die Rodrigues-Formel und somit dem bestimmen der Drehachse
Landmark Transform	zwei sortierte Punktelisten	Rotation und Vektor	Implementiert die Methode nach Horn
ScalDreh	zwei Rotationsmatrizen, ein maximaler Winkel und ein Skalierungsfaktor	skalierte und limitierte Rotationsmatrix	Bestimmt die Drehachse einer Rotation und limitiert und skaliert diese
calcDiffPose	die beiden 4x4 Matrix und Skalierung	4x4 Matrix	Berechnet die Matrix zwischen den beiden Matrizen und skaliert diese anhand des Faktors

Funktion	Parameter	Rückgabewert	Beschreibung
overcome_rounding	Pose, Roboter ID, Problem ID	Pose	Die in der Simulation verwendete inverse Kinematik hat kann Probleme haben eine Lösung zu finden aufgrund von Nährungsfehlern, deshalb kann diese Funktion die Position und Rotation minimal verändern damit eine Lösung gefunden wird
quatFilterQuery	ID Body	Vektor mit Position und Quaternion	Ruft einen gefilterten Wert des Trackingsystems ab, der Servic muss im Hintergrund laufen
scaleMatrix	Skalierungsfaktor	4x4 Skalierungsmatrix	Erzeugt eine Skalierungsmatrix
ik_test	Pose und ID	Vektor mit den Winkeln im Gelenkraum	Prüft ob eine Pose erreichbar ist und gibt die Gelenkwerte zurück
getMinDistance	Name des Bodys und des Links	Distanzwert	Berechnet die minimale Distanz zur Umgebung
getCollisionTwoBodies	Name der beiden Bodies	Boolean	Prüft ob zwei Bodies kollidieren

Funktion	Parameter	Rückgabewert	Beschreibung
getCollision	Name des Bodies	Boolean und Liste	Prüft ob ein Body in Kollision ist und gibts ggfs. die Liste der Objekte aus mit denen er kollidiert
enableLink	Name des Bodies, des Links und Parameter für das Aktivieren	-	Schaltet einen Body aktiv oder deaktiv für die Physikengine und Kollisonsprüfung
degreeToRad	Vektor in Grad	Vektor in Radian	Konvertiert zwischen Grad und Radian
RadToDegree	Vektor in Radian	Vektor in Grad	Konvertiert zwischen Radian und Grad
prodMat4	Vektor und Rotation	Homogensierte 4x4 Matrix	Wandelt die Rotation und einen Vektor in eine homogenisierte 4x4 Matrix um
convMatDreh	Drehmatrix	Drehmatrix	Wandelt zwischen rechts und linksdrehenden Rotationen um
DHParams	Theta, D, A, Alpha	Homogensierte 4x4 Matrix	Wandelt die DH Parameter in die 4x4 Matrix um, die den Übergang zwischen zwei Gelenken beschreibt

Funktion	Parameter	Rückgabewert	Beschreibung
DHJoint	Winkel, Theta, D, A, Alpha	Homogensierte 4x4 Matrix	Berechnet die 4x4 Matrix zwischen 2 Gelenken unter Berücksichtigung der Winkelstellung
traj	Pose und ID	Matrix mit Winkeln, Winkelgeschwindigkeiten	Berechnet die Trajektorie mit der Bahnplanung, die Matrix beschreibt in der ersten Dimension die Zeit und in der zweiten die Gelenkwinkel
nextPathJoints	ID	Vektor mit den Winkeln	Schaut ob in einer Trajektorie nach den nächsten Vektor der Winkel, sofern die Trajektorie noch nicht beendet wurde
traj_show	ID, Matrix der Trajektorie, Pause	-	Spielt eine Trajektorie in der Simulation ab, wobei nach jedem Schritt eine pause eingelegt wird
wait_lbr_axis	Vektor in Grad, Soll Vektor und Name des Roboters	-	Fährt den Vektor Degree an, wartet bis der Soll Vektor erreicht wurde, Name spezifiziert den Roboter

Funktion	Parameter	Rückgabewert	Beschreibung
rx90_posr	Boolean	-	Abhängig vom Übergabewert wird geprüft ob der RX90 Roboter noch fährt oder es wird gewartet bis er nicht mehr fährt
play_lbr_trajec	Vektor der Trajektorie, Name, Pause, Simulation, Step, Rob	-	Spielt eine Trajektorie des LBR Roboter ab und sofern Rob gesetzt ist auch auf dem echten Roboter, dabei wird nach jedem Schritt, eine Pause eingelegt, über Step kann gesetzt werden ob jeder Vektor angefahren wird oder jeweils eine bestimmte Anzahl übersprungen wird
play_rx90_trajec	Vektor der Trajektorie, Name, Pause, Simulation, Step, Rob	-	Identisch zu play_lbr_trajec, nur für den RX90 Roboter
human_test_links_6	-	-	Ruft die Skeletdaten aus der Kinect ab und setzt sie korrekt in der Simulation

Funktion	Parameter	Rückgabewert	Beschreibung
kinect_matrix	Nr, Mensch	-	Ruft die 4x4 Matrix eines Knochens aus der Kinect Kamera ab
kinect_update	-	-	Ruft die Daten aus der Kinect Kamera ab und zeigt das Tiefenbild und Farbbild an
pivotise	Positionen Pointer, Positionen Objekt und Orientierung des Objekts	Position	Pivotisiert und berechnet den Punkt relativ zum Objekt
CalGNC	Positionen Roboter, Posoitonen Tracking, Orientierungen Tracking	Rotation, Position und Vektor tc	Berechnet mittels des Gauss Newton Verfahrens die Matrix zwischen den beiden Koordinatensystemen und den vektor zwischen dem Roboter zum Body
LaserDistance Calibration	Position und Orientierung im ART System der Kugel, Position und Orientierung des Roboters, Abstand des Lasersensors	Vektor	Berechnet den Vektor zwischen Roboter und dem Laserdistanzsensor anhand einer Kugel die vom Trackingsystem erfasst wird

Funktion	Parameter	Rückgabewert	Beschreibung
ObjectToModell	Position und Orientierung im ART System der Kugel, Position und Orientierung des Roboters	4x4 Matrix	Berechnet die Position des Roboters relativ zum Koordinatensystems der Bildgebung
ModellTo ObjectHM	Position und Orientierung im ART System, Position der beiden Punkte in der Bildgebung, Daten aus der Registrierung	4x4 Matrix	Berechnet aus den beiden Vektoren aus der Bildgebung und den Daten des Trackingsystems die Position des Roboters
string_param	String Kommando und String Paremeter	Parameter	Parst einen Parameter und gibt eine Map mit den Werten zurück
string_work(S,P)	String Kommando und String Paremeter	Skalar	Parst einen Kommandostring und gibt ein Skalar zurück, dass die ID des Kommandos ist

A.4. Simulink Modelle

Für das Framework wurden verschiedene Simulink Modelle entwickelt. Die Modelle und ihre Funktionalität sind in der Tabelle aufgeführt.

Tabelle A.2.: Simulink Modelle

Modell	Beschreibung
lbr_recvcart_haptic_lwr1	Komplettes Modell mit inverser Kinematik, Telemanipulation, Nullraumbewegung und Haptik
lbr_recvcart_haptic_lwr2	Das gleiche Modell für den zweiten Roboter
lbr_visualservo	Visual Servoing für den LBR Roboter
lbr_motion_comp	Implementiert die Bewegungskompensation für den LBR Roboter
Hexapod_Control	Steuert den PI Hexapod über ein Simulink Model
rx90_control	Steuert den RX90 Roboter über ein Simulink Model, wird genutzt zur Vorgabe einer Bewegung für die Kompensierung
path_plan_lbr1	Abfahren der Trajektorie aus der Bahnplanung für den LBR1 Roboter
path_plan_lbr2	Abfahren der Trajektorie aus der Bahnplanung für den LBR2 Roboter
servo_test	Simulink Model um den Servo anzusteuern
force_test	Simulink Model die Haptik mit dem virtuellen Renderer zu testen
workflow_safros	Simulink Model das den SOAP Server bereit stellt und die Kommandos der Workflow Engine parst und in Aktionen in Matlab/Simulink umsetzt

A.5. Zusammenstellung der implementierte Module

Für das Framework wurden verschiedene Module entwickelt. Sie implementieren Schnittstellen zur Hardware und Funktionalitäten wie das virtuelle Rendern der Kraft.

Tabelle A.3.: Module des Frameworks

Modul	Beschreibung
Haptic	Das Modul list und setzt die Daten zu den haptischen Geräten und realisiert das virtuelle Rendern
fri_corba	Das Modul list und setzt die Daten zum Roboter LBR1
fri_corba	Das Modul list und setzt die Daten zum Roboter LBR2
rx90_server	Das Modul list und setzt die Daten zum Roboter RX90
trajec_server	Speichert die Trajektorie aus der Bahnplanung und realisiert die passende Schnittstelle
servo_server_1	Implementiert die Schnittstelle zum Servo-Controller 1
servo_server_2	Implementiert die Schnittstelle zum Servo-Controller 2
mesh_server	Das Modul realisiert die Schnittstelle um Mesh Daten zugänglich zu machen
kinect_server	Das Modul implementiert die Schnittstelle zu den Kinect Kameras und ermöglicht das lesen der Transformationen des Menschmodels und das lesen des Tiefenbilds und des Farbbilds
kinect_motor_server	Das Modul implementiert die Schnittstelle um den Motor der Kinect Kamera anzusteuern
KIT Simulator	Simulationsumgebung basierend auf Openrave für das Robotersystem

Modul	Beschreibung
Matlab/Simulink	Basis für die Steuerung und Regelung des Systems und für die GUI
Slicer3D	Ausgestattet mit einem passendem Plugin das die Schnittstelle zu Slicer implementiert
ART_Server	Implementiert die Schnittstelle zum ART Tracking System
Faro_Server	Implementiert die Schnittstelle zum Faro Arm
YAWL_Editor	Dient zum grafischen Implementieren der Workflows
YAWL_Engine	Führt die Workflows aus

A.6. Implementierte Mex und S-Funktionen

Tabelle A.4.: Mex-Funktionen

Mex-Funktion	Beschreibung
Mex_art	Liest die Pose eines Bodys vom ART system
Mex_haptic	Liest die momentane Pose aus dem Eingabegerät
mex_haptic_drd_autoinit	Kalibriert automatisch das Eingabegerät
mex_haptic_drd_hold	Führt die hold Operation aus
mex_haptic_drd_movetopos	Fährt das haptische Gerät zu einer spezifischen Pose
mex_haptic_drd_start	Startet die Roboter Schnittstelle für die Eingabegeräte
mex_haptic_drd_stop	Stop die Schnittstelle für die Eingabegeräte
mex_haptic_getCamera	Liest die Pose der Kamera im haptischen Renderer

Mex-Funktion	Beschreibung
mex_haptic_loadBodys	Lädt ein Mesh aus der Simulation in den haptischen Renderer ein
mex_haptic_setCamera	Setzt die Kamera im haptischen Renderer
mex_haptic_setCameraClipping	Setzt das Clipping im haptischen Renderer
mex_haptic_setCameraViewAngle	Setzt den Bildwinkwel der Kamera im haptischen Renderer
mex_haptic_setExtrude	Extruiert ein Mesh im haptischen Renderer
mex_haptic_setPose	Setzt die Pose eines Mesh im haptischen Renderer
mex_haptic_setScale	Skaliert ein Mesh im haptischen Renderer
mex_haptic_setToolRadius	Definiert die Größe des Radius des Proxys fpr das Eingabegerät im haptischen Renderer
mex_haptic_setToolScale	Definiert die Skalierung zwischen Eingabegerät und Szene
mex_kinect_hcoord	Liest die Transformationsmatrix eines Knochen des Menschmodells aus der RGB-D Kamera
mex_kinect_hcoord_send	Schreibt die Transformationsmatrix eines Knochen, wird aus Debugging gründen genutzt
mex_kinect_read_depth	List das Tiefenbild der RGB-D Kamera
mex_kinect_read_rgb	List das RGB Bild aus der RGB-D Kamera
mex_kinect_read_setup	List die Setup Daten aus der RGB-D Kamera

Mex-Funktion	Beschreibung
mex_kinect_set_motor	Setzt die Sollposition für den Servo in der RGB-D Kamera
mex_kinect_set_pause	Definiert eine Wert für eine Pause nach jeder Leseoperation der RGB-D Kamera, verringert die CPU Last
mex_lbr	Liest die Pose des TCP am Roboter
mex_lbr_axis	List die momentanen Winkelstellungen des Roboters
mex_lbr_choose_tool	Setzt das Tool am Roboter
mex_lbr_command	Schaltet den Roboter in den Kommando Modus
mex_lbr_e1	Setzt einen neuen Wert für den E1 Winkel am LBR
mex_lbr_force_clear	Stopt die Ausführung einer kommandierten Kraft am Roboter
mex_lbr_force_start	Startet die Ausführung einer kommandierten Kraft am Roboter
mex_lbr_frametype	Setzt das Bezugskoordinatensystem des Roboters (Basis oder TCP), wichtig für die kartesische Impedanzregelung
mex_lbr_get_zustand	Liest ob der Roboter im Monitor oder Kommando Modus ist
mex_lbr_gettick	Liest die Anzahl der Takte seit dem Start des Roboters
mex_lbr_gravity	Setzt Steifigkeiten für die kartesische Impedanzregelung
mex_lbr_gravity_axis	Setzt Steifigkeiten im Gelenkraum
mex_lbr_gravity_axis_damp	Setzt die Dämpfung jeder Achse

Mex-Funktion	Beschreibung
mex_lbr_gravity_cpmax	Definiert die maximal zulässige Abweichung von der Soll-Position in der kartesischen Impedanzregelung
mex_lbr_gravity_damp	Definiert die Dämpfung der kartesischen Impedanzregelung
mex_lbr_gravity_forcex	Definiert eine Soll-Kraft auf der X-Achse
mex_lbr_gravity_forcey	Definiert eine Soll-Kraft auf der Y-Achse
mex_lbr_gravity_forcez	Definiert eine Soll-Kraft auf der Z-Achse
mex_lbr_impedance	Wechselt zur kartesischen Impedanzregelung
mex_lbr_ist_joint	List die Gelenkwerte des Roboters
mex_lbr_monitor	Setzt den Roboter in den Monitor Status
mex_lbr_ptp	Bewegt Roboter per PTP Kommando zur Pose
mex_lbr_soll	Liest die Pose des Roboters
mex_lbr_soll_joint	Liest die Soll-Joint Position
mex_lbr_switchnow	Wechselt in den Trigby-Kontakt Modus
mex_lbr_tool	Wählt ein definiertes Tool aus
mex_lbr_trigby	Aktiviert den Trigby-Kontakt Modus
mex_lbr_zustand	Setzt den Roboter in den Positionsregelungsmodus
mex_orSendCollisionBoxes	Platziert Kuben in der Simulation (zur Darstellung von Voxelbasierten Daten)

Mex-Funktion	Beschreibung
mex_orSendPointCloud	Sendet eine 3d Punktwolke an den Simulator
mex_rx90	Fährt den RX90 Roboter an eine kartesische Position
mex_rx90_get_state_ist_mat4	List die 4x4 Matrix der Ist-Position des RX90
mex_rx90_joints	List die Gelenkwinkel des RX90 Roboters
mex_rx90_joints_send	Sendet Soll-Gelenkwinkel an den RX90 Roboter
mex_rx90_pos_reached	List ob der RX90 Roboter in bewegung ist
mex_rx90_send	Sendet eine Pose an den RX90
mex_rx90_send_mat4	Sendet eine Pose als 4x4 Matrix zum RX90
mex_rx90_set_speed	Definiert die maximale Geschwindigkeit in Prozent
mex_slicer	Liest die Pose eines Slicer Objektes
mex_slicer_fiducials	List die Liste der Fiducials
mex_slicer_getshortest	Berechnet den Punk auf einem Objekt das am nähesten zur gegebenen Koordinate liegt
mex_slicer_send	Setzt die 4x4 Matrix eines Objektes in Slicer
mex_trajec_compTrajec	Führt die Bahnplanung aus
mex_trajec_getJoints	Liest einen Vektor aus der Matrix der Trajektorie aus dem Trajektorien-Server
mex_trajec_getPosePP	Berechnet die Trajektorie zu einer gegebenen Pose

Mex-Funktion	Beschreibung
mex_trajec_getSize	Liefert die Anzahl der Gelenkstellungen einer Trajektorie
mex_trajec_getStatus	Liefert den Status des Roboters während des Abfahrens einer Trajektorie
mex_trajec_setJoints	Schreibt einen Gelenk-Vektor in die Trajektorie
mex_trajec_setStatus	Set the size of the current Trajectory
mex_usb_servo	Kommandiert einen neuen Soll-Wert für den Servo
pmd_close	Schließt die Verbindung zur PMD-Kamera
pmd_connect	Öffnet die Verbindung in PMD Kamera
pmd_get_amplitudes	Liefert das Amplitudenbild der PMD Kamera
pmd_get_distance	Liefert das Distanzbild der PMD Kamera
pmd_get_intensities	Liefert das Intensitätsbild der PMD Kamera
pmd_getIntegrationTime	Liest die Integrationszeit der Kamera
pmd_setIntegrationTime	Setzt die Integrationszeit der Kamera
pmd_thread_trigger	Triggert alle PMD Kameras
pmd_update	Triggert nur eine PMD Kamera
pmdGet3DCoordinates	Liefert die kartesischen Koordianaten der PMD Kamera

Tabelle A.5.: S-Funktionen

S-Funktion	Beschreibung
Art_matlab	Liest die Pose eines Objektes vom Trackingsystem
Delay_matlab	Blockiert Simulink für die angegebene Zeit
Delay_matlab_poll	Realisiert eine genaueres zeitliches blockieren von Simulink, dies wird mit dem RDTSC Register moderner CPUs realisiert, erzeugt eine 100% CPU Auslastung
Faro_matlab	Liest die Pose vom Faro Messarm
Haptic_matlab	Liest die Pose vom haptischen Eingabegerät
Haptic_matlab_send	Sendet einen Kraftvektor an das Eingabegerät
robo_fri_tick	Ruft eine Methode im FRI-Prozess auf, der mit einer Semaphore vom FRI Thread blockiert wird. Synchronisiert so das Simulink Modell mit dem Takt des Roboters
robo_matlab	Pose des Roboters
robo_matlab_doImpedance	Sendet die Pose an den kartesischen Impedanz-Regler, dazu gehören auch die Werte für die Steifigkeit, Dämpfung und Nullraum
robo_matlab_force	List die Kraft am Endeffektor

S-Funktion	Beschreibung
robo_matlab_force_joints	List die momentanen Drehmomente
robo_matlab_gravity	Liefert den Einfluss der Gravitation als Drehmomente
robo_matlab_ist_mat4	List die 4x4 Matrix der direkten Kinematik und somit der Pose des Endeffektors
robo_matlab_jacobian	List die momentane Jacobi-Matrix
robo_matlab_joints_soll	List die Matrix mit der Soll-Position der Achsen
robo_matlab_joints_soll_fri	Liest die Matrix mit dem Soll-Offset der Achsen
robo_matlab_mass_matrix	Liest die Massenmatrix
robo_matlab_recvjoints	Liest die momentanen Winkelstellungen
robo_matlab_send	Sendet eine neue kartesische Position
robo_matlab_sendjoints	Sendet neue Soll-Achswinkel
robo_matlab_soll_mat4	List die Matrix mit der kartesischen Soll-Position
robo_matlab_soll_mat4_fri	List die Matrix mit der kartesischen Soll-Offset
robomatlab_doImpedanceJoints	Sendet neue Achswerte an den Impedanzregler für den Gelenkraum, inkl. der Steifigkeit und Dämpfung auf den Achsen
rx90_matlab_get_cart	Liest die kartesische Position des RX90
rx90_matlab_get_joints	Liest die Achswinkel des RX90

S-Funktion	Beschreibung
rx90_matlab_send_cart	Sendet eine kartesische Soll-Position an den RX90
rx90_matlab_send_joints	Sendet neue Soll-Winkelstellungen an den RX90
slicer_matlab	Liest die Pose eines Objektes in Slicer 3D
slicer_matlab_send	Setzt die Pose eines Objektes in Slicer 3D
usb_servo	Sendet einen neuen PWM Wert an den Servo-Controller
workflow_choose_matlab	Implementiert einen Scheduler für die Workflow Engine in Simulink. Implementiert auch einen SOAP-Server in Simulink, um die RPC Aufrufe aus der Workflow Engine entgegen zu nehmen.

A.7. Original Workflow für den AAA Eingriff

Im folgenden ist der vollständige Workflow für die Operation der abdominales Aortenaneurysma abgebildet,der für das EU Projekt Safros vom Morandi et al. erstellt wurde. Der Workflow spiegelt den Ablauf im Operationssaal wieder.

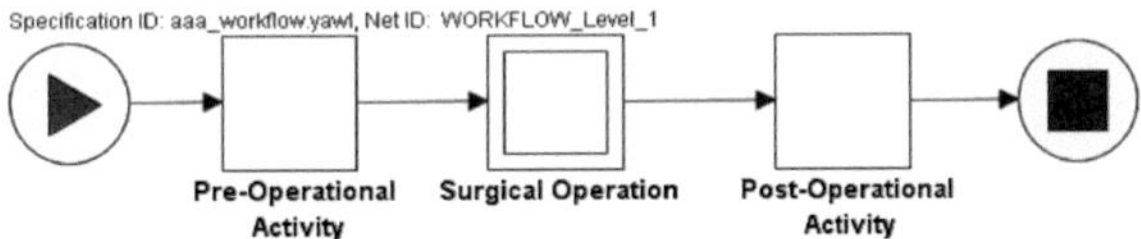

Bild A.13.: Top-Level Workflow für den AAA Eingriff

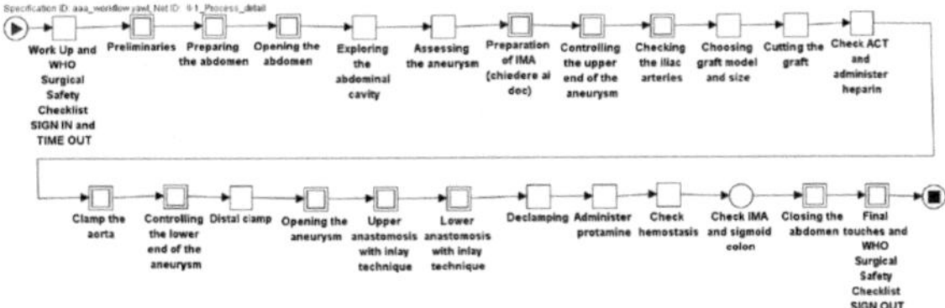

Bild A.14.: Workflow: Process Detail

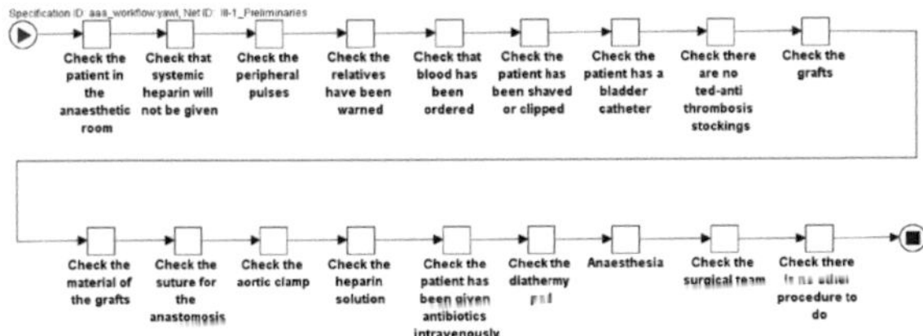

Bild A.15.: Workflow: Preliminaries

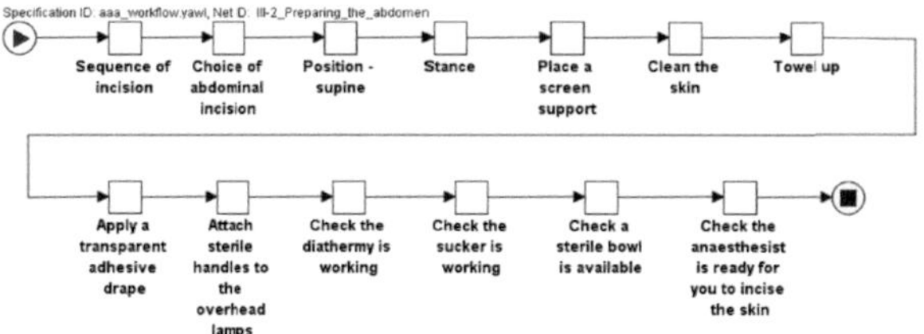

Bild A.16.: Workflow: Preparing the abdomen

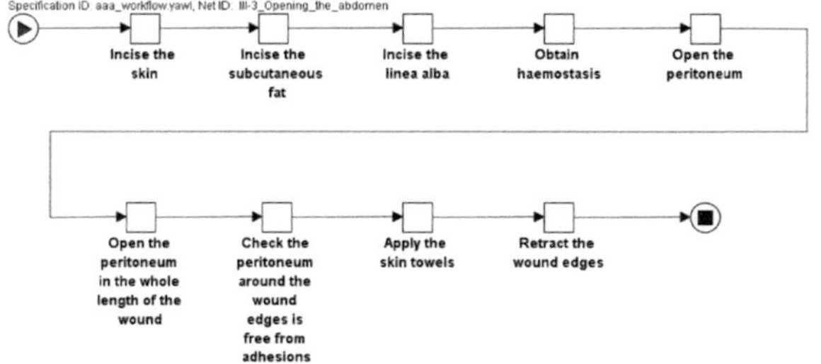

Bild A.17.: Workflow: Opening the abdomen

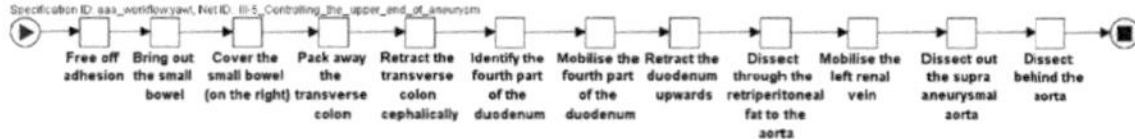

Bild A.18.: Workflow: Controlling the upper end of aneurysm

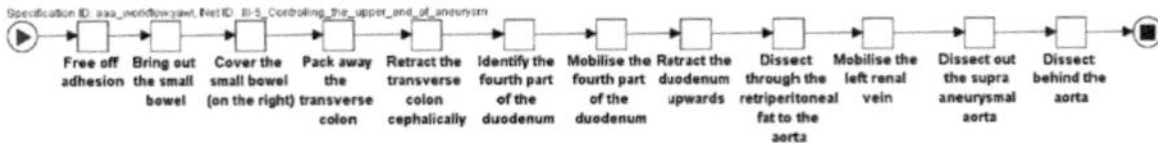

Bild A.19.: Workflow: Controlling the upper end of aneurysm

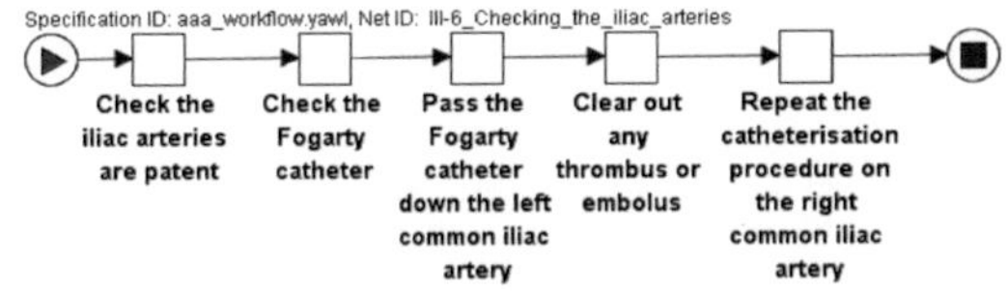

Bild A.20.: Workflow: Checking the illiac arteries

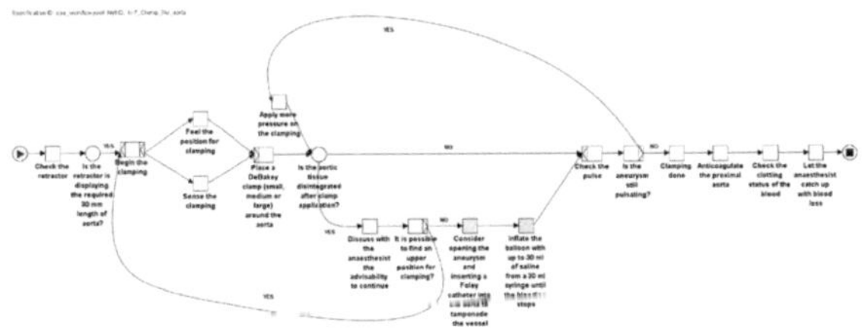

Bild A.21.: Workflow: Clamp the aorta

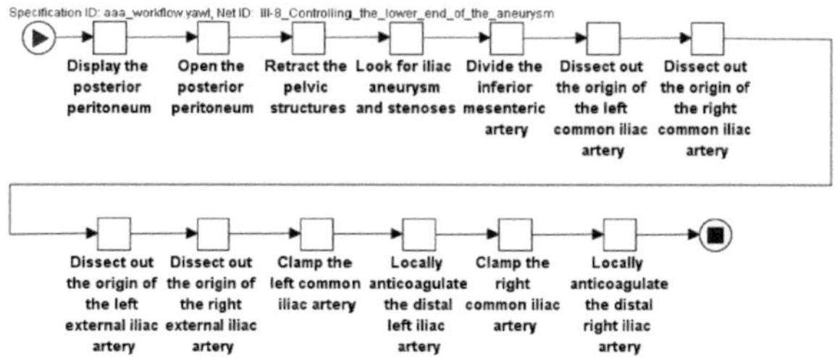

Bild A.22.: Workflow: Controlling the lower end of the aneurysm

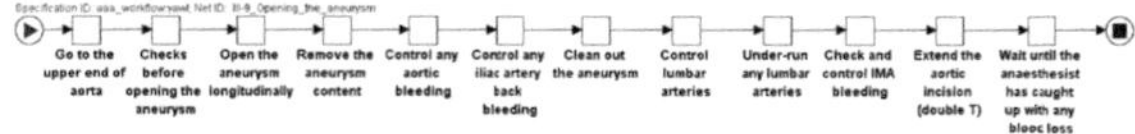

Bild A.23.: Workflow: Opening the aneurysm

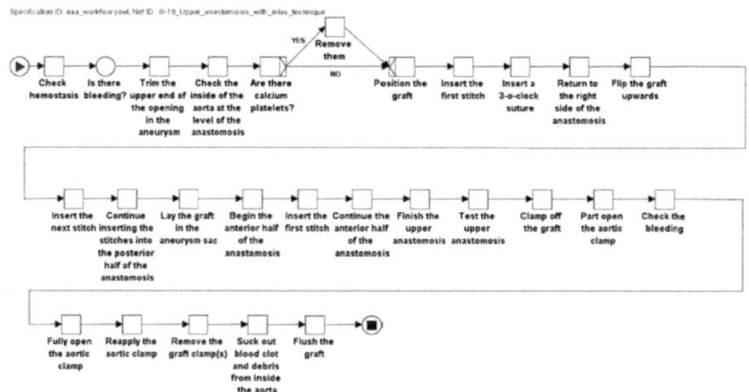

Bild A.24.: Workflow: Upper anasthomosis with inlay techniques

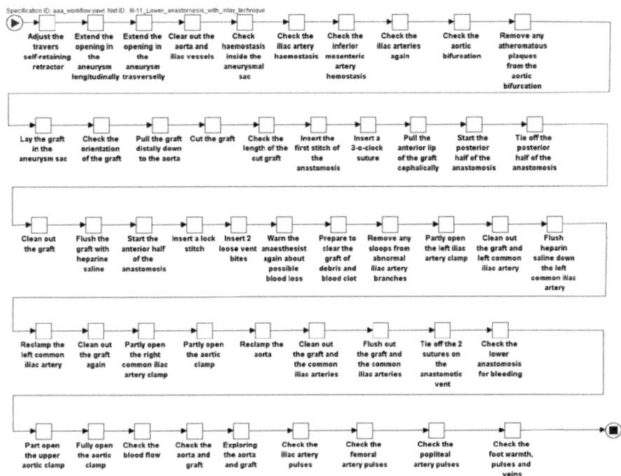

Bild A.25.: Workflow: Lower anastomosis with inlay technique

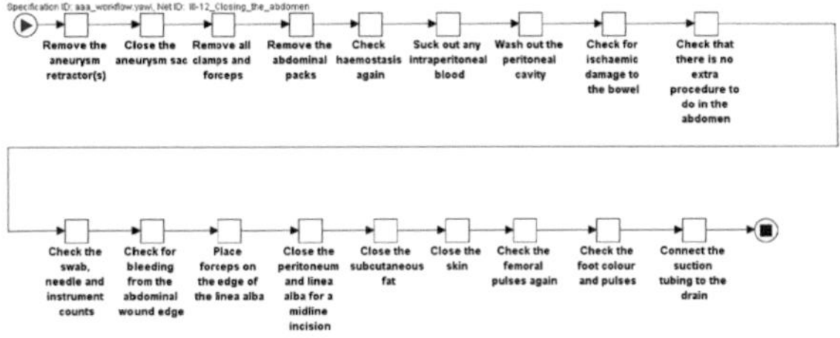

Bild A.26.: Workflow: Closing the abdomen

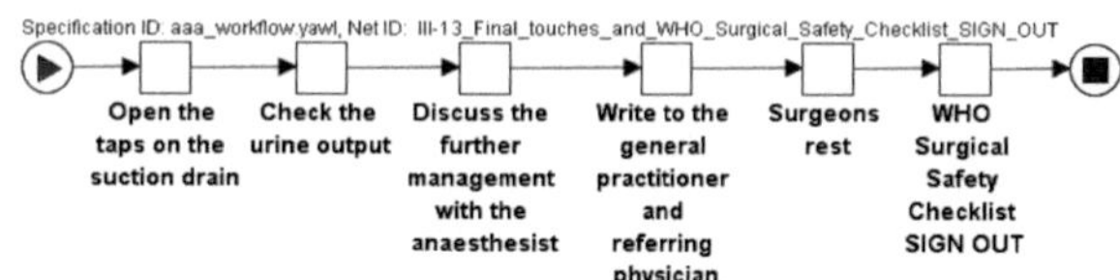

Bild A.27.: Workflow: Final touches and WHO Surgical Safety Checklist

Veröffentlichungen

- H. Mönnich, J. Raczkowsky, and H. Wörn. Model checking for robotic guided surgery. In O. Akan, P. Bellavista, J. Cao, F. Dressler, D. Ferrari, M. Gerla, H. Kobayashi, S. Palazzo, S. Sahni, X. S. Shen, M. Stan, J. Xiaohua, A. Zomaya, G. Coulson, and P. Kostkova, editors, *Electronic Healthcare*, volume 27 of *Lecture Notes of the Institute for Computer Sciences, Social Informatics and Telecommunications Engineering*, pages 1–4. Springer Berlin Heidelberg, 2010. 10.1007/978-3-642-11745-9_1

- Holger Mönnich and Philip Nicolai and Jörg Raczkowsky and Heinz Wörn. A Semi-Autonomous Robotic Teleoperation Surgery Setup with Multi 3D Camera Supervision. In - *tba - (CARS journal 2011)*, 2011

- Philip Nicolai and Holger Mönnich and Jörg Raczkowsky and Heinz Wörn and Jens Bernshausen. Überwachung eines Operationssaals für die kooperative robotergestützte Chirurgie mittels neuartiger Tiefenbildkameras. In *Tagungsband der 9. Jahrestagung der Deutschen Gesellschaft für Computer- und Roboterassistierte Chirurgie*, 2010

- Holger Mönnich and Jörg Raczkowsky and Heinz Wörn. Workflow controlled Robotic Surgery. In *Tagungsband der 9. Jahrestagung der Deutschen Gesellschaft für Computer- und Roboterassistierte Chirurgie*, 2010

- J. Bernshausen, J. Wahrburg, P. Nicolai, and H. Mönnich. Pmd-kameratechnik als teil eines sicherheitskonzept für roboterunterstützte operationen. In O. Burgert, L. Kahrs, B. A.Preim, and J. Schipper, editors, *curac2010@MEDICA, Chirurgische Interventionen: vom Neanderthaler zur Roboterassistenz, Tagungsband zur 9. Jahrestagung der Deutschen Gesellschaft für Computer- und Roboterassistierte Chirurgie e.V. (CURAC) vom 18. bis 19. November 2010, Düsseldorf*, pages 199–202. Der andere Verlag, 2010

- Holger Mönnich and Daniel Stein and Jörg Raczkowsky and Heinz Wörn. An automatic and complete self-calibration method for robotic guided laser ablation. *IEEE ICRA 2010*, 2010

- Holger Mönnich and Daniel Stein and Jörg Raczkowsky and Heinz Wörn. Motion compensation for laser osteotomy with a lightweight robot and a fixed visual servoing configuration. *IASTED RTA 2009*, 2009

- Holger Mönnich and Debora Botturi and Jörg Raczkowsky and Heinz Wörn. System Architecture for Workflow Controlled Robotic Surgery. *The Journal on Information Technology in Healthcare 2009*, 2009

- Holger Mönnich and Daniel Stein and Jörg Raczkowsky and Heinz Wörn. Increasing the accuracy with a rich sensor system for robotic laser osteotomy. *IEEE Sensor 2009*, 2009

- Markus Mehrwald and Holger Mönnich and Daniel Stein and Tobias Christian and Heinz Wörn. Using Blender for Visualization of Robot Guided Medical Interventions. *Blender Conference 2009*, 2009

- Holger Mönnich and Daniel Stein and Jörg Raczkowsky and Heinz Wörn. Model checking for robotic guided surgery . *ICST eHealth 2009*, 2009

- Holger Mönnich and Daniel Stein and Jörg Raczkowsky and Heinz Wörn. A HAND GUIDED ROBOTIC PLANNING SYSTEM FOR LASER OSTEOTOMY IN SURGERY. *IADIS International Conference e-Health 2009*, 2009

- Daniel Stein and Holger Mönnich and Jörg Raczkowsky and Heinz Wörn. Automatic and hand guided self-registration between a robot and an optical tracking system. *ICAR 2009*, 2009

- Holger Mönnich and Daniel Stein and Jörg Raczkowsky and Heinz Wörn. Hand Guided Robot Planning System for Surgical Interventions with Force Feedback. *HCI 2009*, 2009

- Holger Mönnich and D. Botturi and J. Raczkowsky and H. Wörn and Germany. SYSTEM ARCHITECTURE FOR WORKFLOW CONTROLLED ROBOTIC SURGERY. *ICICTH Samos 2009*, 2009

- Holger Mönnich and Daniel Stein and Jörg Raczkowsky and Heinz Wörn. SYSTEM FOR LASER OSTEOTOMY IN SURGERY WITH THE KUKA

LIGHTWEIGHT ROBOT –FIRST EXPERIMENTAL RESULTS. *IADIS International Conference e-Health 2009*, 2009

- Stein D. and Mönnich H. and Raczkowsky J. and Wörn H. Automatische Kalibrierung zur redundanten Kombination zweier Tracking Systeme . *CURAC.08 Tagungsband*, pages 17–18, 2008

- Mönnich H. and Marini F. and Raczkowsky J. and Wörn H. Sensorbeschreibung für die chirurgische OP Planung. *Curac Tagungsband 2008*, 2008

- Mönnich H. and Raczkowsky J. and Wörn H. Workflow basierte Ansteuerung eines medizinischen Roboter Systems . *Curac Tagungsband 2008*, 2008

Abbildungsverzeichnis

Tabellenverzeichnis

Literaturverzeichnis

[1] Cyberknife radiotherapy for localized prostate cancer: Rationale and technical feasibility.

[2] A time-triggered ethernet protocol for real-time corba. In *Proceedings of the Fifth IEEE International Symposium on Object-Oriented Real-Time Distributed Computing*, pages 215–, Washington, DC, USA, 2002. IEEE Computer Society.

[3] *Ultrasound Guided Robotic System for Transperineal Biopsy of the Prostate*, 2005.

[4] *DECLARE: Full Support for Loosely-Structured Processes*, 2007.

[5] Apache derby, Februar 2010. `http://db.apache.org/derby/index.html`.

[6] Cyberknife, Februar 2010. `http://www.accuray.com/`.

[7] Intuitive surgical, inc. - da vinci surgical system, Februar 2010. `http://www.intuitivesurgical.com`.

[8] Kinemedic, Februar 2010. `http://www.dlr.de/rm-neu/Portaldata/52/Resources/dokumente/KineMedicFlyer.pdf`.

[9] Miro, Februar 2010. `http://www.dlr.de/rm/en/Portaldata/52/Resources/dokumente/MIRO{_}HANDOUT{_}ENGLISH.pdf`.

[10] Ndi: Aurora electromagnetic measurement system, Februar 2010. `http://www.ndigital.com/medical/aurora.php`.

[11] Ndi: Medical measurement products - optical measurement, electromagnetic tracking - polaris and aurora, Februar 2010. `http://www.ndigital.com/medical/products.php`.

[12] Postgresql: The world's most advanced open source database:, Februar 2010. http://www.postgresql.org.

[13] Robodoc, Februar 2010. http://www.robodoc.com/.

[14] Robodoc arbeitslos, Februar 2010. http://www.focus.de/gesundheit/news/medizin-robodoc-arbeitslos_aid_200819.html.

[15] Roboter außer kontrolle, Februar 2010. http://www.spiegel.de/spiegel/spiegelwissen/d-65886423.html.

[16] Roboter im op, Februar 2010. http://www.spiegel.de/spiegel/print/d-16215325.html.

[17] Wer hinkt, fliegt raus, Februar 2010. http://www.focus.de/gesundheit/news/medizin-wer-hinkt-fliegt-raus_aid_201185.html.

[18] Boost c++ libraries, March 2011. http://www.boost.org.

[19] Chai 3d, June 2011. http://www.chai3d.org.

[20] Extensible markup language (xml) 1.0 (fifth edition), June 2011. http://www.w3.org/TR/2008/REC-xml-20081126/.

[21] Frühergebnisse nach computerunterstütztem robotereinsatz in der zementfreien hüftgelenkstotalendoprothetik, Juni 2011. http://geb.uni-giessen.de/geb/volltexte/2000/283/pdf/d000085.pdf.

[22] Intuitive surgical - company, Juni 2011. http://www.intuitivesurgical.com/company/.

[23] Jini, Juni 2011. http://www.jini.org.

[24] Klage wegen roboter-operation abgewiesen, Juni 2011. http://www.spiegel.de/netzwelt/tech/0,1518,421184,00.html.

[25] Klagewelle gegen robodoc, Juni 2011. http://www.spiegel.de/spiegel/print/d-28415109.html.

[26] Orb (java 2 platform se v1.4.2), March 2011. http://download.oracle.com/javase/1.4.2/docs/api/org/omg/CORBA/ORB.html.

[27] Orbit2 documents, March 2011. `http://projects.gnome.org/ORBit2/documentation.html`.

[28] orhtomit, June 2011. `http://www.orthomit.de/`.

[29] Real-time corba with tao(tm) (the ace orb), March 2011. `http://www.cs.wustl.edu/~schmidt/TAO.html`.

[30] Roboterunterstützte fräsverfahren am coxalen femur bei hüftgelenkstotalendoprothesenimplantation methodenbewertung am beispiel robodoc, Juni 2011. `http://www.mds-ev.de/media/pdf/G{_}Robodoc.pdf`.

[31] Rt preempt howto - rtwiki, Juni 2011. `https://rt.wiki.kernel.org/index.php/RT{_}PREEMPT{_}HOWTO`.

[32] Rtai, Juni 2011. `https://www.rtai.org/`.

[33] Stäubli - produktübersicht, March 2011. `http://www.staubli.com/de/robotik/produkte/roboterarme/`.

[34] Welcome to open robotics automation virtual environment, March 2011. `http://openrave.programmingvision.com/en/main/index.html`.

[35] Xenomai, Juni 2011. `http://www.xenomai.org`.

[36] Xml path language (xpath), June 2011. `http://www.w3.org/TR/xpath/`.

[37] Xml schema part 0: Primer second edition, June 2011. `http://www.w3.org/TR/xmlschema-0/`.

[38] Xml schema part 1: Structures second edition, June 2011. `http://www.w3.org/TR/xmlschema-1/`.

[39] Xml schema part 2: Datatypes second edition, June 2011. `http://www.w3.org/TR/xmlschema-2/`.

[40] Xsl transformations (xslt), June 2011. `http://www.w3.org/TR/xslt`.

[41] W. M. P. v. d. Aalst and B. F. v. Dongen. Discovering workflow performance models from timed logs. In *EDCIS '02: Proceedings of the First International Conference on Engineering and Deployment of Cooperative Information Systems*, pages 45–63, London, UK, 2002. Springer-Verlag.

[42] M. J. Adams. *Facilitating Dynamic Flexibility and Exception Handling for Workflows*. PhD thesis, Queensland University of Technology, May 2007.

[43] A. Albu-Schäffer. *Regelung von Robotern mit elastischen Gelenken am Beispiel der DLR-Leichtbauarme*. Dissertation, Technischen Universität MÄunchen (TUM), München, 2001.

[44] N. Andersson, D. Fallman, and L. Johansson. Dupliances: physical and virtual activity encompassed. In *CHI '01: CHI '01 extended abstracts on Human factors in computing systems*, pages 153–154, New York, NY, USA, 2001. ACM.

[45] J. E. Bardram. "i love the system—i just don't use it!". In *GROUP '97: Proceedings of the international ACM SIGGROUP conference on Supporting group work*, pages 251–260, New York, NY, USA, 1997. ACM.

[46] C. E. Bedient, J. F. Magrina, B. N. Noble, and R. M. Kho. Comparison of robotic and laparoscopic myomectomy. In *American journal of obstetrics and gynecology*, pages 566.e1–566.e5, December 2009.

[47] J. Bernshausen, J. Wahrburg, P. Nicolai, and H. Mönnich. Pmd-kameratechnik als teil eines sicherheitskonzept für roboterunterstützte operationen. In O. Burgert, L. Kahrs, B. A.Preim, and J. Schipper, editors, *curac2010@MEDICA, Chirurgische Interventionen: vom Neanderthaler zur Roboterassistenz, Tagungsband zur 9. Jahrestagung der Deutschen Gesellschaft für Computer- und Roboterassistierte Chirurgie e.V. (CURAC) vom 18. bis 19. November 2010, Düsseldorf*, pages 199–202. Der andere Verlag, 2010.

[48] R. Bischoff, J. Kurth, G. Schreiber, R. Koeppe, A. Albu-Schäffer, A. Beyer, O. Eiberger, S. Haddadin, A. Stemmer, G. Grunwald, and G. Hirzinger. The kuka-dlr lightweight robot arm - a new reference platform for robotics research and manufacturing. In *International Symposium on Robotics (ISR2010)*, 2010.

[49] T. Blum, N. Padoy, H. Feußner, and N. Navab. Workflow mining for visualization and analysis of surgeries. *International Journal of Computer Assisted Radiology and Surgery*, 3:379 – 386, 2008.

[50] T. Blum, N. Padoy, H. Feußner, and N. Navab. Workflow mining for visualization and analysis of surgeries. *International Journal of Computer Assisted Radiology and Surgery*, 3(5):379–386, 2008.

[51] D. Brandt. Comparison of a and rrt-connect motion planning techniques for self-reconfiguration planning. In *Intelligent Robots and Systems, 2006 IEEE/RSJ International Conference on*, pages 892 –897, 2006.

[52] O. Burgert, T. Neumuth, M. Audette, A. Pössneck, R. Mayoral, A. Dietz, J. Meixensberger, and C. Trantakis. Requirement specification for surgical simulation systems with surgical workflows. In *Medicine Meets Virtual Reality 15*, pages 58–63, Amsterdam, 0 2007. IOS Press.

[53] A. Busam, M. Suppa, R. Konietschke, T. Bodenmüller, R. Boesecke, J. Wiechnik, G. Eggers, T. Ortmaier, G. Hirzinger, J. Mühling, and R. Marmulla. Risikoanalyse für einen handgeführten laserscanner zur patientenregistrierung in der navigierten mkg-chirurgie. 2007.

[54] A. Cavalcanti and D. Dams, editors. *FM 2009: Formal Methods, Second World Congress, Eindhoven, The Netherlands, November 2-6, 2009. Proceedings*, volume 5850 of *Lecture Notes in Computer Science*. Springer, 2009.

[55] Daniel Stein and Holger Mönnich and Jörg Raczkowsky and Heinz Wörn. Automatic and hand guided self-registration between a robot and an optical tracking system. *ICAR 2009*, 2009.

[56] F. Deissenboeck, E. Jürgens, B. Hummel, S. Wagner, B. M. y Parareda, and M. Pizka. Tool support for continuous quality control. *IEEE Software*, 25(5):60–67, 2008.

[57] R. Diankov and J. Kuffner. OpenRAVE: A planning architecture for autonomous robotics. Technical Report CMU-RI-TR-08-34, Robotics Institue, Carnegie Mellon University, July 2008.

[58] Y. Engeström. *Learning by expanding: An activity-theoretical approach to developmental research*. Orienta-Konsultit Oy, 1987.

[59] F. Ernst and A. Schweikard. Predicting respiratory motion signals for image-guided radiotherapy using multi-step linear methods (MULIN). *International Journal of Computer Assisted Radiology and Surgery*, 3(1–2):85–90, June 2008.

[60] F. Ernst and A. Schweikard. Prediction of respiratory motion using a modified Recursive Least Squares algorithm. In *7. Jahrestagung der Deutschen Gesellschaft für Computer- und Roboterassistierte Chirurgie*, pages 157–160, Leipzig, Germany, September 24-26 2008. CURAC.

[61] F. Ernst and A. Schweikard. Forecasting respiratory motion with accurate online support vector regression (SVRpred). *International Journal of Computer Assisted Radiology and Surgery*, 4(5):439–447, 2009.

[62] F. Ernst and A. Schweikard. Predicting respiratory motion signals using accurate online support vector regression (SVRpred). In *Proceedings of the 23rd International Conference and Exhibition on Computer Assisted Radiology and Surgery (CARS'09)*, volume 4 of *International Journal of CARS*, pages 255–256, June 2009.

[63] F. Ernst and A. Schweikard. A survey of algorithms for respiratory motion prediction in robotic radiosurgery. In *39. GI Jahrestagung*, volume 154 of *Lecture Notes in Informatics*, pages 1035–1043. GI, Bonner Köllen, Sept. 2009.

[64] R. Eshuis. Translating safe petri nets to statecharts in a structure-preserving way. In Cavalcanti and Dams [54], pages 239–255.

[65] R. Eshuis. Translating safe petri nets to statecharts in a structure-preserving way. In Cavalcanti and Dams [54], pages 239–255.

[66] P. A. Finlay. Pathfinder: a new image guided robot for neurosurgery. *Technol. Health Care*, 9(1-2):160–161, 2001.

[67] P. A. Finlay. Pathfinder: a new image guided robot for neurosurgery. *Technol. Health Care*, 9:160–161, May 2001.

[68] P. A. Finlay and P. Morgan. Pathfinder image guided robot for neurosurgery. *Industrial Robot: An International Journal*, 30 (1):30–34, 2003.

[69] L. Frasson, T. Parittotokkaporn, B. Davies, and F. Rodriguez y Baena. Early developments of a novel smart actuator inspired by nature. In *Mechatronics and Machine Vision in Practice, 2008. M2VIP 2008. 15th International Conference on*, pages 163 –168, 2008.

[70] G. Kane and G. Eggers and R. Boesecke and J. Raczkowsky and H. Wörn and R. Marmulla and and J. Mühling. Intuitively controlled handheld mobile

robot for precision craniotomy. In *13th International Conference on Human-Computer Interaction*, 2009.

[71] E. Gamma, R. Helm, R. E. Johnson, and J. M. Vlissides. Design patterns: Abstraction and reuse of object-oriented design. In O. Nierstrasz, editor, *ECOOP*, volume 707 of *Lecture Notes in Computer Science*, pages 406–431. Springer, 1993.

[72] Gavin Kane and Georg Eggers and Robert Boesecke and Jörg Raczkowsky and Heinz Wörn and Rüdiger Marmulla and Joachim Mühling. System Design of a Hand-Held Mobile Robot for Craniotomy. In G.-Z. Yang, D. Rueckert, A. Noble, and C. Taylor, editors, *LNCS 5761*, pages 402–409, 2009.

[73] S. Gerhold, C. Himpel, E. Weggerle, T. Schmitt, and P. Schulthess. Consistent device communication in restartable transactional distributed memory systems.

[74] R. Goeckelmann, M. Schoettner, S. Frenz, and P. Schulthess. Plurix, a distributed operating system extending the single system image concept. In *of the IEEE Canadian Conference on Electrical and Computer Engineering, Niagara Falls*, 2004.

[75] S. Gottschalk, M. C. Lin, and D. Manocha. Obbtree: a hierarchical structure for rapid interference detection. In *Proceedings of the 23rd annual conference on Computer graphics and interactive techniques*, SIGGRAPH '96, pages 171–180, New York, NY, USA, 1996. ACM.

[76] U. Hagn, M. Nickl, S. Jörg, G. Passig, T. Bahls, A. Nothhelfer, F. Hacker, L. Le-Tien, A. Albu-Schäffer, R. Konietschke, M. Grebenstein, R. Warpup, R. Haslinger, M. Frommberger, and G. Hirzinger. The dlr miro: A versatile lightweight robot for surgical applications. 2008.

[77] D. Harel. Statecharts: A visual formalism for complex systems. *Sci. Comput. Program.*, 8(3):231–274, 1987.

[78] P. Henry, M. Krainin, E. Herbst, X. Ren, and D. Fox. RGB D Mapping: Using Depth Cameras for Dense 3D Modeling of Indoor Environments.

[79] D. U. Himmelstein, A. Wright, and S. Woolhandler. Hospital computing and the costs and quality of care: A national study. *The American journal of medicine*, November 2009.

[80] Holger Mönnich and D. Botturi and J. Raczkowsky and H. Wörn and Germany. SYSTEM ARCHITECTURE FOR WORKFLOW CONTROLLED ROBOTIC SURGERY. *ICICTH Samos 2009*, 2009.

[81] Holger Mönnich and Daniel Stein and Jörg Raczkowsky and Heinz Wörn. A HAND GUIDED ROBOTIC PLANNING SYSTEM FOR LASER OSTEOTOMY IN SURGERY. *IADIS International Conference e-Health 2009*, 2009.

[82] Holger Mönnich and Daniel Stein and Jörg Raczkowsky and Heinz Wörn. Hand Guided Robot Planning System for Surgical Interventions with Force Feedback. *HCI 2009*, 2009.

[83] Holger Mönnich and Daniel Stein and Jörg Raczkowsky and Heinz Wörn. Increasing the accuracy with a rich sensor system for robotic laser osteotomy. *IEEE Sensor 2009*, 2009.

[84] Holger Mönnich and Daniel Stein and Jörg Raczkowsky and Heinz Wörn. Model checking for robotic guided surgery . *ICST eHealth 2009*, 2009.

[85] Holger Mönnich and Daniel Stein and Jörg Raczkowsky and Heinz Wörn. Motion compensation for laser osteotomy with a lightweight robot and a fixed visual servoing configuration. *IASTED RTA 2009*, 2009.

[86] Holger Mönnich and Daniel Stein and Jörg Raczkowsky and Heinz Wörn. SYSTEM FOR LASER OSTEOTOMY IN SURGERY WITH THE KUKA LIGHTWEIGHT ROBOT –FIRST EXPERIMENTAL RESULTS. *IADIS International Conference e-Health 2009*, 2009.

[87] Holger Mönnich and Daniel Stein and Jörg Raczkowsky and Heinz Wörn. An automatic and complete self-calibration method for robotic guided laser ablation. *IEEE ICRA 2010*, 2010.

[88] Holger Mönnich and Debora Botturi and Jörg Raczkowsky and Heinz Wörn. System Architecture for Workflow Controlled Robotic Surgery. *The Journal on Information Technology in Healthcare 2009*, 2009.

[89] Holger Mönnich and Jörg Raczkowsky and Heinz Wörn. Workflow controlled Robotic Surgery. In *Tagungsband der 9. Jahrestagung der Deutschen Gesellschaft für Computer- und Roboterassistierte Chirurgie*, 2010.

[90] Holger Mönnich and Philip Nicolai and Jörg Raczkowsky and Heinz Wörn. A Semi-Autonomous Robotic Teleoperation Surgery Setup with Multi 3D Camera Supervision. In - *tba - (CARS journal 2011)*, 2011.

[91] B. K. P. Horn. Closed-form solution of absolute orientation using unit quaternions. *Journal of the Optical Society of America A*, 4(4):629–642, 1987.

[92] P. I., K. G., E. M., S. M., L. S., H. A., and S. K. Percutaneous placement of pedicle screws in the lumbar spine using a bone mounted miniature robotic system first : Experiences and accuracy of screw placement. *SPINE Journal*, 4:392–398, 2009.

[93] N. Kaemmer, P. Schmidt, S. Gerhold, T. Schmitt, and P. Schulthess. Split objects for multiconsistent shared memory. In *Proceedings of the 2010 Second International Conference on Computer Engineering and Applications - Volume 01*, ICCEA '10, pages 240–243, Washington, DC, USA, 2010. IEEE Computer Society.

[94] D. D. Kandlur, D. L. Kiskis, and K. G. Shin. Hartos: a distributed real-time operating system. *SIGOPS Oper. Syst. Rev.*, 23:72–89, July 1989.

[95] R. Konietschke, A. Busam, T. Bodenmüller, T. Ortmaier, M. Suppa, J. Wiechnik, T. Welzel, G. Eggers, G. Hirzinger, and R. Marmulla. Accuracy identification of markerless registration with the dlr handheld 3d-modeller in medical applications. 2007.

[96] R. Konietschke, U. Hagn, M. Nickl, S. Jörg, A. Tobergte, G. Passig, U. Seibold, L. L. Tien, B. Kübler, M. Gröger, F. Fröhlich, C. Rink, A. Albu-Schäffer, M. Grebenstein, T. Ortmaier, and G. Hirzinger. The dlr mirosurge - a robotic system for surgery. In *ICRA*, pages 1589–1590, 2009.

[97] R. Konietschke, T. Ortmaier, C. Ott, U. Hagn, L. Le-Tien, and G. Hirzinger. Concepts of human-robot cooperation for a new medical robot. 2006.

[98] R. Konietschke, T. Ortmaier, H. Weiss, R. Engelke, and G. Hirzinger. Optimal design of a medical robot for minimally invasive surgery. In *2. Jahrestagung der Deutschen Gesellschaft für Computer- und Roboterassistierte Chirurgie (CURAC)*, November 2003.

[99] R. C. Konietschke. *Planning of Workplaces with Multiple Kinematically Redundant Robots*. Dissertation, Technische Universität München, München, 2007.

[100] K. Konolige. Projected texture stereo. In *ICRA*, 2010.

[101] K. Kuutti. Activity theory as a potential framework for human-computer interaction research. In *Context and Consciousness: Activity Theory and Human-computer Interaction*, pages 17–44. MIT Press, 1996.

[102] M. C. L. Hierarchical decomposition of laparoscopic surgery: a human factors approach to investigating the operating room environment. *Minimally Invasive Therapy and Allied Technologies*, 10:121–127(7), 1 May 2001.

[103] S. Lankes, M. Pfeiffer, and T. Bemmerl. Design and implementation of a sci-based real-time corba. In *in 4th IEEE International Symposium on Object-Oriented Real-Time Distributed Computing (ISORC 2001*, 2001.

[104] E. Larsen, S. Gottschalk, M. C. Lin, and D. Manocha. Fast Proximity Queries with Swept Sphere Volumes, 1999.

[105] S. M. LaValle. *Planning Algorithms*. Cambridge University Press, Cambridge, U.K., 2006. Available at http://planning.cs.uiuc.edu/.

[106] A. Leontiev. *Activity, Consciousness and Personality*. Prentice Hall, 1978.

[107] A. Leontiev. The problem of activity in psychology. *Soviet Psychology*, 13(2):4–33, 1978.

[108] J. B. A. Maintz and M. A. Viergever. An overview of medical image registration methods. Technical report, In Symposium of the Belgian hospital physicists association (SBPH-BVZF, 1996.

[109] R. Manseur and K. L. Doty. A robot manipulator with 16 real inverse kinematic solution sets. *I. J. Robotic Res.*, 8(5):75–78, 1989.

[110] Markus Mehrwald and Holger Mönnich and Daniel Stein and Tobias Christian and Heinz Wörn. Using Blender for Visualization of Robot Guided Medical Interventions. *Blender Conference 2009*, 2009.

[111] U. W. Martin Börner. Erste ergebnisse der roboterassistierten kniegelenkendoprothetik mit dem robodoc®-system. *Trauma und Berufskrankheit*, 3(4):355 – 359, 2001.

[112] H. Mönnich, J. Raczkowsky, and H. Wörn. Model checking for robotic guided surgery. In O. Akan, P. Bellavista, J. Cao, F. Dressler, D. Ferrari, M. Gerla, H. Kobayashi, S. Palazzo, S. Sahni, X. S. Shen, M. Stan, J. Xiaohua, A. Zomaya, G. Coulson, and P. Kostkova, editors, *Electronic Healthcare*, volume 27 of *Lecture Notes of the Institute for Computer Sciences, Social Informatics and Telecommunications Engineering*, pages 1–4. Springer Berlin Heidelberg, 2010. 10.1007/978-3-642-11745-9_1.

[113] Mönnich H. and Marini F. and Raczkowsky J. and Wörn H. Sensorbeschreibung für die chirurgische OP Planung. *Curac Tagungsband 2008*, 2008.

[114] Mönnich H. and Raczkowsky J. and Wörn H. Workflow basierte Ansteuerung eines medizinischen Roboter Systems . *Curac Tagungsband 2008*, 2008.

[115] P. S. Morgan, T. Carter, S. Davis, A. Sepehri, J. Punt, P. Byrne, A. Moody, and P. Finlay. The application accuracy of the pathfinder neurosurgical robot. *International Congress Series*, 1256:561–567, 2003.

[116] P. S. Morgan, J. Holdback, P. Byrne, and P. Finlay. Improved accuracy of the pathfinder neurosurgical robot. In *International Symposium on Computer Aider Surgery around the Head*, 2004.

[117] A. Muacevic, C. Drexler, M. Kufeld, P. Romanelli, H. J. Duerr, and B. Wowra. Fiducial-free real-time image-guided robotic radiosurgery for tumors of the sacrum/pelvis. *Radiotherapy and Oncology*, 93(1):37 – 44, 2009.

[118] N. Mulyar, M. Pesic, and M. Peleg. M.: Towards the flexibility in clinical guideline modelling languages. Technical report, 2007.

[119] T. Neumuth, G. Strauß, J. Meixensberger, H. U. Lemke, and O. Burgert. Acquisition of process descriptions from surgical interventions. In *DEXA*, pages 602–611, 2006.

[120] D. A. Norman. *The invisible computer : why good products can fail, the personal computer is so complex, and information appliances are the solution.* 1. mit press paperback ed edition, 1999.

[121] T. Ortmaier, H. Weiss, U. Hagn, M. Grebenstein, M. Nickel, A. Albu-Schäffer, C. Ott, S. Jörg, R. Konietschke, L. L. Tien, and G. Hirzinger. A

hands-on-robot for accurate placement of pedicle screws. In *ICRA*, pages 4179–4186. IEEE, 2006.

[122] C. Ouyang, E. Verbeek, W. M. P. van der Aalst, S. Breutel, M. Dumas, and A. H. M. ter Hofstede. Formal semantics and analysis of control flow in ws-bpel. *Sci. Comput. Program.*, 67(2-3):162–198, 2007.

[123] M. Pesic. Decserflow: Towards a truly declarative service flow language. pages 1–23. Springer, 2006.

[124] M. Pesic. *Constraint-Based Workflow Management Systems: Shifting Control to Users*. PhD thesis, 2008.

[125] J. Petermann, M. Schierla, C. Niessa, R. Kober, P. Heinze, and L. Gotzen. Computerassistierte planung und roboterassistierte ersatzplastik des vorderen kreuzbandes mit dem caspar-system. *Arthroskopie*, 13(6):270–279, 2000.

[126] C. A. Petri. *Kommunikation mit Automaten*. PhD thesis, Institut für instrumentelle Mathematik, Bonn, 1962.

[127] Philip Nicolai and Holger Mönnich and Jörg Raczkowsky and Heinz Wörn and Jens Bernshausen. Überwachung eines Operationssaals für die kooperative robotergestützte Chirurgie mittels neuartiger Tiefenbildkameras. In *Tagungsband der 9. Jahrestagung der Deutschen Gesellschaft für Computer- und Roboterassistierte Chirurgie*, 2010.

[128] D. L. Pieper. *The Kinematics of Manipulators Under Computer Control*. Phd thesis, Stanford USA, Stanford, 1968.

[129] I. Pyarali, D. Schmidt, and R. Cytron. Techniques for enhancing real-time corba quality of service, 2002.

[130] M. Quigley, K. Conley, B. Gerkey, J. Faust, T. B. Foote, J. Leibs, R. Wheeler, and A. Y. Ng. Ros: an open-source robot operating system. In *International Conference on Robotics and Automation*, Open-Source Software workshop, 2009.

[131] M. Reichert and P. Dadam. A framework for dynamic changes in workflow management systems. In *in 'Proceedings, 8th Int'l Conference on Database and Expert Systems Applications (DEXA-97*, pages 42–48. IEEE Computer Society Press, 1997.

[132] M. Riechmann. *Ein Modell zur Entwicklung neuartiger chirurgischer Eingriffe am Beispiel der Minimal Traumatischen Chirurgie*. Dissertation, Universität Fridericiana zu Karlsruhe (TH), Karlsruhe, 2009.

[133] M. Riechmann, P. U. Lohnstein, J. Raczkowsky, T. Klenzner, J. Schipper, and H. Wörn. Identifying access paths for endoscopic interventions at the lateral skull base. In *International Journal of Computer Assisted Radiology and Surgery*, 2008.

[134] M. Riechmann, P. U. Lohnstein, J. Raczkowsky, T. Klenzner, J. Schipper, and H. Wörn. Modellbasierte Interindividuelle Registrierung der lateralen Schädelbasis. In H.-P. Meinzer, T. Deserno, H. Handels, and T. Tolxdorff, editors, *Bildverarbeitung für die Medizin 2009*, pages 390–394, 2009.

[135] B. B. Robert J. Blendon, Mary Mahon. Electronic medical records and information technology top quality improvement priorities for hospital executives. 2004.

[136] A. Rozinat, M. Wynn, W. Aalst, A. Hofstede, and C. Fidge. Workflow simulation for operational decision support using design, historic and state information. In *BPM '08: Proceedings of the 6th International Conference on Business Process Management*, pages 196–211, Berlin, Heidelberg, 2008. Springer-Verlag.

[137] D. C. Ruspini, K. Kolarov, and O. Khatib. The haptic display of complex graphical environments. In *Proc. of ACM SIGGRAPH*, pages 345–352, 1997.

[138] N. Russell, Arthur, W. M. P. van der Aalst, and N. Mulyar. Workflow control-flow patterns: A revised view. Technical report, BPMcenter.org, 2006.

[139] Z. Salisbury, C. B. Zilles, and J. K. Salisbury. A constraint-based god-object method for haptic display. pages 146–151, 1995.

[140] T. Schael and T. W. Schaller. *Workflow Management Systems for Process Organizations*. Springer-Verlag New York, Inc., Secaucus, NJ, USA, 1998.

[141] D. C. Schmidt and F. Kuhns. An overview of the real-time corba specification. *Computer*, 33(6):56–63, 2000.

[142] O. Schorr. *Operationsplanung und -steuerung in der Chirurgie*. PhD thesis, Berlin, 2005.

[143] O. Schorr, J. Brief, C. Haag, J. Raczkowsky, S. Hassfeld, and J. Mühling. Kasop - operationsplanung in der kranio-maxillo-fazialen chirurgie. In *Rechner- und sensorgestützte Chirurgie, Proceedings zum Workshop*, pages 270–278. GI, 2001.

[144] D. G. Schreiber. *Fast Research Interface (FRI) - Preliminary Documentation.* KUKA ROBOT GROUP, KUKA, Ausgburg, 2010.

[145] J. R. Searl. Geist, hirn und wissenschaft. 1986.

[146] M. O. Shazia Sadiq. On capturing process requirements of workflow based business information systems. In *Proceedings of the 3rd International Conference on Business Information Systems*, pages 43–49, 1999.

[147] M. Shoham, M. Burman, E. Zehavi, L. Joskowicz, E. Batkilin, and Y. Kunicher. Bone-mounted miniature robot for surgical procedures: Concept and clinical applications. *Robotics and Automation, IEEE Transactions on*, 19(5):893 – 901, 2003.

[148] D. Siddowaya, M. L. Ingeholm, O. Burgert, T. Neumuth, V. Watsona, and K. Cleary. Workflow in interventional radiology: Nerve blocks and facet blocks. In *Proc. SPIE*, volume 6145, page 61450B, 0 2006.

[149] O. Smørdal. Classifying approaches to object oriented analysis of work with activity theory, 1997.

[150] L. A. Stein. Challenging the computational metaphor: Implications for how we think, 1999.

[151] Stein D. and Mönnich H. and Raczkowsky J. and Wörn H. Automatische Kalibrierung zur redundanten Kombination zweier Tracking Systeme . *CURAC.08 Tagungsband*, pages 17–18, 2008.

[152] A. Tobergte, R. Konietschke, and G. Hirzinger. Planning and real time control of a minimally invasive robotic surgery system. 2009.

[153] A. M. Turing. *Kann eine Maschine denken?* MIT Press, 1994.

[154] B. Unger, R. Klatzky, and R. Hollis. Teleoperation mediated through magnetic levitation: Recent results. In *Proceedings of Mechatronics and Robotics (MechRob '04)*, pages 1453 – 1457, September 2004.

[155] W. van der Aalst and P. Berens. Beyond workflow management: Product-driven case handling, 2001.

[156] W. van der Aalst, A. Weijter, and L. Maruster. Workflow mining: Discovering process models from event logs. *IEEE Transactions on Knowledge and Data Engineering*, 16:2004, 2003.

[157] W. M. P. van der Aalst. The application of Petri nets to workflow management. *The Journal of Circuits, Systems and Computers*, 8(1):21–66, 1998.

[158] W. M. P. van der Aalst, L. Aldred, M. Dumas, and T. A. H. M. Hofstede. Design and implementation of the YAWL system. *Proceedings of the 16th International Conference on Advanced Information Systems Engineering (CAiSE'04)*, 2004.

[159] W. M. P. van der Aalst, A. P. Barros, A. H. M. ter Hofstede, and B. Kiepuszewski. Advanced workflow patterns. In *CoopIS*, pages 18–29, 2000.

[160] W. M. P. van der Aalst, M. Dumas, A. H. M. ter Hofstede, N. Russell, H. M. W. E. Verbeek, and P. Wohed. Life after bpel? In M. Bravetti, L. Kloul, and G. Zavattaro, editors, *EPEW/WS-FM*, volume 3670 of *Lecture Notes in Computer Science*, pages 35–50. Springer, 2005.

[161] W. M. P. van der Aalst and T. A. H. M. Hofstede. Workflow patterns: On the expressive power of (petri-net-based) workflow languages. In K. Jensen, editor, *Proceedings of the Fourth Workshop on the Practical Use of Coloured Petri Nets and CPN Tools (CPN 2002)*, volume 560 of *DAIMI*, pages 1–20, August 2002.

[162] W. M. P. van der Aalst and T. A. H. M. Hofstede. Yawl: Yet another workflow language (revised version). Technical report, Queensland University of Technology, Brisbane, 2006.

[163] W. M. P. van der Aalst, T. A. H. M. Hofstede, B. Kiepuszewski, and A. P. Barros. Workflow patterns. *Distributed and Parallel Databases*, 14(1):5–51, 2003.

[164] W. M. P. van der Aalst, A. H. M. ter Hofstede, B. Kiepuszewski, and A. P. Barros. Workflow patterns. *Distributed and Parallel Databases*, 14(1):5–51, 2003.

[165] M. Vardi. Branching vs. linear time: Final showdown. In *Proceedings of the 2001 Conference on Tools and Algorithms for the Construction and Analysis of Systems, TACAS 2001 (LNCS Volume 2031*, pages 1–22. Springer-Verlag, 2001.

[166] L. Vygotsky. *Collected Works: Questions of the Theory and History of Psychology*. Springer; 1 edition, 1997.

[167] M. H. W. Sukovich, S. Brink-Danan. Miniature robotic guidance for pedicle screw placement in posterior spinal fusion: early clinical experience with the spineassist. *The International Journal of Medical Robotics and Computer Assisted Surgery*, 2:114–122, 2006.

[168] M. Wenz. *Automatische Konfiguration der Bewegungssteuerung von Industrierobotern*. Dissertation, Universität Fridericiana zu Karlsruhe (TH), Karlsruhe, 2008.

[169] H. Wörn and J. Mühling. Computer- and robot-based operation theatre of the future in cranio-facial surgery. *International Congress Series*, 1230:753 – 759, 2001. Computer Assisted Radiology and Surgery.

[170] M. T. Wynn. *Semantics, verification, and implementation of workflows with cancellation regions and OR-joins*. PhD thesis, Faculty of Information Technology, Queensland University of Technology, 2006.

[171] M. T. Wynn, H. M. W. Verbeek, Aalst, T. A. H. M. Hofstede, and D. Edmond. Business process verification - finally a reality! *Business Process Management Journal*, 15(1):74–92.

[172] F. Zacharias, I. Howard, T. Hulin, and G. Hirzinger. Workspace comparisons of setup configurations for human-robot interaction. In *Intelligent Robots and Systems (IROS), 2010 IEEE/RSJ International Conference on*, pages 3117 –3122, oct. 2010.